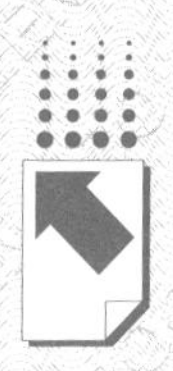

权威·前沿·原创

皮书系列为

“十二五”“十三五”“十四五”时期国家重点出版物出版专项规划项目

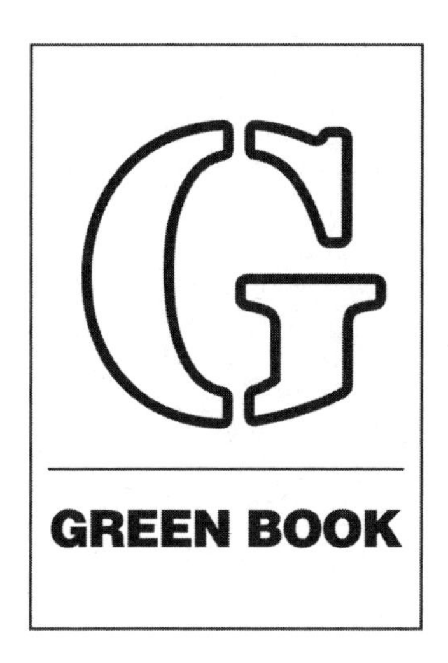

智库成果出版与传播平台

中国特色生态文明建设报告（2022）

ANNUAL REPORT ON THE DEVELOPMENT OF ECOLOGICAL CIVILIZATION WITH CHINESE CHARACTERISTICS (2022)

中国特色生态文明智库
中国特色生态文明建设与林业发展研究院
主　编／蒋建清　缪子梅
副主编／高　强　高晓琴　杨加猛

社会科学文献出版社
SOCIAL SCIENCES ACADEMIC PRESS (CHINA)

图书在版编目(CIP)数据

中国特色生态文明建设报告. 2022 / 蒋建清，缪子梅主编. -- 北京：社会科学文献出版社，2022.3
（生态文明绿皮书）
ISBN 978-7-5201-9764-9

Ⅰ.①中… Ⅱ.①蒋… ②缪… Ⅲ.①生态环境建设-研究报告-中国-2022 Ⅳ.①X321.2

中国版本图书馆 CIP 数据核字（2022）第 027796 号

生态文明绿皮书
中国特色生态文明建设报告（2022）

主　　编／蒋建清　缪子梅
副 主 编／高　强　高晓琴　杨加猛

出 版 人／王利民
组稿编辑／周　丽
责任编辑／张丽丽
责任印制／王京美

出　　版／社会科学文献出版社·城市和绿色发展分社（010）59367143
地址：北京市北三环中路甲 29 号院华龙大厦　邮编：100029
网址：www.ssap.com.cn
发　　行／社会科学文献出版社（010）59367028
印　　装／三河市东方印刷有限公司

规　　格／开 本：787mm × 1092mm　1/16
印 张：19.75　字 数：302 千字
版　　次／2022 年 3 月第 1 版　2022 年 3 月第 1 次印刷
书　　号／ISBN 978-7-5201-9764-9
定　　价／168.00 元

读者服务电话：4008918866

版权所有 翻印必究

编 委 会

主　编　蒋建清　缪子梅

副主编　高　强　高晓琴　杨加猛

编　委　（按姓氏拼音排序）

陈晓萱　陈　岩　程长明　邓德强　丁振民
董加云　高　强　高晓琴　葛之葳　蒋建清
李红举　刘同山　刘　越　毛岭峰　缪子梅
阙泽利　唐　赟　汪海燕　王泗通　魏　尉
夏常磊　徐　伟　杨博文　杨加猛　余红红
张红霄　张　敏　张鑫锐　曾恒源

主编简介

蒋建清 博士，教授，南京林业大学党委书记。长期从事高等教育、金属材料等研究。曾获国家科技进步二等奖1次，江苏省科技进步一等奖2次，国家级优秀教学成果二等奖1次。迄今有SCI、EI收录论文百余篇，在《光明日报》等发表理论性文章多篇。先后主持承担国家重点基础研发计划项目、国家高技术研究发展计划（863计划）项目、国家科技攻关项目、江苏省科技成果转化基金项目等二十余项。拥有国家授权发明专利百余件。

缪子梅 博士，研究员，南京林业大学副校长，南京林业大学中国特色生态文明建设与林业发展研究院常务副院长。长期从事农业水土环境研究。在《农业工程学报》《排灌机械工程学报》《江苏农业科学》等核心期刊发表论文20余篇，出版专著2部。参与主持编写2020版和2021版生态林业蓝皮书。主持国家自然基金面上项目“水位调控下水稻－小麦轮作系统氮素化学行为特征机理及其调控机制研究（51679108）”，主持教育部重点课题、江苏省政府决策咨询研究重点课题、江苏省水利科技项目等10余项，先后被表彰为水利部先进工作者、江苏省思想政治教育先进工作者。

摘 要

建设生态文明，关系国家未来，关系人民福祉，关系中华民族永续发展。党的十八大以来，以习近平同志为核心的党中央，站在坚持和发展中国特色社会主义、实现中华民族伟大复兴中国梦的战略高度，把生态文明建设纳入中国特色社会主义事业总体布局。与此同时，"生态文明建设""绿色发展""美丽中国"被写进党章和宪法，逐渐成为全党意志、国家意志和全民共同行动。2021 年 10 月，中共中央、国务院发布《关于完整准确全面贯彻新发展理念做好碳达峰碳中和工作的意见》，对努力推动实现碳达峰、碳中和目标进行全面部署，为新时期中国生态文明建设指明了新方向。本书分为总报告、评价篇、碳达峰碳中和篇与政策布局篇四个部分，从多个角度对中国特色生态文明建设展开研究，以期为国家和地方推进生态文明建设提供理论指导和政策参考。

总报告，主要从中国推进生态文明建设的背景及意义、总体布局、重点任务、问题与挑战、战略重点与实现路径等方面开展研究，并提出了推进中国特色生态文明建设的总体思路和建议。总报告围绕生态文明建设的"四梁八柱"、"五大体系"、"三个布局"和"一个纳入"，分析了中国特色生态文明建设的总体布局；明确了中国特色生态文明建设的重点任务，总结了当前面临的困难与挑战。在此基础上，梳理了中国特色生态文明建设的战略重点与实现路径，并提出了相关政策建议。

评价篇，主要从绿色发展、自然生态高质量两个结果维度，以及绿色生产、绿色生活、环境治理和生态保护四个路径维度，构建中国特色生态文明建设评价指标体系。评价报告采用 CRITIC 法和线性加权法对 2011 ~2019 年全国和省域生态文明建设水平进行了时空动态评价。研究发现，中国特色生态文明综合指数总体呈上升态势，但各省域受区域经济、生态环境等条件的限制，建设水平存在明显的异质性。从发展维度来看，两个结果维度指数平稳增长，四个路径维度指数波动幅度较大，各省域生态文明建设水平呈现一定的分化现象。

碳达峰碳中和篇，主要分析了近年来碳排放政策的国内外发展趋势，总结了我国实现碳达峰碳中和的具体路径，包括坚持节能减排战略、发展绿色低碳经济、增进碳封存碳汇、加速碳捕获和封存技术开发等。同时还分析了我国实现碳达峰碳中和的现行措施，重点说明了生物质能源在实现碳达峰碳中和发展战略中的作用，提出总量控制协同减排等有关政策建议。

政策布局篇，主要聚焦若干政策专题，重点研究了主体功能区战略与优化国土空间开发格局，分析了中国特色生态文明法治建设现状，探讨了新时期我国生产生活方式绿色化转型问题。同时，还对城市生活垃圾分类的结构性困境与出路、生态文明导向下的农林高质量发展路径、生态文明建设背景下生态补偿机制的理论逻辑与制度体系，以及中国生物多样性保护现状、问题与对策进行了分析，并提出相关政策建议。

总体而言，本书围绕中国特色生态文明建设这一主题，对我国生态文明建设的发展现状、面临的挑战、战略方向、重点任务、政策布局等展开了深入研究，并得出一些有价值的研究结论，力求为新时期推进生态文明建设提供政策参考。

关键词： 生态文明建设　生态文明指数　碳达峰　碳中和

序　一

党的十八大以来，以习近平同志为核心的党中央把生态文明建设上升到关系中华民族伟大复兴的战略高度。从党的十八大将生态文明建设纳入“五位一体”总体布局，到党的十九大明确提出“加快生态文明体制改革，建设美丽中国”，再到党的十九届五中全会强调“推动绿色发展，促进人与自然和谐共生”，全党全社会更加自觉、更加坚定地贯彻新发展理念，不断加快生态文明建设步伐。

自古以来，中华文明就蕴涵着丰富的生态智慧，要求我们深怀对自然的敬畏之心，尊重自然、顺应自然、保护自然。其中，道家“天人合一”“道法自然”的思想，便蕴涵着深厚的人与自然和谐共生的哲学意蕴。然而，在人类200多年的现代化进程中，工业文明在创造巨大物质财富的同时，也加速了对自然资源的攫取，打破了生态原有的循环和平衡。改革开放以来，为应对日益严峻的生态环境形势，党和国家以高度的历史使命感和大国责任担当，提出可持续发展、生态文明建设、生物多样性保护等一系列重大战略。特别是党的十八大召开以后，党和国家深刻认识到生态文明建设的极端重要性，坚持和贯彻新发展理念，正确处理经济发展与生态环境保护的关系，将社会主义生态文明建设引入了新时代。

习近平总书记在庆祝中国共产党成立100周年大会上的讲话中指出：“我们坚持和发展中国特色社会主义，推动物质文明、政治文明、精神文明、社会文明、生态文明协调发展，创造了中国式现代化新道路，创造了人类文明新形态。”中国式现代化新道路，是人口规模巨大的现代化，是具有

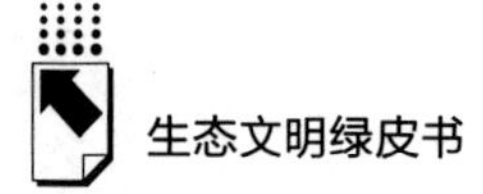

中国特色、符合中国实际的现代化，是坚决摒弃轻视自然、支配自然、破坏自然观念的现代化，也是坚定不移走生态优先、绿色发展之路实现人与自然和谐共生的现代化。作为拥有14亿多人口的最大发展中国家，中国推进生态文明建设的体量之大、规模之巨前所未有，其影响自然是世界性的。

林业是生态文明建设的主力军，承担着保护森林、湿地、荒漠等生态系统和维护生物多样性的重要职责，是生态文明建设的关键领域，也是建设美丽中国的核心元素。长期以来，我们单纯考虑林木的产品属性，将“林木”作为“资源”进行衡量，过分强调林业的经济价值，过度开发、低效利用造成诸多负向产出，也使林业资源遭受了较大规模的破坏。这不仅制约了林业在生态文明建设中作用的发挥，也反过来对经济的发展造成了一定影响。而生态林业旨在平衡森林资源保护和产业发展，是实现经济可持续发展的有效途径，是寻求人与自然和谐共生的“美丽经济”，其对于我国自然生态环境和经济发展有着十分重要的影响。生态林业兼具经济效益和生态效益，遵循可持续发展战略要求，走产业生态化、利用高效化和发展绿色化之路，可以充分发挥林业在减排固碳、缓解气候变化和实现碳中和目标方面的独特优势。

近年来，在新发展理念的引领下，我国生态林业发展取得了显著的成就。国家林业和草原局的数据显示，当前我国森林覆盖率22.96%，森林面积2.2亿公顷，森林蓄积量175.6亿立方米，其中人工林面积0.8亿公顷、蓄积量34.52亿立方米，人工林面积居世界首位。2021年9月，我们去大兴安岭调研，了解到作为中国最大的林区，大兴安岭正积极增进林业碳汇等生态价值，探索从“卖木头”向“卖生态”的转变，努力将“绿水青山”转化为“金山银山”。调研时我们也感受到，各地正在深入贯彻落实习近平生态文明思想，不断践行“绿水青山就是金山银山”的发展理念，逐步摸索出各具特色的生态林业发展之路。2021年10月，中共中央、国务院印发《关于完整准确全面贯彻新发展理念做好碳达峰碳中和工作的意见》，提出到2025年我国森林覆盖率达到24.1%，森林蓄积量达到180亿立方米，为实现碳达峰碳中和奠定基础；2030年森林覆盖率达到25%左右，森林蓄积量达到190亿立方米，二氧化碳排放量达到峰值并实现稳中有降。由此可见，建设生态文明和实现碳达峰碳中和，林业大有可为。

在新的时代背景下，生态文明建设将成为中国式现代化建设的题中应有之义。生态文明建设把可持续发展提升到绿色发展高度，为实现碳达峰碳中和指明了可行路径。目前，我国生态文明建设已经开始进入以降碳为重点、推动减污降碳协同增效、促进经济社会发展全面绿色转型、实现生态环境质量改善由量变到质变的新阶段。在这一重要战略机遇期，林业的生态价值将更加突出，林业的功能属性也将加速转型。我们必须完整、准确、全面贯彻新发展理念，保持战略定力，提升发展信心，站在人与自然和谐共生的高度发展生态林业，将生态林业发展作为统筹污染治理、生态保护、应对气候变化的重要选择，促进生态环境持续改善，努力建设人与自然和谐共生的现代化。

面对新形势、新任务，林业学科建设如何顺应时代潮流、回应中国问题、提出中国方案，是农林院校必须深入思考的重要理论和实践课题。南京林业大学作为国家“双一流”建设高校和林业特色高校，始终秉承“让黄河流碧水、赤地变青山”的发展初心，肩负着为国家重大需求作重大贡献的战略使命。南京林业大学必须结合学校发展实际，以服务国家生态文明战略为引领，把林业学科体系拓展至以林业学科为基础的生态文明学科体系，将构建“林基生态文明学科体系”作为响应和服务国家重大战略性需求的主动应对措施。这本绿皮书，是南京林业大学积极探索，致力于生态文明建设的一项大胆尝试，希望有助于读者更好地理解生态文明建设。未来，南京林业大学将进一步发挥多学科交叉集成优势，坚持自主创新，勇于开拓进取，引导广大师生紧跟时代潮流，做好人才培养、科学研究及社会服务等文章，在生态文明建设中贡献南林智慧、实现南林价值。

蒋建清

2021年12月

序　二

生态文明建设是关系中华民族永续发展的根本大计，将碳达峰、碳中和纳入生态文明建设整体布局，是以习近平同志为核心的党中央经过深思熟虑作出的重大战略决策。2020年9月22日，习近平总书记在联合国大会上向全世界宣布，“中国将提高国家自主贡献力度，采取更加有力的政策和措施，二氧化碳排放力争于2030年前达到峰值，努力争取2060年前实现碳中和”。时隔一年，2021年9月21日，习近平总书记在同样场合再次强调，“中国将力争2030年前实现碳达峰、2060年前实现碳中和，这需要付出艰苦努力，但我们会全力以赴”，显示了我国积极履行国际承诺、落实碳达峰碳中和目标的坚定决心。

当前，我国生态文明建设处于压力叠加、负重前行的关键期，实现碳达峰、碳中和面临前所未有的困难与挑战。一方面，生态环境保护结构性、根源性、趋势性压力尚未根本缓解，生态环境质量改善成效并不稳固。另一方面，工业化、新型城镇化正深入推进，经济发展和民生改善任务还很艰巨，能源消费仍将保持刚性增长；同时，人民群众对优美生态环境的需求也更加迫切。在此背景下，党和国家坚定不移推进生态文明建设，积极制定碳达峰、碳中和行动计划，对努力推动实现碳达峰、碳中和目标进行系统谋划和总体部署。中共中央、国务院出台的《关于完整准确全面贯彻新发展理念做好碳达峰碳中和工作的意见》（简称《意见》）指出，“立足新发展阶段、贯彻新发展理念、构建新发展格局，把碳达峰、碳中和纳入经济社会发展全局，坚定不移走生态优先、绿色低碳的高质量发展道路”，为推进生态文明建设指明了方向，也为实现碳达峰、碳中和坚定了信心。

推进生态文明建设和实现碳达峰、碳中和目标，离不开科技的支撑。习近平总书记指出，生态文明建设面临日益严峻的环境污染，需要依靠更多更好的科技创新建设天蓝、地绿、水清的美丽中国。《意见》还指出，要强化科技和制度创新，制定科技支撑碳达峰、碳中和行动方案，编制碳中和技术发展路线图，加快绿色低碳科技革命。这些均强调了科技创新对生态文明建设以及碳达峰、碳中和的重要性。新发展阶段，必须摒弃传统粗放式的发展道路，利用科技创新来抑制煤电、钢铁、建材等高耗能重化工业的产能扩张，推动产业绿色转型升级。同时，要积极推动能源技术革命，力争用颠覆性的创新，实现节能减排和绿色发展。此外，还要不断巩固生态系统的碳汇能力、提升生态系统的碳汇增量，运用自然的力量助力实现生态文明和“双碳”目标。而这其中，科技创新将起到关键作用。

林业是推进生态文明建设的关键领域，也是实现碳达峰、碳中和的重要抓手。森林是重要的经济资产和环境资产，而林业则兼具经济效益和生态效益。林业发展经历了以植物育种为代表的第一次革命，以动植物转基因技术为代表的第二次革命。目前，林业发展已经迈入“数字林业”和“智慧林业”时代，这是以数字技术广泛应用为特征的林业发展的第三次革命。智慧林业遵循可持续发展战略要求，以物联网、云计算、大数据、人工智能等信息技术为支撑，将“信息知识+智能装备”嵌入现代林业发展全过程，实现了现代信息技术与林业的深度跨界融合。智慧林业在缓解气候变化和实现碳中和方面的“低成本、高效率”优势不断凸显，不仅推动了林业产业结构优化升级，还促进了生产技术和工具的改进，减少了林业建设和发展过程中的物质和能量消耗。随着生态文明建设进入以降碳为重点战略方向、推动减污降碳协同增效、促进经济社会发展全面绿色转型、实现生态环境质量改善由量变到质变的新时期，林业的生态价值将更加突出。未来，智慧林业发展将依托信息化技术打造智慧感知、无线传输、智慧决策、智能控制等一体化平台，实现林业全产业链（生产、加工、经营、管理和服务）环节的智能化，以进一步发挥其优化调度、降本增效、减排固碳的作用。

面对生态文明建设与碳达峰、碳中和的新形势、新任务，以科学研究回应现实问题、提出中国方案，是农林院校必须思考的重要理论和实践课题。南京林业大学作为国家“双一流”建设高校和林业特色高校，必将根据学校发展实际和林业功能定位转变，以服务国家生态文明战略和“双碳”目标为引领，利用多学科交叉集成力量，为解决现代林业发展“卡脖子”问题贡献南林智慧、实现南林价值。

曹福亮　院士

2021年12月

目 录

I 总报告

II 评价篇

III 碳达峰碳中和篇

Ⅳ 政策布局篇

皮书数据库阅读使用指南

总报告

General Report

G.1

推进生态文明建设
助力实现碳达峰碳中和

蒋建清 缪子梅 高 强 高晓琴 唐 赟*

摘 要： “生态兴则文明兴。”中国特色生态文明建设是新时期我国社会主义建设的重要内容、重点方向与重大战略。绿水青山就是金山银山理念是习近平生态文明思想的重要内容，在融入生态文明建设各方面的进程中，指引着我国生态文明建设不断取得显著成就。中国特色生态文明建设的重点任务就是要全面推动经济社会发展绿色转型，严守生态红线，构建中国特色生态文明法治体系，积极参与应对气候变化、生物多样性保护等全球环境治理进程并加强国际环境合作。中国特色生态文明建设的战略重点应当

* 蒋建清，工学博士，教授，博士生导师，南京林业大学党委书记；缪子梅，工学博士，研究员，南京林业大学党委常委、副校长；高强，管理学博士，教授，博士生导师，南京林业大学经济管理学院副院长、农村政策研究中心主任；高晓琴，南京林业大学人文社科处处长、中国特色生态文明建设与林业发展研究院副研究员；唐赟，法学博士，南京林业大学马克思主义学院讲师、中国特色生态文明建设与林业发展研究院特约研究员。

从优化国土空间开发保护格局并提升生态系统质量，实施流域生态综合治理，全面落实减污降碳重点任务与努力实现碳达峰、碳中和目标，建立以生物多样性保护为抓手的市场化和多元化生态补偿机制等多方面入手，实现生态文明建设的体系化、制度化、科学化。

关键词： 生态文明　生态红线　生物多样性保护　碳达峰　碳中和

一　中国推进生态文明建设的背景及意义

（一）背景

1. 工业文明向生态文明转变的历史自觉

人类是自然的一部分，人类更是自然的有机组成成分，人类起源于、生存于、发展于自然，人类发展的成就是人化自然的成果，人类文明、人类社会乃至人类个体的一切活动，与其说与自然息息相关，倒不如说是在自然这一系统中，从隶属到对应再到统一的辩证发展进程。但是，具体从一个国家的经济社会发展、进步的历程，尤其是“增长”的过程来看，这个过程又近乎单向地表现为人类对自然不断索取、利用甚至剥夺、压榨的过程，并在人类经济社会的实践行为中，通过人类社会特有的生产方式、生活方式，包括现实的经济结构、消费习惯以及具体工具的使用等显现出来。自人类有历史以来，人与自然的关系就这样一直畸形地存在着，特别是自人类社会进入资本主义社会以来，由于资本主义剥削、掠夺的本性，人对自然的贪欲愈发扩张，将本应自然养活人类、人类回馈自然的人与自然的和谐美好关系不断异化，造成不可持续发展的恶劣局面，自然环境问题频发且越发严峻，人类也深受其害，严重影响了人类经济社会的发展以及人们对美好生活的享受。习近平总书记在论及人与自然的关系时曾深刻指出：“当人类合理利用、友好保护自然时，自然的回报常常是慷慨的；当人类无序开发、粗暴掠夺自然时，自然的惩罚必然是无情的。人类对大自然的伤害最终会伤及人类自身，这是无法抗拒的规律。”① 资本主义工业时代所建立和形成的人与自然主客体二元论的纯利用关系是时候该有所转变了。人与自然的关系应当向着马克思主义理论所倡导的主体间关系转变，实现人与自然之间互为主体，相互尊重、相互扶助，更好地协同发展，在包含人类在内的这个自然统一体里实现辩证统一，用人类的力量更好地部分人化自然，用自然的力量支撑人类走得更远、更稳、更好。在纪念马克思诞辰200周年大会上，习近平总书记指出：“学习马克思，就要学习和实践马克思主义关于人与自然关系的思想。”② 要用遵循人与自然主体间关系的人类社会文明去替代工业时代的工业文明，将人类社会文明、人类发展以及人类社会建设方式通过思维和实践的范式转换彻底融入自然运行，追求生态文明，践行中国特色社会主义生态文明建设理念。

习近平总书记在主持十八届中共中央政治局第六次集体学习时，指出：“生态文明是人类社会进步的重大成果。人类经历了原始文明、农业文明、工业文明，生态文明是工业文明发展到一定阶段的产物，是实现人与自然和谐发展的新要求。历史地看，生态兴则文明兴，生态衰则文明衰。”③ 我们从习近平总书记的重要讲话中可发现我国建设生态文明的科学规律和历史逻辑。中国特色生态文明建设是新时期我国社会主义建设的重要内容、重点方向与重大战略，是新发展阶段我国发展的主基调，是新发展理念中绿色发展的总领性纲要，是中国特色社会主义经济社会发展方式的既定轨道，更被提升到影响中华民族永续发展的千年大计的新高度。党的十九大报告多处涉及生态文明建设，对过往的生态文明建设成就作出总结，同时对今后的生态文

① 习近平：《推动我国生态文明建设迈上新台阶》，《求是》2019年第3期。

② 《学习和实践马克思主义关于人民民主的思想》，人民网，http：//theory. people. com. cn/n1/2018/0511/c40531－29980325. html。

③ 《让绿水青山造福人民泽被子孙——习近平总书记关于生态文明建设重要论述综述》，《人民日报》2021年6月3日，第1版。

明建设作出安排部署，并提出加快生态文明体制机制改革，建设生态文明与建设美丽中国的战略目标、重点任务。因此，建设中国特色社会主义生态文明与建设美丽中国息息相关，相辅相成，甚至是一个一体化的问题和进程。党的十九大关于生态文明建设的要求和部署，为新时代中国特色社会主义生态文明建设指明了方向，提供了遵循。突破工业文明的桎梏，以生态文明为指导思想和理念，引领中国特色社会主义建设生产和生活方式的变革，从"既要绿水青山，又要金山银山"到"宁要绿水青山，不要金山银山"，再到"绿水青山就是金山银山"的理念、践行方式的变革，不仅彰显了中国共产党对人类文明发展规律、对马克思主义理论、对社会主义本质的深刻认知，对国际社会、对人类命运共同体的大国担当，更是体现了中国共产党"践行初心，不忘使命"的伟大建党精神。

2. 可持续发展逐渐受到重视

随着我国工业化进程的不断加速，经济发展对能源、资源的需求快速增长，环境污染问题日趋严峻。我国在 1983 年把环境保护确立为基本国策，之后可持续发展理念逐渐受到重视。

（1）提出可持续发展，确立环境保护为基本国策

改革开放伊始，我国工业化底子还很薄，生产力也很落后，工业化进程对资源、能源的需求还远不能影响自然环境，因此，经济增长与生态环境的矛盾并不突出、更不尖锐，处于"相安无事"的阶段。这一阶段，自然资源似乎是取之不竭、用之不尽的。随着改革开放的不断深入，工业化进程不断加快，我国经济飞速发展，对能源、资源的需求呈几何级数增长。同时，环境污染问题也日渐显现且呈现出加速状态，人与自然的矛盾逐步凸显。1987 年第八次世界环境与发展委员会上通过的《我们共同的未来》第一次提出了可持续发展的定义。我国在 1983 年召开的第二次全国环境保护会议上把环境保护确立为基本国策，提出了一系列环保工作战略方针，并初步确立了生态环境保护制度体系。同时，我国开始极力转变能源资源消费观念，强调综合利用。在法制方面，我国于 1978 年将环境保护写入宪法，此后先后制定了《环境保护法（试行）》《征收排污费暂行办法》等，倡导利用技

术改造使用清洁能源，进而转变生产消费观念和方式。其间，我国还成立了国家环境保护总局。这一阶段，一系列的法律法规的制定和实施为我国保护环境奠定了法制基础，增强了生态文明理念的法治保障。

（2）诞生世界上第一部关于发展中国家可持续发展议程的白皮书

1994年，我国诞生了《中国21世纪议程——中国21世纪人口、环境与发展白皮书》，这是世界上第一部关于发展中国家可持续发展议程的白皮书。自此，我国对生态环境保护作出了特色鲜明的调整。首先，将可持续发展确立为国家战略，将环境问题提升到发展的高度，制定并实施了一系列纲领性文件和政策。其次，大幅度加大环境保护力度。出台《国务院关于环境保护若干问题的决定》以及《全国生态环境保护纲要》等政策文件，对环境保护分别从行政负责、区域问题、生态平衡以及监督管理等方面提出了具体的要求，强调保护与开发并举，提高资源能源的利用效率。最后，环境保护显现出法治化趋势。自1993年全国人大环境和资源保护委员会成立，至2002年《清洁生产促进法》发布，我国在环境保护尤其是环境污染治理等方面，实现了法律制度上的全过程控制和监督。

（3）以科学发展践行可持续发展

党的十六大以来，我国经济迅速增长，长期以来传统经济发展模式和粗放式的增长方式所带来的环境污染问题日渐凸显，人与自然的矛盾逐渐尖锐，给可持续发展带来了极大的阻力。党的十六届三中全会提出科学发展观，开启了用科学发展践行可持续发展的历史进程。党的十七大报告首次提出建设生态文明，并将其作为全面建设小康社会的重要内容。自此，生态文明被纳入了社会建设的理论和实践的范畴。这一阶段，一方面强调节约资源在建设生态文明特别是环境保护中的重要作用，重点在生产、流通、消费等各领域及环节，通过技术和管理叠加方式提高资源利用率以减少消耗，进而降低人类生产、生活方式的环境代价；另一方面树立生态意识并运用市场机制，通过宣传教育以及对企业等严格要求和精准示范，制定、实施相关法律制度，提升循环经济效益，逐步树立全社会生态文明建设意识，并使相关制度、机制以及生产、生活模式也在稳步推进中建立和完善。

（4）绿水青山就是金山银山的生态文明观的诞生和践行

2005 年，时任浙江省委书记的习近平同志在湖州市安吉县考察时，首次提出了“绿水青山就是金山银山”的科学论断，并在之后对“绿水青山”与“金山银山”之间关系的三个发展阶段进一步作出阐释。浙江省作为践行“绿水青山就是金山银山”理念的前沿和先锋，近年来大力推进“五水共治”、“三改一拆”、“四边三化”以及“811”环境污染整治行动，使得“春风又绿江南岸”，做到了生态经济和经济生态的辩证统一。在十多年的实践中，浙江的干部群众已经将生态文明建设化作了自觉行为，将“绿水青山就是金山银山”的理念在实际工作、学习、生活中自动转化、自我理解、自发运用，齐心协力共创美好家园。

2012 年 11 月，习近平总书记在主持十八届中共中央政治局第一次集体学习时指出，党的十八大把生态文明建设纳入中国特色社会主义事业总体布局，有利于生态文明建设融入经济建设、政治建设、文化建设、社会建设各方面和全过程。2012 年 12 月，习近平总书记在广东考察时指出，“要实现永续发展，必须抓好生态文明建设”，“走老路，去消耗资源，污染环境，难以为继”[①]。通过这一番殷切嘱咐，我们可以领悟到生态文明建设的必须性、必要性和迫切性。习近平总书记有关生态文明建设的重要指示还包括：建设生态文明，关系人民福祉，关乎民族未来；走向生态文明新时代，建设美丽中国，是实现中华民族伟大复兴的中国梦的重要内容；环境就是民生，要像保护眼睛一样保护生态环境；扭转环境恶化局面、提高环境质量，是“十三五”时期必须高度重视并切实推进的一项重要工作；等等。这些指示构建起我国生态文明建设强大而坚实的保障，指引着我们前进的方向。

党的十九大报告指出，必须树立和践行“绿水青山就是金山银山”生态文明理念，建设美丽中国，为人民创造良好的生产生活环境，为全球生态安全作出贡献。这在强调生态文明重要性以及目标追求的同时，进一步将视

---

① 中共中央文献研究室编《习近平关于社会主义生态文明建设论述摘编》，中央文献出版社，2017。

野扩展至国际社会，展示出我国践行人类命运共同体理念的大国担当。近年来生态环境问题日趋严峻，$PM_{2.5}$浓度超标、雾霾现象时有发生以及“重化围江”造成生态严重破坏等，这些问题日渐成为党和政府以及人民群众关心的重要问题，也逐步由环境领域向经济社会领域延展，显现出“五位一体”的相融性和系统性。习近平总书记在2018年的全国生态环境保护大会上指出：“我之所以反复强调要高度重视和正确处理生态文明建设问题，就是因为我国环境容量有限，生态系统脆弱。”① 独特的地理环境加剧了地区间的不平衡，要大力推进生态文明建设，提供更多优质生态产品，不断满足人民群众日益增长的优美生态环境需要。习近平总书记对新发展阶段的生态文明建设作出重要指示：“新发展阶段对生态文明建设提出了更高要求，必须下大气力推动绿色发展，努力引领世界发展潮流。”② 绿色发展及生态文明建设与新发展格局下国际国内双循环要实现内在统一和共同发展，展现出生态文明发展方式的先进性、可持续性。

（二）意义

生态文明是一种文明形式，是人类社会文明发展到一定阶段的产物。生态文明建设，不仅是对生态文明的价值抉择，更是一种生产、生活方式的转变。生态文明建设是解决当下我国基于传统模式和结构迅速发展的工业化与自然生态承载力之间矛盾的正确方式和有效途径，不仅彰显了价值取向，表明了建设的决心，更在顶层设计上逐步完善，在生产、生活过程中不断付诸实践。推进中国特色生态文明建设具有重大意义。

1. 推进中国特色生态文明建设的重大理论意义

一是对中华优秀传统文化中人与自然和谐关系的理念与实践的继承与发展。中华优秀传统文化中的生态观，以人与自然和谐相处为主导价值，体现在“天人合一”、“道法自然”以及“致中和”等思想观念之中，刻画出中

① 习近平：《推动我国生态文明建设迈上新台阶》，《求是》2019年第3期。

② 《让绿水青山造福人民泽被子孙——习近平总书记关于生态文明建设重要论述综述》，《人民日报》2021年6月3日，第1版。

华民族一以贯之的与自然和谐相处的发展理念和状态。二是对马克思主义理论体系特别是其生态文明思想的中国化。马克思主义理论对人类不同历史阶段人与自然的关系进行了深刻阐述，特别是从社会制度视角进行了分析与揭露。从对物质交换、资本主义双重异化的揭示，到共产主义实现双重和解，马克思主义的生态文明思想突破了纯粹的自然环境保护的视域，将生态文明建设上升到社会制度的层面。三是对“绿水青山就是金山银山”理念的丰富和完善。“绿水青山就是金山银山”蕴涵的辩证统一道理就是要在环境保护的前提之下，强调当下发展中的工业文明与自然环境在有机的系统里实现物质转变，进而实现良性循环，以达到有机统一，这是可持续发展的一种方式，也是生态文明建设所包含的内容。

2. 推进中国特色生态文明建设的重大现实意义

一是有利于推进我国经济健康持续发展。推动生态文明建设有利于我国产业结构向绿色、循环、低碳等方向优化转型，使我国走出一条排放低、代价小、效益好的可持续发展新路子。二是坚持以人民为中心，实现中华民族伟大复兴的中国梦的基本要求和重要内容。通过建设生态文明、美丽中国，有利于不断满足人民群众日益增长的优美生态环境需要。三是能够通过保护环境有效应对全球气候变化，实现中华民族永续发展。自然给予了我们及祖先生存与发展的基础和条件，但是，人类通过短短百年的工业化进程就对自然造成了极大的破坏，对环境造成了严重的污染，为了能够为后人留下足够的、更好的生存与发展空间，我们必须坚定不移地走生态文明发展之路。我国不仅自身要践行“绿水青山就是金山银山”理念，还要与国际社会一道积极应对气候变化，有效控制温室气体排放，主动履行向国际社会作出的“碳达峰碳中和”的庄严承诺，彰显负责任大国形象和担当，构建起人类命运共同体生命和安全的生态之基，为全人类可持续发展作出贡献和表率。

二　中国特色生态文明建设总体布局

“绿水青山就是金山银山”理念是习近平生态文明思想的重要内容，在融入生态文明建设各方面的进程中，引领着美丽中国建设有序展开，指引着中国特色生态文明建设不断取得显著成就。各地区各部门要切实贯彻新发展理念，树立“绿水青山就是金山银山”的责任意识，努力走向社会主义生态文明新时代。“绿水青山就是金山银山”是在生态文明建设中首要树立的一种生态文明理念，我们必须将其牢牢记在心里、刻在脑海，并有将其付诸实践的强烈意识，同时将其作为认知先导、指导思想和行动指南。

（一）建立生态文明制度的“四梁八柱”

习近平总书记强调，要深化生态文明体制改革，尽快把生态文明制度的“四梁八柱”建立起来，把生态文明建设纳入制度化、法治化轨道。2014 年时任环境保护部部长周生贤在接受采访时说，环保工作的“四梁八柱”是一个形象说法，可用来描述生态文明建设和环境保护的宏观性、系统性的整体架构。它既是对党中央、国务院决策部署的具体化，也是对环保部门和各地区阶段性实践探索的总结归纳。他认为生态文明建设主要涵盖以下四个方面内容[①]：一要以积极探索环境保护新路为实践主体，进一步丰富环境保护的理论体系。可以理解为从环境保护的理论和实践的相互促进和完善入手，开辟生态文明建设的新路径。既要立足于我国的国情和发展阶段，又要借鉴西方发达国家环境治理经验教训，发挥我国的制度优势，完善体制机制，提升治理能力。二要以新修订的《环境保护法》实施为龙头，形成保护生态环境的法律法规体系。可以理解为依托《环境保护法》，形成生态文明建设的法律规范和相关的保障体制机制，在生态文明建设范畴内进一步落实法治理念和实践，推动生态文明建设的法治进步。三要以深化生态环保体制改革为契机，建立严格监管所有污染物的环境保护组织制度体系。即建立和完善严格的污染防治监管体制、生态保护监管体制、环境影响评价体制等，解决损害群众健康的突出环境问题，加快环境管理战略转型，促进经济转型优化

① 环境保护部：《构建环境保护“四梁八柱”——让人民群众享有更多碧水蓝天》，http：//www. gov. cn：8080/ xinwen/2014 -06/ 04/content_ 2693943. htm? share_ token =4f80f620 -2967 -452f -b7d3 -c2067fa6b5f8。

升级。四要以打好大气、水、土壤污染防治三大战役为抓手，构建改善环境质量的工作体系。可以理解为以打好大气、水和土壤污染防治三大攻坚战为切入点，建构提升环境质量的具体工作体系，强化污染防治，在干实事中逐步改善、优化环境。

2015 年 5 月，中共中央、国务院发布《关于加快推进生态文明建设的意见》，对我国生态文明建设进行了全面、系统的部署，要求加快建立完善的生态文明制度体系，强调从制度层面保护生态环境。同年 9 月，印发《生态文明体制改革总体方案》，明确提出到 2020 年建构起由生态补偿和资源有偿使用等八项制度构成的中国特色社会主义生态文明制度体系。其中总体要求的"四个部分"架构起生态文明体制的"四梁"。要深入贯彻落实习近平总书记系列重要讲话精神，按照党中央、国务院决策部署，推动形成人与自然和谐发展的现代化建设新格局；树立"绿水青山就是金山银山"的理念，树立山水林田湖是一个生命共同体的理念等；坚持正确改革方向，坚持自然资源资产公有性质、城乡环境治理体系统一等六方面原则；到 2020 年构建起包括自然资源资产产权制度、国土空间开发保护制度等八项制度在内的生态文明制度体系。这四条纵线支撑起生态文明制度建设的四根"大梁"。"四梁八柱"是一个有机整体，也是一个严密而又开放的有机系统。

（二）构建五大生态体系

习近平总书记在全国生态环境保护大会上提出要加快构建生态文明体系，并详细阐释了五大生态体系，即生态文化体系、生态经济体系、目标责任体系、生态文明制度体系、生态安全体系，这五大生态体系建构起中国特色社会主义生态文明建设的运行轨道，不仅有力地推动着美丽中国建设，也为人类命运共同体建设贡献了"中国方案"。

1. 构建生态文化体系

习近平总书记指出，要加快建立健全以生态价值观念为准则的生态文化体系。以"绿水青山就是金山银山"理念为灵魂的生态文化包含了人与自然和谐发展和共存共荣的生态价值观以及社会活动行为准则，体现了"以人民为中心”的宗旨和原则。构建生态文化体系要在生态伦理、生态道德乃至生态法制、生态审美和生态使用等领域对广大人民群众加大宣传力度，引导全社会树立新发展理念，践行新发展方式，使生态文明内化为人民的自觉自省，只有这样生态文明建设才有主体性，才有“活”的环境基础。

2. 构建生态经济体系

习近平总书记指出，要加快建立健全以产业生态化和生态产业化为主体的生态经济体系。“绿水青山就是金山银山”理念可直接服务于绿色经济发展，为经济结构升级、产业结构转型指明了方向、铺平了道路。构建以产业生态化和生态产业化为主体的生态经济体系，就要深化供给侧结构性改革，坚持传统制造业改造提升与新兴产业培育并重，坚持扩大总量与提质增效并重，等等。总之，要用一系列以科技为突破口、以一二三产业融合发展为抓手、以生态优势转变成经济优势为目标的具体经济发展方式和模式，来建构起生态经济体系，筑牢生态文明建设的物质基础，同时以美丽环境守护长远利益。

3. 构建目标责任体系

习近平总书记指出，要加快建立健全以改善生态环境质量为核心的目标责任体系。构建目标责任体系就要树立新发展理念、转变政绩观，压实责任并强化担当。要把生态环境放在经济社会发展评价体系的突出位置，并建立责任追究制度。要针对决策、执行监管中的责任，明确各级领导干部责任追究情形。从生态文明目标责任体系的建构要求到责任主体再到评价追责情形都已具备清晰的逻辑脉络和践行框架，这为充分贯彻落实生态文明理念打下了坚实的基础。

4. 构建生态文明制度体系

习近平总书记指出，要加快建立健全以治理体系和治理能力现代化为保障的生态文明制度体系。构建生态文明制度体系的要求凸显了以治理体系和治理能力现代化作为制度体系的保障的重要性、必要性和紧迫性。生态文明制度的制定要从治理方式着手，要构建现代化的治理体系，例如对目标考核、奖惩机制、消耗和效益指标等的确定和落实等进行进一步健全和完善，并用不断提升的治理能力对这些方面加以保障和提高。党的十八届三中全会通过的《中共中央关于全面深化改革若干重大问题的决定》首次确立了生态文明制度体系，依照“源头严防、过程严管、后果严惩”的思路方针，明确了我国生态文明制度体系的具体构成、改革方向和重点任务，形成了生态文明制度体系的系统性框架和方案。

5. 构建生态安全体系

习近平总书记指出，要加快建立健全以生态系统良性循环和环境风险有效防控为重点的生态安全体系。生态安全不仅关系到民生福祉、经济社会发展稳定，更是国家安全的重要组成部分和保障。构建生态安全体系不仅是建设生态文明体系的组成部分，更是保卫国家安全的重要基石。构建生态安全体系要维护好生态系统的完整性、稳定性和功能性，确保生态系统良性循环。同时，要处理好涉及生态环境的重大问题。其中妥善处理好发展面临的资源能源等瓶颈问题、突发环境事件问题，以及环境承载力问题，理当成为当下构建生态安全体系、维护生态安全的重要着力点。

（三）立足“三个布局”重视一个“纳入”

生态文明建设的“四梁八柱”建构起产权清晰、多元参与、宏观与微观兼具、管理与市场并重的系统完整有机的生态文明制度体系，进一步推动了生态文明治理体系和治理能力的现代化。为完善生态文明建设的整体布局，还需要在领域布局、地理布局和科技布局三个方面做好工作，尤其要重视并坚决贯彻落实习近平总书记关于“把碳达峰、碳中和纳入生态文明建设整体布局”[①] 的重要指示，在建设中国特色社会主义生态文明进程中如期实现2030年前碳达峰、2060年前碳中和的宏伟目标。

1. 生态文明建设的领域布局

生态文明建设应以体系内的领域为范畴进行全方位、全过程的整体布

① 黄润秋：《把碳达峰碳中和纳入生态文明建设整体布局》，人民网，http：//theory. people. com. cn/n1/2021/1117/c40531 –32284567. html？ivk_ sa =1024320u，2021 年 11 月 17 日。

局。生态文明建设的领域大致可分为生态响应领域、生态经济领域以及生态社会领域三个部分。生态响应领域包括自然资源、自然环境、生态系统三个部分，针对这三部分可采取有效保护和合理利用、合理保护和环境治理、恢复和重建三项基本举措。生态经济领域包括生态农业、生态工业、绿色服务、环保产业以及绿色经济，针对这五个部分可采取提高工农业资源产出率、降低消耗、循环利用以及鼓励绿色服务产业、环保技术产业和工业园的发展，包括循环经济园和生态工业园的发展等方式为生态经济提质升级开出良方。生态社会领域包括生态城市、生态农村、绿色能源和交通、绿色社会、生态安全。可通过绿色化、生态化的城市规划以及对市民绿色生态方式的鼓励、建设生态农村、建设绿色人居环境、开发新能源，以及推动实施保障粮食、食品、资源能源和环境等安全的系列举措，逐步完善生态社会领域布局。

2. 生态文明建设的地理布局

生态文明建设要以地理分布为载体，明确具体承载相关体系和领域范畴的整体布局并通过显像和实践具体呈现出来。生态文明建设的地理布局大致可分为生态文明建设的空间结构、生态区划和生态系统评价以及西部生态现代化战略三个部分。生态文明建设的空间结构由绿色工业化、城市化、绿色家园建设以及生态城市和乡村建设等基本要素构成。生态区划和生态系统评价是生态文明建设及生态文明治理体系和治理能力现代化的条件和基础，要在细化、完善生态区划的前提下定期开展生态系统评价且树立典型，以利于推广。由于西部部分地区生态较为脆弱且退化严重，要研制相应的发展战略，协调其经济发展与生态文明建设的关系，创新性解决突出的矛盾，抓牢生态文明建设现代化与经济社会发展的互利耦合点，实现“绿水青山就是金山银山”的伟大创举。

3. 生态文明建设的科技布局

生态文明是人类文明的一种高级文明样式，当下的生态文明建设并非完全另起炉灶与工业文明相对立，而是对工业文明的一种优化升级，是环保理念和运行模式下的高位阶工业文明，科技在其中发挥了举足轻重的作用。生态文明建设的科技布局大致可分为增加环境科技投入的比例、加强环保关键技术研究和推进环境科技国际合作三个方面。目前OECD国家环境科技投入占科技投入的比例还不是很高，随着生态文明建设的逐步加速、工业化和城市化快速发展，环境压力将进一步上升，因而要推动投入比例提升，更加重视环境科技对生态文明建设的巨大作用。环境科技牵涉面广，对基础和应用理论及技术都有较高的要求，从绿色能源的开发到工业生产的循环利用，再到国土综合治理等诸多方面都需要更加精深、专业的环保技术的支撑。我国科技的进步需要借鉴发达国家的先进经验，环境科技也不例外。要多参与相关方面的国际交流与合作，并在此过程中为人类命运共同体作出自己的贡献。

4. 把碳达峰、碳中和纳入生态文明建设整体布局

习近平总书记在中央财经委员会第九次会议上指出，实现碳达峰、碳中和是一场广泛而深刻的经济社会系统性变革，并强调把碳达峰、碳中和纳入生态文明建设整体布局。2020年我国更新了国家自主贡献，相比2015年的国家自主贡献，时间更紧迫，碳排放强度削减幅度更大，非化石能源占一次能源消费比重再增加5个百分点，非化石能源装机容量目标增加，森林蓄积量再增加15亿立方米。2021年，中国宣布不再新建境外煤电项目，是中国为应对气候变化所采取的实际行动之一。

截至2019年底，我国碳排放强度比2015年下降了18.2%，不仅提前完成了“十三五”时期的约束性目标任务，同时提前完成了我国向国际社会承诺的2020年碳减排目标，为全球生态文明建设作出了重大贡献。将碳达峰、碳中和纳入生态文明建设整体布局，有利于在改革创新中推进落实碳达峰、碳中和目标任务，也有助于推动相关方面的国际交流合作。这是我国实现高质量发展的必由之路，也是实现中华民族伟大复兴中国梦的内在要求。

三　中国特色生态文明建设的重点任务

习近平总书记“绿水青山就是金山银山”的生态文明理念，为中国特色社会主义生态文明建设提供了思想指引。人与自然和谐发展是中国古代“道法自然”的核心要义，生态文明建设就是要处理好环境与发展之间的关系，既不能为了经济发展而肆意破坏生态环境，也不能为了保护环境而牺牲经济发展。生态文明建设应当将生态环境资源的承载力作为根本着力点，以保护生态红线为基础，将生态文明观、可持续发展观贯彻落实到环境保护中。“绿水青山就是金山银山”的生态文明理念，要求中国特色生态文明建设坚持保护优先、预防为主、损害担责、综合治理、公众参与等基本原则，并对资源环境进行合理利用。中国特色生态文明建设应当着眼于综合生态系统思维，通过树立“绿水青山就是金山银山”生态文明理念，加快转变经济发展方式与产业结构，确保生态红线不被破坏，构建系统、完善的生态文明法制体系，同时参与全球环境治理，为构建人类命运共同体贡献中国智慧。

（一）贯彻和落实中国特色生态文明理念

生态文明理念是中国特色生态文明建设的指导思想，蕴涵着深刻的内涵。中国特色生态文明建设应当以人与自然和谐共生为基本准则，使环境保护与经济发展相互协调。树立和弘扬中国特色生态文明理念，从价值取向上看，应当树立生态伦理观念。习近平总书记在联合国生物多样性峰会上的讲话强调，“生态兴则文明兴。我们要站在对人类文明负责的高度，尊重自然、顺应自然、保护自然，探索人与自然和谐共生之路，促进经济发展与生态保护协调统一，共建繁荣、清洁、美丽的世界”①。这是中国特色生态文明建设的内在需求，也是前进方向。

1. 中国特色生态文明建设应当加强生态意识和环境道德的培育

生态意识（Ecological Consciousness）的核心是生态伦理学和生态哲学思想，反映人类和生态环境和谐共生的伦理观念和价值取向。环境道德是社会主体处理其与生态环境关系的具体行为准则，同时也是生态意识的内化体现。生态意识和环境道德是中国特色生态文明建设的核心价值观，同时，也

① 《习近平在联合国生物多样性峰会上的讲话（全文）》，人民日报，https：//baijiahao.baidu.com/s？id = 1679279946887665188&wfr = spider&for = pc。

是指导中国特色生态文明建设具体实践的根基所在。生态意识和环境道德的培育能够使全社会形成节能减排、综合治理污染的新风尚。中国特色生态文明建设应当不断推进“绿水青山就是金山银山”生态文明理念的宣传和教育工作，积极引导社会公众形成良好的生产生活健康理念。

2. 中国特色生态文明建设应当传承和发扬生态文化

中华优秀传统文化中蕴涵的“仁民爱物”“道法自然”“天人合一”的优秀传统生态文化思想，是我国正确处理人与自然的关系，实现生态环境保护与经济社会发展相协调的文化根源。以生态文化育人是提升生态文明意识和环境保护观念的重要抓手。因此，深入挖掘、传承中国传统生态文化，不断增强新时代生态文化的传播活力，丰富和发展新时代生态文化，推动生态文化繁荣发展，是中国特色生态文明建设的重要任务。

3. 中国特色生态文明建设应当搭建新时代生态文明理论与实践平台

党的十八大以来，中国生态文明建设的指导思想、基本原则、重要举措和历史性成就，集中体现了新时代我国生态文明建设的重大理论和实践创新成果，为推动生态文明建设迈上新台阶，指明了前进的方向和道路。[①] 新时代生态文明理论与实践平台的搭建，能够有效地弘扬中国特色生态文明建设的思想体系，深入阐释“绿水青山就是金山银山”生态文明理念思想内涵。同时，新时代生态文明理论与实践平台也能使生态文明建设的卓越成果得到很好的传承，是推进中国特色生态文明建设进程的核心载体。因此，搭建新时代生态文明理论与实践平台是中国特色生态文明建设的重要任务之一。

（二）全面推动经济社会发展绿色、低碳转型与技术革新

党的十九大报告指出：“要推进绿色发展。加快建立绿色生产和消费的法律制度和政策导向，建立健全绿色低碳循环发展的经济体系。构建市场导向的绿色技术创新体系，发展绿色金融，壮大节能环保产业、清洁生产产

① 崔伟奇：《新时代生态文明建设的重大理论和实践创新》，https：//baiji ahao. baidu. com/s? id = 1625160158336622872&wfr = spider&for = pc，2019 年 2 月 11 日。

业、清洁能源产业。推进能源生产和消费革命，构建清洁低碳、安全高效的能源体系。推进资源全面节约和循环利用，实施国家节水行动，降低能耗、物耗，实现生产系统和生活系统循环链接。”中国特色生态文明建设要求逐步从“褐色经济”转型为“绿色经济”。可持续发展是中国特色生态文明建设的新观念。可持续发展要求经济发展、社会和谐、生态美好三者相互统一，实现代际公平和代内公平的发展态势。因而，我国大力发展生态经济，倡导清洁能源利用，坚持推动形成绿色、低碳、可持续的经济运行体系。生态经济的发展还需要借助切实有效的工具发挥作用，也就是技术。节能减排和清洁技术的创新，能够加速传统的产业结构转型，推进中国特色生态文明建设的发展进程。

1. 中国特色生态文明建设需要全面推动经济社会发展绿色转型

《环境保护法》明确了环境保护要和经济发展相协调，也就是说，要实现环境保护和经济发展的双赢。这就要求我国在生态文明建设过程中，全面推动经济社会的绿色转型，通过发展生态经济、循环经济和低碳经济，构筑绿色经济发展体系。从传统的“褐色经济”向“绿色经济”转型，要求改变现有的能源结构，用清洁能源替代传统的化石能源，培育壮大节能环保产业，形成资源节约、环境友好的产业结构、生产方式和消费模式。清洁能源的发展和使用不仅能够促进我国工业企业加强环境保护，同时也能够促进我国“碳达峰、碳中和”目标的实现。经济社会发展绿色转型，也将使得我国绿色金融行业发展壮大，推动绿色经济和低碳经济的到来，让绿色信贷、绿色保险及绿色证券等新型金融工具在资本市场中发挥作用，促使企业履行应有的环境责任，并在投融资过程中逐步实现“绿色化”转型。

2. 中国特色生态文明建设需要加快绿色技术的革新

科学技术是实现中国特色生态文明建设的重要工具，也是实现绿色转型的重要方式。绿色技术的革新是产业结构调整的基础，节能减排、治污能力的提升、大气环境等综合生态要素的改善与恢复，均需要依托绿色技术。应当继续坚持以市场为导向的绿色技术创新支持政策，不断发挥市场在绿色技术创新、技术路线选择及创新资源配置中的决定性作用，并通过完善绿色技术创新引导政策，丰富技术推广目录，引导绿色技术创新方向，力争在清洁生产、节能降耗、生态保护与修复等领域实现突破。[①] 加快绿色技术的创新，能够增大对大气、海洋、土壤等点源污染和面源污染的治理力度，改善环境质量，是推进中国特色生态文明建设的重要手段。

（三）构建生态安全屏障并严守生态保护红线

中共中央办公厅、国务院办公厅印发的《关于划定并严守生态保护红线的若干意见》明确提出，生态保护红线是指在生态空间范围内具有特殊重要生态功能、必须强制性严格保护的区域，是保障和维护国家生态安全的底线和生命线，通常包括具有重要水源涵养、生物多样性维护、水土保持、防风固沙、海岸生态稳定等功能的生态功能重要区域，以及水土流失、土地沙化、石漠化、盐渍化等生态环境敏感脆弱区域。党中央、国务院高度重视生态环境保护，作出一系列重大决策部署，推动生态环境保护工作取得明显进展。但是，我国生态环境总体仍比较脆弱，生态安全形势十分严峻。划定并严守生态保护红线，是贯彻落实主体功能区制度、实施生态空间用途管制的重要举措，是提高生态产品供给能力和生态系统服务功能、构建国家生态安全格局的有效手段，是健全生态文明制度体系、推动绿色发展的有力保障。

1. 构建生态安全屏障是中国特色生态文明建设的重要抓手

中国特色生态文明建设，应当加强生态保护和防灾减灾体系建设，构建生态安全屏障，以此维护综合生态系统的稳定，同时保护生物多样性，实现环境资源发展的代际公平和代内公平。通过构建生态安全屏障，确保划定范围，能使我国自然保护区、森林公园的生态保育区和核心景观区、风景名胜区的核心景区等核心区域得到很好的保护。对地质灾害容易发生的地区应当加大治理力度，推进自然资源风险评估机制的构建。《环境保护法》明确规定了“综合治理”的基本原则，要求对生态环境要素进行综合治理、综合

---

① 王善勇、李军:《以绿色技术创新推进生态文明建设》,《中国环境报》2021 年 9 月 30 日。

管控、分类实施。生态安全屏障是防止自然资源被破坏的第一道防线，应不断加强对重点功能区的规划和管理，以生态补偿机制为基本抓手，对自然资源进行合理开发和利用。

2. 中国特色生态文明建设需要严守生态保护红线

中央提出，要通过自然资源统一确权登记明确用地性质与土地权属，形成生态保护红线全国“一张图”。[①] 生态保护红线是我国自然资源和生态环境保护的底线。生态保护红线的失防，将会导致自然资源资产严重流失，生态环境遭受重大损害。严守生态保护红线的基础就是制定空间规划时不断发挥生态保护红线的底线作用。《关于划定并严守生态保护红线的若干意见》还提出，“推动生态保护红线所在地区和受益地区探索建立横向生态保护补偿机制，共同分担生态保护任务”，由此可形成省际联动的生态环境保护局面，更好地推动中国特色生态文明建设的发展进程。

（四）构建中国特色生态文明法治体系

中国特色生态文明建设需要依托系统和完善的法治体系。在习近平总书记提出的“绿水青山就是金山银山”生态文明理念的指引下，中国生态文明法治体系的构建应当以《宪法》为统领，以环境与资源保护相关法律为核心。生态文明，法治先行。生态文明法治体系，是确保我国环境不被破坏的法律依据，能够推动生态德治和生态法治相结合。我国在环境与资源保护法方面已经制定了《环境保护法》《大气污染防治法》等法律法规。同时，中国特色生态文明建设应当不断推动生态文明法治的顶层设计，将环境保护相关法规法典化，统合现有的行政法规、部门规章等。相关法规的法典化能有效地改善现有环境保护单行法存在的碎片化、分散化的问题，对建立和完善我国生态环境监管体制具有非常重要的意义。中国特色生态文明法治体系的设计应当由立法、执法和司法三个方面组成。

---

① 中共中央办公厅、国务院办公厅印发《关于划定并严守生态保护红线的若干意见》，中国政府网，http：//www. gov. cn/zhengce/2017 - 02/07/content_ 516629 1. htm，2017 年 2 月 7 日。

1. 立法完善是中国特色生态文明法治化的基础保障

中国特色生态文明建设需要依托系统和完善的法律体系，这就要求在立法上，实现污染防治法、自然资源保护法与循环利用法的相互联动。因此，在立法上，应当体现环境保护优先、预防为主、综合治理、公众参与、损害担责的原则。在“绿水青山就是金山银山”生态文明理念指引下，我国已经将生态文明写入《宪法》，同时，我国《民法典》中也增设了“绿色条款”，其他部门法也均体现了绿色发展的理念，为生态文明建设提供了法律保障。但是，中国目前还尚未形成环境法典，我国现有环境保护单行法（见图1）的分散化会导致综合生态系统要素的法律保护联动机制付之阙如。因此，应当通过贯彻《环境保护法》基本原则，建设和完善具有中国特色的以习近平生态文明思想为指导的生态文明法治体系。在生态系统方法指导下，区域、流域生态环境是不可分割的，应当加强区域、流域立法。加快生态系统服务功能价值评估工作，将生态环境评估鉴定方面的规范上升为法律制度，并将生态系统评估工具纳入法治框架。贯彻落实领导干部自然资源资产离任审计制度等，完善生态环境损害鉴定赔偿制度等，解决执法上的处罚定量和司法上的赔偿定量问题。

2. 执法有效是中国特色生态文明法治化的支撑

完善的立法需要依托强有力的法律执行机制，以此保障生态文明建设的稳步推进。在执法上，应当树立经济社会发展与环境保护相协调的执法理念。我国环境保护执法的强度不断增加，使得企业违法排污的现象得到了有效遏制。但是，还需要进一步针对治理污染不作为、滥作为现象进行治理，应当不断推动“环保督察”的法治化进程。环境保护执法需要体现环境综合治理的基本原则。我国自实行生态文明体制改革以来，环境保护执法质量得到了稳步提升，以往出现的“一刀切”等“环境保护不作为、滥作为”现象已经基本得到遏制，同时在中央环境保护督察的推动下，我国生态环境保护执法工作体系愈加成熟。但是，未来仍需要实现环境的区域协同治理、流域协同治理。此外，虽然行政管理有边界，但生态环境作为一个有机系统往往与行政区划无关，应当改变“违法成本低，守法成本高”的局面，这

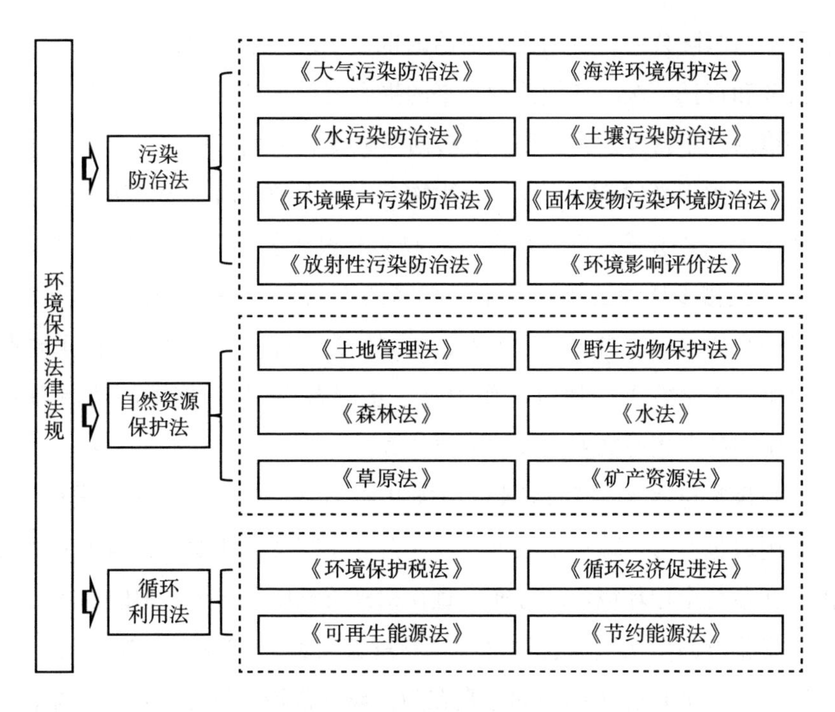

图 1　我国环境保护法律法规

也是中国特色生态文明法治化的重点任务。

3. 司法文明是保障环境正义的重要方式

环境司法是实现“环境正义”的最重要的方式。司法文明是中国特色生态文明法治化进程中保障社会公众主体环境利益的基本方式。在司法上，应当树立正确的环境资源审判理念。在可持续发展理念的指导下，应加快推进环境司法专门化、普通司法的绿色化进程。在规定环境公益诉讼主体原告多元化的同时，做到“补位不添乱”。实现区域、流域的联动执法，形成司法协调的联动模式，达成司法合作，真正实现环境审判中的“环境公平、正义”的价值诉求。

（五）积极参与全球环境治理并加强国际环境合作

国际社会对环境问题日益重视，“人类中心主义理念”正向“生态主义价值理念”转变。国际社会在应对气候变化、生物多样性保护等领域已经形成了多个国际公约，我国作为缔约国也在积极贡献力量，履行相关条约规定的义务和责任。全球环境治理水平的提升有赖于各国的不断努力。我国在全球环境治理中持续发挥作用，在应对气候变化方面，积极提交国家自主贡献，坚持气候正义的价值理念。在生物多样性保护方面，我国切实增强责任感、使命感、紧迫感，进一步做好生物多样性保护工作，2020 年我国成功举办了《生物多样性公约》第十五次缔约方大会。面对全球性危机，我国宣布进一步提高国家自主贡献力度，我国作为全球生态文明建设的重要参与者、贡献者、引领者的地位和作用进一步彰显。[①] 加强国际环境治理的合作，是中国特色生态文明建设的重要任务。

1. 积极参与全球环境治理能够加快中国特色生态文明建设发展进程

我国通过参与全球环境治理，共谋全球生态文明建设。我国作为发展中大国，在参与全球环境治理方面一直在积极贡献中国方案、中国智慧。在应对气候变化方面，从《联合国气候变化框架公约》到《京都议定书》再到《巴黎协定》，我国作为缔约国一直在为全球气候治理发力。在《巴黎协定》所建立的“自下而上”减排模式下，我国积极提交国家自主贡献，并提出了“碳达峰、碳中和”的目标，积极同其他国家一道应对气候变化，开展应对气候变化行动，大力发展清洁能源。此外，我国也非常重视生物多样性、野生动植物的保护工作。在海洋环境保护方面，我国也一直在履行《联合国海洋法公约》中有关海洋环境保护的条款，积极推动海洋环境健康发展。在中国特色生态文明建设发展进程中，我国应当继续积极参与全球环境治理，并为全球环境发展贡献中国力量，夯实我国在全球环境治理中的话语体系。

2. 中国特色生态文明建设要不断加强国际环境合作

中国政府高度重视生态文明建设，大力推进绿色发展，中国生态环境保护乃至生态文明建设从认识到实践都发生了历史性、转折性和全局性变化。我国高度重视同联合国环境署的合作，支持联合国环境署在全球环境治理中

① 王新萍、龚鸣、方莹馨：《共谋全球生态文明建设》，《人民日报》2020 年 12 月 26 日，第 3 版。

发挥更大作用，为国际社会，特别是其他发展中国家提供中国方案，共同推进绿色发展。[①] 我国在应对气候变化方面开展了南南气候变化合作，遵循国际环境法中的共同但有区别责任原则、各自能力原则和国际合作原则，在未来将进一步拓宽国际环境合作治理的领域，有效打破不合法、不合理的绿色贸易壁垒。我国应当不断推进大数据平台建设及环保技术国际合作，分享我国在绿色"一带一路"建设、应对气候变化、全球海洋治理、生物多样性保护等领域的经验，推动实现联合国2030年可持续发展目标。[②]

3. 中国特色生态文明建设要切实推进生物多样性保护工作

生物多样性是可持续发展的重要组成部分。我国是世界上生物多样性最为丰富的国家之一，生物多样性保护已取得长足成效，但仍面临诸多挑战。到2025年，持续推进生物多样性保护优先区域和国家战略区域的本底调查与评估，构建国家生物多样性监测网络和相对稳定的生物多样性保护空间格局，以国家公园为主体的自然保护地占陆域国土面积的18%左右，森林覆盖率提高到24.1%，草原综合植被盖度达到57%左右，湿地保护率达到55%，自然海岸线保有率不低于35%，国家重点保护野生动植物物种保护率达到77%，92%的陆地生态系统类型得到有效保护，长江水生生物完整性指数有所改善，生物遗传资源收集保藏量保持在世界前列，初步形成生物多样性可持续利用机制，基本建立生物多样性保护相关政策、法规、制度、标准和监测体系。

到2035年，生物多样性保护政策、法规、制度、标准和监测体系全面完善，形成统一有序的全国生物多样性保护空间格局，森林覆盖率达到26%，草原综合植被盖度达到60%，湿地保护率提高到60%左右，以国家公园为主体的自然保护地占陆域国土面积的18%以上，典型生态系统、国

---

① 生态环境部：《联合国环境署第十二次年度磋商会议在京召开》，https：//www. mee. gov. cn/ywdt/hjywnews/201911/t20191101_ 740199. shtml，2019年11月1日。

② 生态环境部：《"一带一路"生态环保大数据服务平台暨环保技术国际智汇平台第四届年会在京举办》，https：//www. mee. gov. cn/xxgk2018/xxgk/xxgk15/201906/t20190610 _ 706066. html，2019年6月10日。

家重点保护野生动植物物种、濒危野生动植物及其栖息地得到全面保护，长江水生生物完整性指数显著改善，生物遗传资源获取与惠益分享、可持续利用机制全面建立，保护生物多样性成为公民自觉行动，形成生物多样性保护推动绿色发展和人与自然和谐共生的良好局面，努力建设美丽中国。①

四　中国特色生态文明建设面临的问题与挑战

中国生态文明体制改革在不断推进中已经卓见成效。党的十八大以来，中国生态环境的质量有了稳步提升，大气、水、土壤等环境要素的污染治理力度显著增大，全国各地区的环境基础设施建设投入显著增多。同时，环境保护的理念深入人心，社会公众在“绿水青山就是金山银山”生态文明理念的指引下，积极践行绿色消费、低碳出行，促进生态经济的全面发展。我国制定了《生态文明体制改革总体方案》，修改了《环境保护法》，加大了违法处罚力度。但是，为了稳固生态文明建设成效，我们也应当认识到在实践中生态文明建设存在的问题和面临的挑战。

（一）国土空间规划与环境资源承载力的关联度较低

首先，国土空间规划体系仍需进一步完善。《环境保护法》明确要求环境保护与经济发展相协调，国土空间规划应当与环境资源的承载能力相匹配。我国于2021年9月1日开始实施修订后的《土地管理法》，其在第二条明确规定了应当建立国土空间规划体系。经依法批准的国土空间规划是各类开发、保护、建设活动的基本依据。已经编制国土空间规划的，不再编制土地利用总体规划和城乡规划。

新修订的《土地管理法》相关规定为国土空间规划与环境资源承载能力的衔接提供了法律依据，但是，由于新修订的《土地管理法》刚刚实

① 中共中央办公厅、国务院办公厅：《关于进一步加强生物多样性保护的意见》，2021年8月19日。

施，目前我国在国土空间规划与战略环境影响评价的衔接方面仍存在需进一步完善的空间，需要相应的配套政策支持，国土空间规划与主体功能区规划的关系亟待进一步明确，国土空间规划体系需要进一步健全。目前，我国仍需要加快推进战略环境影响评价，很多规划建设项目并未能考虑到地区可持续发展和环境资源的承载能力，未能很好地与专项规划进行有效衔接。

其次，仍存在“重开发，轻环境”的现象。很多地区对环境资源承载能力认识不足，导致对资源环境的过度开发利用。项目一边兴建一边进行环境影响评价、先兴建后进行环境影响评价等现象仍然未能得到遏制。在项目建设前未能对环境资源的承载能力进行评估，仅仅考虑到兴建项目所带来的经济利益而忽视了环境资源保护，这不利于实现环境保护与经济发展相协调的目标。除此之外，我国在对环境资源承载能力的评价方面，也存在滞后现象。对环境资源承载能力的测算、评估是国土空间规划编制的依托，也是国土空间规划与专项规划进行衔接的依据，环境资源承载能力评估的滞后会直接影响国土空间规划编制的科学性。

最后，行政区划与环境资源自然区划不匹配。现阶段我国经济社会发展以行政区为单元，行政区的划分导致环境资源自然分区的条块分割现象较为严重，使得区域经济社会发展与环境资源的承载能力之间不匹配，甚至相互矛盾，造成环境资源开发、环境保护与经济社会发展之间的非均衡发展。[①] 一些地方对国土空间的无序开发、过度开发、分散开发，造成很多耕地和生态空间被占用，这不符合环境资源保护的基本要求，同时与经济发展和环境保护相协调的目标相背离，导致环境资源承载能力下降，产生生态环境资源被破坏的潜在风险，也会造成生物多样性的减损。

（二）流域生态环境治理的能力和水平尚需进一步提升

从总体上看，我国流域生态环境治理取得了一些成效，但是仍然存

---

① 张兴：《资源环境承载力评价与国土空间规划关系探析》，《中国土地》2017 年第 1 期。

在很多问题。2020 年全国流域水质情况如表 1、图 2 所示，在长江、黄河、珠江、松花江、淮河、海河、辽河七大流域和浙闽片河流、西北诸河、西南诸河主要江河监测的 1614 个水质断面中，Ⅰ~Ⅲ类水质断面占 87.4%，相较 2019 年提升 8.3 个百分点；劣Ⅴ类占 0.2%，主要污染指标为化学需氧量、高锰酸盐指数和五日生化需氧量。西北诸河、西南诸河、浙闽片河流、长江流域、珠江流域水质为优，黄河流域、松花江流域和淮河流域水质为良，辽河流域和海河流域水质为轻度污染。[①] 近年来，我国出台了多部与流域生态环境治理相关的法律法规，例如《长江保护法》等。河流的治理与其他环境要素的治理存在差异，因为河流具有流动性特征，而且其不受行政区划的限制。流域生态环境治理的复杂性、特殊性、持续性导致我国流域生态环境治理面临“边污染、边治理”的困境。目前，我国流域生态环境治理主要存在两个方面的问题。

表 1　2020 年全国流域总体水质状况

水质状况	Ⅰ类	Ⅱ类	Ⅲ类	Ⅳ类	Ⅴ类	劣Ⅴ类
占比(%)	7.8	51.8	27.8	10.8	1.5	0.2

资料来源：《2020 中国生态环境状况公报》。

一方面，流域生态环境治理的责任监督机制尚需完善。虽然河长制对流域生态环境治理的责任进行了明确，但是，河长制主要依靠行政权来对责任进行明确，需要监督机制的配合。目前，我国尚未对“河长流域生态环境治理效果”进行评价和考核，同时针对河长的问责机制也未能实现体系化建构。水环境治理跨行政区域、跨政府部门，导致其存在条块分割、各自为政、多头治水、责任边界不清晰等问题。在政府主导的投资模式下，项目设计、投资、建设、运营各个环节都较为独立，缺乏对最终责任主体的追责、

① 生态环境部：《2020 中国生态环境状况公报》，2021 年 5 月 24 日。

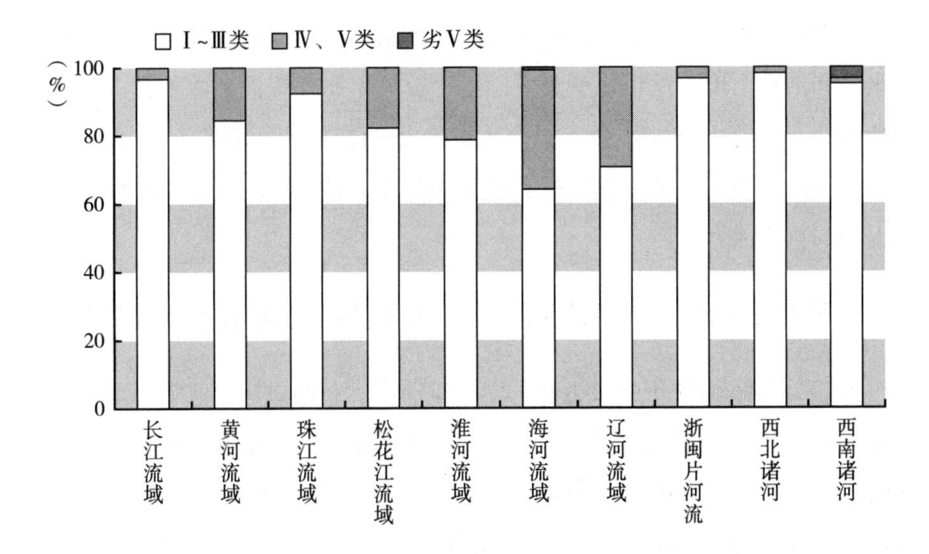

图 2　2020 年七大流域和浙闽片河流、西北诸河、西南诸河水质状况

资料来源：《2020 中国生态环境状况公报》。

问责机制。[①] 河长制实际上体现了流域协同治理的理念，是中国特色生态文明建设的重要组成部分。但除此之外，现阶段的流域生态环境治理还未能体现《环境保护法》中的“公众参与原则”，流域生态环境治理未能使社会公众的参与权、知情权和监督权得到充分实现，这也是在流域生态环境治理过程中应当重点关注和予以完善的问题。[②]

另一方面，流域生态环境治理的技术标准、法律规范和市场融资机制亟待建立。从技术耦合程度上看，流域水环境综合治理涵盖防洪排涝、截污治污、生态修复等多项技术，这些技术耦合程度较高，但是，现有的技术标准和规范还尚未形成体系，这就造成流域生态环境治理合力无法形成。从现行法律制度上看，我国制定了《长江保护法》，并将其作为流域生态环境治理方面的专门立法，但是其他流域还没有相应法律支撑；同时，未来流域生态

① 庞洪涛等：《流域水环境综合治理 PPP 模式探究》，《环境与可持续发展》2017 年第 1 期。

② 胡光胜：《河长制——我国流域治理现实困境与创新趋势》，《大连干部学刊》2019 年第 5 期。

环境治理相关法律法规，也需要形成法律体系，以此保障流域生态环境的治理水平和治理力度。从市场融资方面看，流域生态环境治理由于具有复杂性和特殊性，目前仍缺少社会资本介入的市场融资机制，面临较大的资金缺口，针对流域生态环境治理的投资也较为匮乏，是制约流域生态环境治理质量提升的重要因素。

（三）碳达峰、碳中和目标约束下的能源结构亟待规范和调整

要如期实现2030年前碳达峰、2060年前碳中和的目标，就要实现碳排放总量控制，改变煤炭依赖的格局现状。2020年我国主要能源产品产量及增长速度如表2所示。2020年我国能源消费总量为49.8亿吨标准煤，比2019年增长2.2%。煤炭消费量增长0.6%，原油消费量增长3.3%，天然气消费量增长7.2%，电力消费量增长3.1%。2020年，我国煤炭消费量占能源消费总量的56.8%，比2019年下降0.9个百分点；天然气、水电、核电、风电等清洁能源消费量占能源消费总量的24.3%，比2019年上升1.0个百分点。2020年，全国万元国内生产总值能耗比2019年下降0.1%。从目前来看，我国仍需对能源结构进行规范，大力推动清洁能源的使用和发展。

表2　2020年全国主要能源产品产量及增长速度

产品名称	单位	产量	比2019年增长(%)
一次能源生产总量	亿吨标准煤	40.8	2.8
原煤	亿吨	39.0	1.4
原油	万吨	19476.9	1.6
天然气	亿立方米	1925.0	9.8
发电量	亿千瓦小时	77790.6	3.7
其中:火电	亿千瓦小时	53302.5	2.1
水电	亿千瓦小时	13552.1	3.9
核电	亿千瓦小时	3662.5	5.1

资料来源：《2020中国生态环境状况公报》。

首先，中国历来重视非二氧化碳温室气体排放，《国家应对气候变化规划（2014～2020年）》及控制温室气体排放工作方案都明确了控制非二氧化碳温室气体排放的具体政策措施。自2014年起对三氟甲烷（HFC－23）的处置给予财政补贴，截至2019年，共支付补贴约14.17亿元，累计削减6.53万吨三氟甲烷，相当于减排9.66亿吨二氧化碳当量。我国目前仍有很多地方的能源结构、产业布局无法实现碳排放总量控制目标，造成了资源的虚耗，尤其是导致自然资源资产的生态价值无法发挥应有的作用。我国为实现碳达峰、碳中和目标，并非要抑制所有能源使用，而是需要调整能源产业结构，大力发展清洁能源，限制煤炭等传统能源的使用。但是，从目前来看，煤炭在能源消费中仍然占据一席之地，生产开发成本低于社会成本、保护生态得不到合理回报的问题依然存在，以煤炭为主的能源结构还没有彻底改变。①

其次，全国碳市场所纳入的控排行业过于单一。2017年全国构建统一碳市场以后，初期只将电力行业纳入碳排放总量控制范畴，所覆盖的行业范围较小。目前，我国碳排放权交易市场已经初具规模，未来将纳入更多的行业。碳排放权交易市场是改变能源结构、减少化石燃料使用的一种金融手段。将碳排放权作为一种标的资产进行市场交易，既能够促进工业企业减排，也能够带动中小企业融资，实现供给侧结构性改革。但是，我国现阶段的碳排放权交易市场规则还需完善，不论是对政府分配配额的一级市场来说，还是对企业进行交易的二级市场来说，均需要通过制定温室气体减排核证机制、报告程序规则、标准体系、管控手段等，对化石燃料的使用进行限制，以此促导企业实现碳减排总量控制目标。除此之外，地方性碳市场建设过于封闭，导致能源企业无法有效参与全国碳市场交易，能源企业跨区域参与碳市场交易的规则、程序和方法仍需探索。同时，也亟待建立全国跨区域碳市场交易平台，设立独立

① 常纪文：《生态文明建设的成效、问题与前景》，《人民日报》2018年10月29日，第16版。

的碳排放权监督管理委员会，对能源企业碳交易、碳中和情况进行跟踪和报告。

最后，低碳减排技术开发力度不足制约着低碳产业转型发展。能源结构的调整、低碳产业的创新依托于强有力的减排技术（全球实现碳中和的主要减排技术如表 3 所示）。我国目前针对减排的技术支撑体系仍然略显薄弱，以碳交易等经济手段进行减排只是一个方面，通过减排技术创新实现对化石燃料的替代才是控排的关键所在。我国目前在碳减排的测控能力、碳中和技术人才队伍建设、减排基础设施建设等方面仍需加强。同时，我国也需要不断强化与其他国家开展的减排技术合作。

表 3　全球实现碳中和的主要减排技术

减排技术路径	碳捕捉途径	形成可利用产品	碳利用潜力（亿吨 CO_2/年）	成本（美元，负值表示盈利）
CO_2化学品	烟道气等 CO_2→化学产品	甲醇、尿素、塑料	0.1～0.3/3～6	-80～320
CO_2制燃料	烟道气等 CO_2→燃料、催化氢化	甲醇、甲烷	0/10～42	0～670
微藻的生产	CO_2→微藻生物	水产养殖等生物制品	0/2～9	230～920
混凝土碳捕获	烟道气等 CO_2→水泥建筑物、混凝土	碳化的水泥、混凝土	1～14	-30～70
提高原油采集率	烟道气等 CO_2→储油池	石油	1～18	-60～45
生物能源的碳捕获与封存	植物生长	农作物、植物	5～50	60～160
矿物碳化	CO_2→粉状硅酸盐岩石	生物质	20～40	<200
土壤封存技术	CO_2→土壤有机碳	生物质	23～53/9～19	-90～-20
生物炭	CO_2→木炭	生物质	3～20/1.7～10	-70～-60

资料来源：根据中国节能协会碳中和专业委员会资料整理。

（四）生态补偿与资源有偿使用机制尚不健全

党的十八大提出建立反映市场供求和资源稀缺程度、体现生态价值和代际补偿的生态补偿制度，党的十八届三中全会通过的《关于全面深化改革若干重大问题的决定》要求实行生态补偿制度，党的十八届四中全会明确提出制定生态补偿等法律法规。此后，党的十九大报告指出："要建立市场化、多元化生态补偿机制。"虽然2018年，国家发改委、财政部等9部门联合印发《建立市场化、多元化生态保护补偿机制行动计划》，明确了在资源开发、排污权、水权、碳排放权抵消、生态产业、绿色标识、绿色采购、绿色金融、绿色利益分享等9大领域建立市场化补偿机制，为推进市场化生态保护补偿工作提供了基本依据，但由于生态保护补偿市场培育难度较大，政策红利并没有得到明显释放。生态补偿与资源有偿使用机制尚不健全主要体现在两个方面。

一方面，生态系统价值评估机制的复杂性导致生态损害赔偿的操作难度增加。推动资源有偿使用是贯彻落实"绿水青山就是金山银山"生态文明理念的重要方式。生态系统服务价值只有货币化，才能更好地使得生态产品价值化，进而才能对造成生态损害的责任主体进行追责，要求其赔偿。但是，我国针对生态系统服务功能的价值评估过程较为复杂，要对受损害的生态系统进行一系列评估，然后通过虚拟成本法等方式再对受损害的生态系统服务进行估值，最后要求责任主体进行赔偿，这种评估可操作性不强，而且评估结果容易和责任主体的实际支付能力相背离。又如，我国很多流域水生态系统服务功能补偿措施将跨界断面水质达标情况作为下游补偿上游的标准，这仅仅体现了水质好坏所对应的损益关系，而较难反映上、下游在下泄水量、水生态空间等方面的权责关系。①

另一方面，市场化生态补偿促进机制尚未建立。生态系统服务具有较强的负外部性，社会公众参与治理综合生态系统的积极性并不高，导致生态产

① 吕巍：《算好生态保护的"经济账"——全国政协"建立生态补偿机制中存在的问题和建议"专题调研综述》，《人民政协报》2019年6月10日。

品的经济价值较低，投入生态补偿机制的社会资本较少。我国目前大部分生态补偿需要依托中央财政补助资金，用于促进生态系统服务功能恢复、生态补偿的资金有限，对于社会资本的参与缺乏一定的激励措施。因此，市场化生态补偿促进机制尚未建立，这也对生态系统服务功能的维护、管控和恢复带来了困难。

（五）生态环境治理体系与法律法规仍有待完善

自《环境保护法》修改后，我国提升了环境违法成本和环境违法的“门槛”，使得环境保护执法、司法和守法保持了良好的秩序。但是，鉴于我国目前生态环境治理仍然存在“不作为、滥作为”的现象，一些地方注重经济发展而轻视环境保护的重要作用，导致地方环境保护形式主义、权力寻租等问题依然存在。在中央环保督察以后，一些地方对环境保护进行“一刀切”的现象等时有出现。除此之外，从环境法治水平和质量上看，我国环境保护法律法规呈现碎片化的趋势，环境保护单行法较多。与此同时，针对生态环境要素保护的行政法规、部门规章也较多，但从体系上看，并未能形成生态环境治理的合力，也对司法实践的有效开展、环境司法专门化的推动造成了阻碍。

一方面，生态环境治理体系和治理能力现代化仍需提升。生态环境治理需要依托完善、系统的治理体系，也需要处理好生态环境治理与社会发展之间的关系。从生态环境治理体制机制来看，中央环保督察对地方环境保护治理水平的提升起到了十分重要的作用。但是，地方对中央环保督察提出的整改意见仍然存在“虚假整改”“表面整改”的问题，具体表现为对工业企业全部关停，停止生产，造成环境保护“一刀切”现象，或者仅出具整改报告，而并未深入解决环境治理中的难题，由此而产生的环境“邻避效应”层出不穷。政府生态环境监管部门在环境治理过程中并未真正落实公众参与原则，也因此使得公众环境利益遭到破坏。①

① 任勇：《生态环境治理体系和治理能力现代化需要关注的问题》，《中国环境报》2019 年 11 月 20 日。

另一方面，生态环境保护法律制度碎片化与分散化态势较为明显。我国目前尚未形成环境法典，除了《环境保护法》这一基本法所保护的生态系统要素以外，其他生态系统要素的保护均需依托各单行法或管理条例，管理条例从立法层级上看属于行政法规，但其位阶效力要低于法律。除此之外，各个环境保护单行法和行政法规、部门规章还有重叠之处，有关环境保护的法律规范的碎片化趋势较为明显。分散的立法体制未能将生态环境要素的保护制度进行统合，缺乏立法协调机制，未能使得不同生态环境要素的保护制度相互关联。生态环境保护法律法规的碎片化也造成了明显的环境管理体制的区块化、僵硬化现象。各个环境监管部门之间职能、权限亟待理顺，以避免部门在行使监管权限时发生职能交叉重叠、矛盾等问题。因此，完善生态环境治理法律规范，理顺生态环境监管体制机制对提升生态环境治理水平来说极为重要。

五　中国特色生态文明建设的战略重点与实现路径

中国特色生态文明建设已经取得了很大成效，但随着社会公众对美好生态环境质量需求的不断提升，生态文明建设的目标也在不断提高。为了能够更好地贯彻和落实习近平总书记提出的新发展理念，以及“绿水青山就是金山银山”生态文明理念，中国特色生态文明建设应当摒弃现有不足，采取积极措施有效应对生态环境治理所面临的挑战。中国特色生态文明建设的战略重点应当从优化国土空间开发保护格局并提升生态系统质量，实施流域生态综合治理，全面落实减污降碳重点任务与努力实现双碳目标战略，建立市场化和多元化生态补偿机制，以及改革生态环境监管体制等入手，进而实现生态文明建设的体系化、制度化、科学化。

（一）优化国土空间开发保护格局，提升生态系统质量

我国应当建立以主体功能区和分级分类国土全域保护为导向的生态安全战略格局。主体功能区建设是在全国国土空间规划缺位的特定历史背景

下提出的国土空间开发保护战略部署。目前主体功能区制度作为国土空间开发保护的基础制度已初步确立，基本形成以“两横三纵”为主体的城镇化格局、以“七区二十三带”为主体的农业生产格局、以“两屏三带”为主体的生态安全格局等三大空间战略格局，搭建起国土空间开发保护格局的总体战略架构，对我国国土空间开发保护发挥了重要引领作用。[①] 国土空间开发保护能够有效提升生态系统质量，维护生态安全。我国通过对重要的生态系统进行保护，并形成完善的生态安全屏障体系，能够不断促导生物多样性目标的实现。同时，通过构建生态安全屏障体系，严守生态红线，也能防止损害生态环境要素的不法行为发生。我国《环境保护法》中明确规定了“综合治理”的基本原则，因此，优化国土空间开发和保护格局，不仅能够提升生态系统质量，保证生态系统服务功能得到很好的发挥，促进自然资源资产价值的提升，还能够遏制环境“邻避效应”等的形成，有效避免由于环境影响评价造假和空间规划不规范所产生的权力寻租等违法犯罪行为。

从实现路径上看，我国应当不断对人口、资源和环境承载力进行优化和配置，不断推动资源要素有序自由流动。要构建并完善基于“自身闭合环”视角的过程传导机制，重点强调各级国土空间规划本身就可以形成包括规划编制、传导实施、用途管控、实施监测、实施评估、考核、奖惩、规划修编等节点在内的闭合环链条。[②] 优化国土空间还应当从区域协同发展入手，根据不同区域的环境承载能力、资源禀赋以及地区之间的经济发展差异等，探索建立区域性国土空间规划协同推进模式，促进各地区协同发展，深入贯彻落实新发展理念。除此之外，还应当对国土空间规划的实施情况以及生态安全屏障保护措施的执行情况进行考核评价。为了实现中国特色生态文明建设的总体规划，我国应当对优化国土空间规划效果进行

① 杨艳、谷树忠等：《“十四五”时期优化我国国土空间开发保护格局的思路与建议》，《国研报告》2020 年第 132 号。

② 杨艳、谷树忠等：《“十四五”时期优化我国国土空间开发保护格局的思路与建议》，《国研报告》2020 年第 132 号。

评估，同时，对监管不力行为进行问责，破除以往领导干部唯 GDP 论的考评机制，将自然资源可持续发展、国土空间规划以及生态系统服务质量等纳入领导干部政绩考评机制当中。对推升生态系统质量的国土空间开发行为应当分类施策，不断完善考核评价体系，促进我国“绿水青山”向“金山银山”转化。

（二）加强水污染防治，实施流域生态综合治理

2020 年全国地表水监测的 1937 个水质断面中，Ⅰ～Ⅲ类水质断面（点位）占 83.4%，比 2019 年上升 8.5 个百分点；劣Ⅴ类占 0.6%，比 2019 年下降 2.8 个百分点，主要污染指标为化学需氧量、总磷和高锰酸盐指数。2020 年，全国地级以上城市中，柳州、桂林、张掖等 30 个城市国家地表水考核断面水环境质量相对较好，铜川、沧州、邢台等 30 个城市国家地表水考核断面水环境质量相对较差。[①] 因此，水污染治理对中国特色生态文明建设来说十分重要。我国在水污染防治和流域水环境治理方面已经有一定的基础，但是仍需要对排污许可管理以及流域环境资源承载能力监测、评价等机制进行完善。

排污许可管理和流域环境资源承载能力监测、评价是我国水环境治理的重要内容。我国已经出台了《排污许可管理条例》，但是，从综合治理的基本原则来看，排污许可管理制度应当加强与环境治理体系中其他环境管理制度的耦合性。要对多项环境管理措施的治理主体、治理客体、治理范围、治理目标和治理周期等要素进行界定和比较，进而探索环境治理体系中各项环境治理措施的内涵价值。我国排污许可管理应当根据综合协调的原则，在明确其环境治理核心地位的同时，加强其在环境治理中与其他环境要素治理的衔接，例如环境影响评价、污染物总量控制、排污权交易等。同时，保证实行排污许可管理的企事业单位和其他生产经营者按照国家有关规定和监测规范，对所排放的水污染物自行开展监测，并保存原始

---

① 生态环境部：《2020 中国生态环境状况公报》，2021 年 5 月 24 日。

监测记录。

从实践路径上看，应当不断提升流域水环境的生态治理能力和治理质量，结合流域水环境的综合性和复杂性特点，对流域水环境中的生物多样性、水质等进行保护。发挥社会公众监督的重要作用，保障社会公众、环境保护非政府组织对流域生态环境治理的参与权、监督权和知情权。

（三）落实减污降碳重点任务，努力实现碳达峰、碳中和目标

碳达峰、碳中和目标战略的实施，是党中央所作出的系统性决策和安排。我国碳达峰、碳中和目标战略的实施从国际层面上看，是构建人类命运共同体，履行《巴黎协定》国家自主贡献的有利抓手；从国内层面上看，是大力发展绿色经济，促导经济低碳转型的内在要求。碳达峰、碳中和目标战略的实施要从全局层面着手，着眼于不同阶段、不同行业以及不同地区。我国碳达峰、碳中和目标战略的实施首先要兼顾长期目标与短期目标，也即要分阶段实施碳达峰、碳中和目标战略，不同阶段要有差异化的碳减排策略；其次，要兼顾社会经济发展和碳普惠发展，不能顾此失彼；最后，由于我国各地区在经济发展水平和工业企业分布、能源消耗等方面存在差异，因而碳达峰、碳中和的时间和空间格局一定是有所不同的。这就要求我国对现有碳达峰、碳中和目标战略逐步进行分解落实，而各地区应当针对各自特点制定不同的行政法规和部门规章。

碳达峰、碳中和目标战略的实施有赖于经济手段的支撑，碳排放权交易是实现碳达峰、碳中和的主要经济工具。建立碳排放权交易制度，是以碳排放权作为新型标的资产，在一级市场与二级市场的调节下，自发形成市场机制，并要求控排企业履行减排义务的一种方式。我国自 2012 年开始试行碳排放权交易试点，各试点省份已经制定了各自的碳排放权交易办法，但是，不论是从对实体权利的保护看，还是从对程序规则的规范看，均存在碎片化特征。因此，构建地方性的碳排放权交易法律体系对地方根据实际情况实现碳达峰、碳中和目标来说极为重要。

（四）建立市场化和多元化生态补偿机制，推进绿色发展

建立市场化、多元化生态补偿机制要健全资源开发补偿、污染物减排补偿、水资源节约补偿、碳排放权抵消补偿制度，合理界定和配置生态环境权利，健全交易平台，引导生态受益者对生态保护者给予补偿，发挥政府在市场化、多元化生态补偿中的引导作用，吸引社会资本参与，对成效明显的先进典型地区给予适当支持，积极稳妥发展生态产业，建立健全绿色标识、绿色采购、绿色金融、绿色利益分享机制，引导社会投资者对生态保护者给予补偿。①

市场化和多元化的生态补偿机制能够有效促导自然资源资产的合理利用，防止违法主体对生态环境的过度开发、利用和损害，体现了《环境保护法》中“损害担责”的基本原则。市场化和多元化的生态补偿机制是我国建设特色生态文明体制机制的重要组成部分，同时也是绿色发展的驱动力量。生态环境保护需要两手发力，既要通过政府施策、加大生态环境保护的力度，同时也要发挥市场对生态环境的调节作用，不断推动“绿水青山”向“金山银山”转化。我国《生态环境损害赔偿制度改革方案》于 2017 年 8 月 29 日在中央全面深化改革领导小组第三十八次会议上审议通过，其明确了对生态环境资源造成损害的主体应当承担赔偿的责任，同时倡导通过市场化的方式，引入社会资本，加大生态环境基础设施建设投入力度。市场化和多元化的生态补偿机制还能够不断促进我国绿色、循环发展。绿色经济体系的建立和运行，依托于市场化手段，可以通过绿色资产融资、绿色信贷等金融化方式促导多方主体参与生态环境保护的进程。

从实现路径上看，第一，对资源开发补偿机制的不断完善，是有效实现资源有偿利用的主要方式。应探索建立针对过度开发等资源利用不合理情况的替代性补偿机制，界定资源开发边界和总量，保证环境资源容量不被过度消耗和不合理的开发、利用。第二，推进排放权交易平台的建立。市场化和

---

① 《建立市场化、多元化生态保护补偿机制行动计划》（发改西部〔2018〕1960 号），2019 年 1 月 11 日。

多元化生态补偿机制是推进我国绿色、可持续发展的重要手段。排放权交易是市场机制中的重要组成要素。在大气环境保护领域，我国建立了二氧化硫排放交易体系、碳排放权交易体系；在节能环保领域，我国建立了用能权交易体系；在水污染防治方面，我国建立了排污权交易体系。对这些交易体系应当不断加以统合，建立具有统一性的排放权交易平台，促导控排企业不断履行环境保护义务。第三，发展绿色金融和绿色产业，建立绿色利益分享机制。在可持续发展理念的指导下，我国相继采用了绿色资产证券化、碳金融、绿色信贷、绿色金融衍生品交易等多种新型金融手段，并初具规模。为了能够促进更多主体参与到绿色金融的投融资过程中，降低绿色金融投融资风险，应当及时建立健全绿色金融法律法规和政策支持体系。同时，积极推进资金补偿、技术补偿、产业转移、共建园区等多元化补偿形式。

（五）改革生态环境监管体制，完善生态环境保护法治体系

党的十九大报告提出，加强对生态文明建设的总体设计和组织领导，坚决制止和惩处破坏生态环境的行为，加强对生态文明体制改革的领导。[①]

实施垂直管理制度改革，是生态文明体制改革的新突破。垂直管理制度改革是生态文明体制改革的关键环节和具体实践，与各项生态文明制度改革相辅相成、互相配合、整体联动，能够有力推动两个责任的落实，增强改革的系统性、完整性、协同性，为生态文明体制改革和制度完善注入新的活力。[②] 生态环境治理的垂直管理制度改革，应当通过加强人才建设、提升环境保护执法水平、严格管控和监测企业排污行为、对涉及环境影响的建设项目谨慎审批等，不断推进生态环境治理的系统化和科学化。在我国实施和完善垂直管理制度改革的进程中，应当不断地进行体制创新，明确中央和地方环境保护职能和责任，并将环保督察作为生态环境治理的重要推手。除此之外，我国生态环境治理水平和质量的提升，还有赖于环境法治体系的完善。

---

① 《习近平指出，加快生态文明体制改革，建设美丽中国》，新华社，2017 年 10 月 18 日。

② 陈吉宁：《有序有力有效推进地方环保管理体制改革》，《人民日报》2016 年 9 月 23 日。

应当集中解决我国环境保护法律法规碎片化的问题，不断推进环境法典化进程。我国在提出生态文明体制改革以后，《民法典》《民事诉讼法》等多个部门法将有关生态环境保护条款写入，这些条款被称为“绿色条款”。因此，在法治体系设计上，应当建立以宪法为统领，以环境保护法为核心的生态文明法治体系。同时，应当将《排污许可管理条例》《环境影响评价法》等法律法规进行统合。因为生态环境是综合的生态系统，单一的法律法规无法发挥作用，应当形成法律法规的联动机制。

从实现路径上看，生态环境治理的体制机制改革应当落实地方党委和政府及生态环境监管部门的环境保护责任，通过建立追责机制，对怠于履行环境保护责任的责任主体进行追责，坚决有效遏制环境保护“不作为、滥作为、懒作为和一刀切”的现象和问题。在对生态环境质量进行监管和监测的同时，发挥社会公众监督政府生态环境主管部门履责的功能。从环境法治体系建设的路径上看，应当不断提高环境执法队伍的水平和强化能力建设，有效解决“地方保护主义对环境监测监察执法的干预”问题。同时，全面推进环境司法审判专门化进程，使得环境资源类违法犯罪案件不断减少，统筹解决跨区域的环境治理案件和问题，以此实现环境正义价值。

六　推进中国特色生态文明建设的政策建议

（一）推进生态文明制度体系建设

建设生态文明，必须建立健全生态文明制度体系，用制度作为保障和规范。生态文明制度体系，可以通过以下五条路径进行建构：一是建立以环境保护为目的的责任体系及评价指标体系和机制。二是建构生态文明建设的运行和监管制度体系，实施严格而又开放的“过程控制”，以保障及时纠偏、运行顺畅。三是推动以党委和政府为主导的全社会共治、共建、共享生态文明体系和机制建设，利用市场机制，实现多主体参与，使成果惠及更多的人民群众。四是构建国际合作体系与机制，在推进构建人类命运共同体进程中，积极主动参与全球生态文明建设，维护人类生态安全，贡献中国方案和中国智慧，展现中国特色社会主义生态文明建设的国际影响力。五是运用数字人文建构生态文明制度体系。首先，要以河长制、林长制为总抓手，以数字人文建构制度体系；其次，要引入数字人文人才并对相关人员进行培训；再次，要将资源、业务、档案、材料等数字化，建立数据库；最后，要在生态文明建设实践中完善数据库，提升数据运用成效，进而持续改进、完善制度体系。

按照《政府工作报告》关于加强污染防治和生态建设的工作部署，巩固拓展污染防治成果，贯彻落实碳达峰碳中和重大战略决策，紧扣目标任务，推动形成绿色生产生活方式。加快起草深入打好污染防治攻坚战的意见，推动重点区域大气污染综合治理攻坚，全力做好重污染天气应对工作，加强城市黑臭水体、农业面源污染、白色污染治理。中央生态环境保护督察持续推进，加强城镇污水垃圾处理设施、危险废物监管和利用处置能力建设，启动实施重型柴油车国六排放标准，加快构建碳达峰碳中和推进机制和政策体系。①

（二）健全信息化决策机制提升生态文明治理能力

治理能力中最重要的是决策能力，机制中最重要的是决策机制，而决策机制中最重要的是信息机制，建议通过健全信息机制来提高生态文明建设的决策能力进而提升治理能力。信息化决策机制的优化能够持续改善生态环境质量，有助于深入打好污染防治攻坚战，强化细颗粒物和臭氧等多污染物协同控制和区域协同治理，推进减污降碳协同增效。要因地制宜推进生活垃圾分类和减量化、资源化。一是树立共享、共建、共治的生态文明建设价值观，基于信息的公开、透明以及时效注重公共性，让决策更加“以人民为中心”。二是建立交叉复核制衡共享的生态文明建设信息化治理制度体系，切实处理好“分布式”和“集中式”之间的关系，使各部门既能够依据大

① 《国务院关于今年以来国民经济和社会发展计划执行情况的报告》，http：//www.mzyfz.com/cms/rendalifa/lifazhuanti/zhuantibaodao/html/1154/2013－08－29/content－851669.html，2021年8月19日。

数据自行客观处理好日常具体事务，又能够依托数据精准决策“上报”“沟通”等紧急状况并同时做好处置工作。三是建构生态文明建设的政策信息机构共同体并保障其有序运行。要综合发挥好生态文明建设各研究院、信息中心以及智库和学会、主流媒体等的作用，要特别重视全媒体的应用，实现建言献策以及宣传、监督功能的协同，形成生态文明建设的治理决策共同体。四是营造可信的生态文明信息获取环境，可采用官网发布、微信公众号推送以及与流量较多的 App 合作等渠道，将生态文明信息用信息化、智能化方式呈现出来。

（三）基于市场导向设立生态“三偿”机制

生态“三偿”机制是指生态功能转移补偿机制、生态产品有偿使用机制以及生态环境损害赔偿机制。其中生态产品有偿使用不仅包括具体的生态物资产品商品，还包括生态文明建设整体所形成的环境效应带来的生态经济的商品属性并外显于价格，这一点与生态功能转移补偿机制可相互协调，相互延伸。一是要依托大数据制定环境价格指数，明确生态系统生产总值（GEP）核算方法，为市场化夯实基础条件。二是要为因生态文明建设整体布局而作出相应经济模式调整，从而在短期内影响经济指数的地区健全生态“三偿”机制。例如因宜林宜草标准而放弃更高经济价值的林木种植地区，可依据林草融合的整体 GEP 设计补偿或有偿购买方案和托底价格指数，并以法制予以保障落实。三是在生态功能补偿机制有失公平的状况下，要多采用市场化的生态环境购买方式，推动生态受益地区的收益公平地向生态供给方流动。四是要对不严格落实生态文明发展方式的部门、单位和个人依法实施惩罚，要严格落实生态损害赔偿。

（四）加强生态文明智库建设

生态文明建设需要生态文明智库的支撑。生态文明智库能够为生态文明治理体系和治理能力提供有力的智力支持，还能够为我国抢占全球生态文明建设话语权的制高点作出贡献。生态文明智库的主要工作任务是基于深厚的理论基础和扎实的实践调研来研究掌握生态文明建设的规律，进而通过研究成果、咨政建言等方式，对生态文明建设政策的制定和体制机制的完善提出建议，为决策层决策建言献策。当下我国的生态文明智库在机构、人才、成果以及转化等方面存在不足，因此，需要在以下三个方面作出更多的努力。一是要加强调查研究。智库专家具有深厚的理论功底，在专业方面有较高的造诣，但是生态文明建设是极其复杂和开放的实践工程，需要在实践中运用理论寻找方案。二是要培养好人才，促进人才兼容。智库很多时候需要兼容不同的人才以综合提出或解决一个问题、一件事情，要大胆启用知识广博、阅历宽广、思维敏锐的青年人才，同时开启“旋转门”，利用“外脑”。注重对 OKR 考核机制的应用，降低 KPI 绩效考核的权重，充分调动智库人员的主动性。三是立体式搭建平台，做好决策咨询服务工作。要同等重视智库刊物、宣传刊物和学术刊物，构建立体交叉的传播平台。要发挥信息时代全媒体的影响力，重视对自媒体的运用，在“润物细无声”中发出生态文明智库的声音并取得良好效果。

（五）稳步推进碳达峰、碳中和目标战略实施进程

中央成立碳达峰碳中和工作领导小组，统筹国内国际工作协同和部署落实，积极推进粗钢产量压减、去产能“回头看”等工作。坚决遏制“两高”项目盲目发展，深入实施重点行业绿色化改造，扎实推进绿色低碳循环发展经济体系建设。深入推进能源价格改革，加快实现风电、光伏发电装机规模快速增长，电力源网荷储一体化和多能互补深入发展，能源供应保障有力有序。加强比特币等虚拟货币全链条治理。

统筹有序做好碳达峰碳中和工作，制定出台 2030 年前碳达峰行动方案，抓紧编制分行业分领域碳达峰实施方案及各项保障方案。大力推进能源结构调整和节能降碳，坚决遏制“两高”项目盲目发展。

制度体系是推进碳市场建设的重要保障，应当持续推进全国碳市场制度体系建设。要积极推动《碳排放权交易管理暂行条例》立法进程，夯实碳排放权交易的法律基础，规范全国碳市场运行和管理的各个重点环节。

在做好顶层设计的前提下，鼓励有条件的地方和重点行业、重点企业率先达峰，坚决遏制高耗能高排放项目盲目上马，严格落实“三线一单”、煤炭消费减量替代和污染物排放区域削减等要求，建设完善全国碳排放权交易市场，稳步扩大覆盖范围，丰富交易品种和交易方式，制定国家适应气候变化战略2035及开展适应气候变化行动。①

参考文献

[1] 习近平:《推动我国生态文明建设迈上新台阶》，全国生态环境保护大会，2018年5月18日。

[2]《构建环境保护“四梁八柱”让人民群众享有更多碧水蓝天——专访环境保护部部长周生贤》，http://www.gov.cn/xinwen/2014-06/04/content_2693943.htm。

[3] 崔伟奇:《新时代生态文明建设的重大理论和实践创新》，https://baijiahao.baidu.com/s?id=1625160158336622872&wfr=spider&for=pc，2019年2月11日。

[4] 王善勇、李军:《以绿色技术创新推进生态文明建设》,《中国环境报》2021年9月30日。

[5] 中共中央办公厅、国务院办公厅印发《关于划定并严守生态保护红线的若干意见》，中国政府网，http://www.gov.cn/zhengce/2017-02/07/content_5166291.htm，2017年2月7日。

[6]《韩正在中国生物多样性保护国家委员会会议上强调 切实增强责任感使命感紧迫感 进一步做好生物多样性保护工作》，新华社，http://www.gov.cn/guowuyuan/2019-02/13/content_5365423.htm，2019年2月13日。

[7] 王新萍、龚鸣、方莹馨:《共谋全球生态文明建设》,《人民日报》2020年12月26日，第3版。

[8]《生态环境部-联合国环境署第十二次年度磋商会议在京召开》，https://www.mee.gov.cn/ywdt/hjywnews/201911/t20191101_740199.shtml，2019年11月1日。

[9]《“一带一路”生态环保大数据服务平台暨环保技术国际智汇平台第四届年会

① 黄润秋:《坚决遏制高耗能高排放项目盲目上马》，http://www.mee.gov.cn/ywdt/hjywnews/202109/t20210908_908423.shtml，2021年9月9日。

在京举办》，https：//www. mee. gov. cn/xxgk2018/xxgk/xxgk15/2019 06/t201906 10_ 706066. html，2019 年 6 月 10 日。

［10］张兴：《资源环境承载力评价与国土空间规划关系探析》，《中国土地》2017 年第 1 期。

［11］生态环境部：《2020 中国生态环境状况公报》，2021 年 5 月 24 日。

［12］庞洪涛等：《流域水环境综合治理 PPP 模式探究》，《环境与可持续发展》2017 年第 1 期。

［13］胡光胜：《河长制——我国流域治理现实困境与创新趋势》，《大连干部学刊》2019 年第 5 期。

［14］常纪文：《生态文明建设的成效、问题与前景》，《人民日报》2018 年 10 月 29 日，第 16 版。

［15］吕巍：《算好生态保护的“经济账”——全国政协“建立生态补偿机制中存在的问题和建议”专题调研综述》，《人民政协报》2019 年 6 月 10 日。

［16］任勇：《生态环境治理体系和治理能力现代化需要关注的问题》，《中国环境报》2019 年 11 月 20 日。

［17］杨艳、谷树忠等：《“十四五”时期优化我国国土空间开发保护格局的思路与建议》，《国研报告》2020 年第 132 号。

［18］《建立市场化、多元化生态保护补偿机制行动计划》（发改西部〔2018〕1960 号），2019 年 1 月 11 日。

［19］《习近平指出，加快生态文明体制改革，建设美丽中国》，新华社，2017 年 10 月 18 日。

［20］陈吉宁：《有序有力有效推进地方环保管理体制改革》，《人民日报》2016 年 9 月 23 日。

［21］《国务院关于今年以来国民经济和社会发展计划执行情况的报告》，http：//www. mzyfz. com/cms/rendalifa/lifazhuanti/zhuantibaodao/html/1154/2013 - 08 - 29/content - 851669. html，2021 年 8 月 19 日。

［22］黄润秋：《坚决遏制高耗能高排放项目盲目上马》，http：//www. mee. gov. cn/ywdt/hjywnews/202109/t20210908_ 908423. shtml，2021 年 9 月 9 日。

评价篇

Evaluation Report

G.2

中国特色生态文明指数评价报告

生态文明指数评价课题组*

摘　要： 生态文明建设是关系中华民族永续发展的根本大计，科学评价中国生态文明建设水平对衡量生态文明建设成效、客观反映中国生态文明发展水平具有重要意义。本文首先提出中国特色生态文明建设的“人与自然和谐共生的现代化”目标，基于该目标，从绿色发展、自然生态高质量两个结果维度和绿色生产、绿色生活、环境治理和生态保护四个路径维度，构建中国特色生态文明建设评价指标体系，共6类30个指标；采用CRITIC法和线性加

* 课题组负责人：杨加猛，管理学博士，南京林业大学教授、博士生导师，南京林业大学国际合作处处长、港澳台事务办公室主任。课题组成员：高强，管理学博士，南京林业大学教授、博士生导师，南京林业大学经济管理学院副院长、农村政策研究中心主任；刘同山，管理学博士，南京林业大学教授、博士生导师，南京林业大学城乡高质量发展研究中心主任、农村政策研究中心研究员；邓德强，管理学博士，南京林业大学经济管理学院教授、博士生导师；董加云，管理学博士，南京林业大学经济管理学院教授、硕士生导师；陈岩，管理学博士，南京林业大学经济管理学院副教授、硕士生导师；丁振民，管理学博士，南京林业大学经济管理学院副教授；魏尉，管理学博士，南京林业大学经济管理学院讲师；余红红，南京林业大学经济管理学院在读博士研究生。

权法对2011~2019年全国和各省生态文明建设水平进行时空动态评价。结果表明，从建设趋势来看，中国特色生态文明综合指数总体呈上升态势，但各省受区域经济、生态环境等条件的限制，建设水平存在明显的异质性；从发展维度来看，两个结果维度指数平稳增长，四个路径维度指数波动幅度较大，各省生态文明建设水平呈现出一定的分化现象。

关键词： 生态文明建设　绿色发展　自然生态高质量

一　中国特色生态文明建设评价指标体系构建

（一）中国特色生态文明的价值观：人与自然和谐共生

1. 中国特色生态文明的价值观的提出

2017年10月27日，党的十九大报告将“坚持人与自然和谐共生”纳入新时代坚持和发展中国特色社会主义的基本方略，形成了中国特色生态文明的基本价值观。习近平总书记指出，必须树立和践行绿水青山就是金山银山的理念，坚持节约资源和保护环境的基本国策，像对待生命一样对待生态环境，统筹山水林田湖草系统治理，实行最严格的生态环境保护制度，形成绿色发展方式和生活方式，坚定走生产发展、生活富裕、生态良好的文明发展道路，建设美丽中国，为人民创造良好生产生活环境，为全球生态安全作出贡献。

2. 对“人与自然和谐共生”的解读

第一，“人”是个人，更是个人、社会、国家以及人类的统一体。从自然人角度来看，人只是自然界千万个物种中的普通一员，我们不是凌驾于自然环境之上的“上帝”，我们生活在自然环境中，我们依赖于自然环境，自然环境为我们提供了生产生活的物质资料和实践场所。从社会人角度来看，每个人就像一滴水，在整个人类社会的汪洋大海中极其渺小，但是这大海正是由这一滴滴水组成的，所以，我们每个人都是人类社会的一分子，人与人的关系就如同人与自然的关系一样，是包容共生、互相依存的。从群体和国家的角度来看，每个群体都是由个人组成的，而一个个群体又组成了我们整个人类社会。所以说群体与群体、国家与国家之间的关系也是紧密联系、相互影响的。最后，从人类命运共同体的角度来看，人类只不过是漫长历史长河中的一种高等生物，人与人之间的关系事实上是休戚与共的关系，每个人的行为都将对其他人的生活造成影响，所以，整个人类社会实质上就是一个命运共同体。

第二，“自然”是绿水青山，是山水林田湖草沙冰，更是生命共同体。在人们的生活中，我们希望常常见到绿水青山，因为这会使我们感到无比轻松与惬意。绿水青山是一个代名词，其实质是人们对美好生活环境的追求与向往，是对大自然的亲切与依赖。绿水青山就是干净的道路，就是清新的空气，就是优质的水源，就是美好的生态环境。这一幕幕场景的背后存在着一整套协同运作的生态系统，即山水林田湖草沙冰。习近平总书记曾深刻指出：“人的命脉在田，田的命脉在水，水的命脉在山，山的命脉在土，土的命脉在树。”① 由此可见，这些生态元素不是孤立存在的，而是有机整合、互相依赖的。我们应该深刻意识到整个生态系统的统一性、联系性，深刻意识到人与各元素之间的关系不是孤立的，而是辩证统一的，人与各元素的关系应该被整合为整个生命共同体的关系，人是整个生命共同体的重要一环和影响因素。这也就是说人类本身就是生命共同体的一员，人就是自然的一分子。

第三，“共生”即相互依赖，彼此有利。共生指生物与生物、生物与环境之间所形成的紧密联系、共赢互利的关系，倘若彼此离开，则双方或其中一方无法生存。人与自然关系的理想状态就是人与自然和谐共生②。人与自

① 习近平：《关于〈中共中央关于全面深化改革若干重大问题的决定〉的说明》，http：//www. gov. cn/ldhd/2013 -11/15/content_ 2528186. htm。

② 郑琳琳等：《马克思主义生态思想及启示》，《合作经济与科技》2020 年第 2 期。

然的关系不是割裂的两个独立体，而是相互依存、彼此互利的。中国传统文化在对待人与自然的关系方面有着不同于西方的认知，强调人与自然相调和的思想观点，如“仁者以天地万物为一体”，这是一种“共生”的观点，是一种整体的、动态的哲学，强调的是天人合一，对于中国传统社会中人与自然关系的发展与演化具有深远影响，对于当下人类处理人与自然的关系有着重要启示[①]。在后工业文明社会中，人类应该意识到人与自然的共生是符合自然发展规律的，只有走共生发展之路，才能使生态环境得到保护，只有重视人与自然的关系，才能真正做到可持续发展。自然环境的生态价值远远大于其本身的经济价值，且其生态价值在涵养水源、净化空气等方面具有漫长的恢复周期。因此，人类如果不走共生发展之路，不重视人与自然的关系，便会面临自然环境恶化的恶果。

第四，“和谐”，即生态文明哲学观的具体表现，也是“共生”的本质特征。人与自然和谐共生思想的关键是“和谐”，唯有人与自然关系和谐，才能实现人与自然共生。人与自然关系和谐是基础，人与自然共生是现实结果。建立在平等主义基础上的人与自然的关系才是和谐的关系，即人与自然的和谐关系是在人与自然平等基础上生成的和谐关系。当人与自然的关系在世界观高度不再分彼此时，关心自己必然关心自然，关心自然必然关心自己，其实践结果就会带来人与自然的共生共荣。所谓人与自然共生共荣，是指人与自然共同存在、共同繁荣。人与自然共生共荣是对人与自然和谐共生思想中的“共生”的解读，唯有人与自然的平等和谐，才有人与自然的共生共荣。人与自然平等和谐是生态文明时代的世界观，人与自然共生共荣则是生态文明世界观的实践结果和外在形态[②]。

---

① 刘湘溶：《关于人与自然和谐共生的三点阐释》，《湖南师范大学社会科学学报》2019年第3期。

② 李颂等：《从万物一体到人与自然和谐共生》，《哈尔滨工业大学学报》（社会科学版）2020年第5期。

（二）中国特色生态文明的建设目标

1. 党的十八大以来中国特色生态文明建设目标的变化历程

自党的十八大以来，党中央、国务院多次强调生态文明建设的重要性、紧迫性，提出全面深化生态体制改革，加快推动社会主义生态文明制度建设，将“生态良好”列入我国发展的战略目标，将生态文明建设作为统筹推进事项，构筑绿色发展的生态体系。国务院政府工作报告提出大力推进能源资源综合管理以及节约和循环利用，切实防治生态环境污染，出重拳强化污染防治，推动能源生产和消费方式变革以及推进生态保护与建设，推进重大生态工程建设，推动形成绿色生产生活方式，加快改善生态环境，加大生态环境保护治理力度，健全生态补偿机制。习近平总书记多次指出“绿水青山就是金山银山”，强调生态环境保护是功在当代、利在千秋的事业，提出要像保护眼睛一样保护生态环境，像对待生命一样对待生态环境，环境保护势在必行。我国生态环境体制改革战略规划越来越清晰，生态保护领域更加多样化、层次化、细致化。在以习近平同志为核心的党中央的正确领导下，中国特色生态文明建设目标逐渐深入、表达逐渐清晰（见表1）。

表1　党的十八大以来中国特色生态文明建设目标的变化历程

时间线	重要节点	重要论述	关键词
2012年	党的十八大	首次将生态文明建设作为“五位一体”总体布局的一个重要部分	五位一体； 生态文明建设
	十八届一中全会	提出深入研究全面深化生态体制改革	生态体制改革
2013年	十二届全国人大一次会议	提出大力推进能源资源综合管理以及节约和循环利用，切实防治生态环境污染	综合管理； 节约； 防治污染
	十八届三中全会	提出加快发展社会主义生态文明以及推动制度建设	社会主义生态文明

续表

时间线	重要节点	重要论述	关键词
2014 年	十二届全国人大二次会议	强调出重拳强化污染防治，推动能源生产和消费方式变革以及推进生态保护与建设	污染防治；能源生产和消费方式变革
	十八届四中全会	将“生态良好”列入我国发展的战略目标	生态良好
2015 年	十二届全国人大三次会议	提出在西部地区开工建设一批生态重大项目的目标，要推进重大生态工程建设，拓展重点生态功能区，办好生态文明先行示范区	生态重大项目；生态功能区；生态文明先行示范区
	十八届五中全会	强调将生态文明建设作为统筹推进事项，提出到2020 年生态环境质量总体改善的目标，要求构建科学合理的生态安全格局，坚持生态良好的文明发展道路，筑牢生态安全屏障，实施山水林田湖生态保护和修复工程	生态环境质量；生态安全格局；生态安全屏障；山水林田湖
	中共中央、国务院印发《关于加快推进生态文明建设的意见》	提出国土空间开发格局进一步优化，资源利用更加高效，生态环境质量总体改善，生态文明重大制度基本确立的目标	资源利用高效；生态文明重大制度
2016 年	十二届全国人大四次会议	提出推动形成绿色生产生活方式，加快改善生态环境，加强生态安全屏障建设	绿色生产；生活方式
	中共中央、国务院印发《生态文明建设目标评价考核办法》	规定将资源利用、环境治理、环境质量、生态保护、增长质量、绿色生活、公众满意程度等作为考核指标	资源利用；环境治理；环境质量；生态保护；绿色生活
2017 年	十二届全国人大五次会议	强调加大生态环境保护治理力度并且首次提出健全生态保护补偿机制	生态保护；补偿机制
	党的十九大	提出生态环境保护任重道远，人民在生态方面的需要日益增长，强调坚持人与自然和谐共生，构筑绿色发展的生态体系，加快生态文明体制改革，加大生态系统保护力度，改革生态环境监管体制，并且首次将生态宜居写入乡村振兴战略。 习近平总书记提出“建设生态文明是中华民族永续发展的千年大计”	和谐共生；生态体系；生态文明体制改革；生态环境；监管体制；生态宜居；千年大计

续表

时间线	重要节点	重要论述	关键词
2018年	十三届全国人大一次会议	强调建立生态文明绩效考评和责任追究制度,坚持人与自然和谐发展,着力治理环境污染,推行生态环境损害赔偿制度,以生态优先、绿色发展为引领推进长江经济带发展,并且首次提出大力发展清洁能源	责任追究制度;人与自然和谐发展;生态环境损害赔偿制度;生态优先;绿色发展;清洁能源
	十九届三中全会	首次提出改革自然资源和生态环境管理体制	自然资源和生态环境管理体制
2019年	十三届全国人大二次会议	强调加强污染防治和生态建设并且首次提出加强生态环保督察执法	污染防治;生态建设;生态环保督察执法
	十九届四中全会	提出坚持和完善生态文明制度体系	生态文明制度体系
2020年	十三届全国人大三次会议	首次提出编制黄河流域生态保护和高质量发展规划纲要	黄河流域生态保护和高质量发展规划纲要
	十九届五中全会	提出完善生态文明领域统筹协调机制,提升生态系统质量和稳定性,全面提高资源利用效率	统筹协调;生态系统质量;资源利用效率
	“十四五”规划发布	首次提出城乡人居环境明显改善	人居环境
2021年	十三届全国人大四次会议	首次提出扎实做好碳达峰、碳中和各项工作,制定2030年前碳排放达峰行动方案	碳达峰;碳中和;碳排放达峰行动

资料来源:中国政府网,https://www.gov.cn/。

2. 中国特色生态文明建设目标:人与自然和谐共生的现代化

2021年4月30日下午,习近平总书记在主持中共中央政治局第二十九次集体学习时强调,要贯彻新发展理念,保持战略定力,站在人与自然和谐共生的高度来谋划经济社会发展,坚持节约资源和保护环境的基本国策,坚持节约优先、保护优先、自然恢复为主的方针,逐渐形成节约资源和保护环境的空间格局,从而促进生态环境持续改善,实现人与自然和谐共生的现代化建设目标。

(1)"人与自然和谐共生的现代化"包含"人"的发展现代化和"自然"的发展现代化两大结果维度

第一，"人"的发展现代化，是"人"在与"自然"和谐共生条件下的发展，即"绿色发展"，可以细分为绿色经济发展和绿色社会发展。

坚持尊重自然、顺应自然、保护自然的生态文明理念是绿色发展的基础，这一生态文明理念提出通过调整与改善人与自然的关系，实现发展方式的跨越和人与自然全面和谐统一，该理念的确立响应了改善民生的迫切需求，顺应了经济与环境协调发展的现实需求，符合美丽中国建设的根本要求。绿色发展以生态文明理念为核心，是人与自然在和谐共生条件下的发展形式，是以效率、和谐、持续为目标的经济增长和社会发展方式，是在经济与社会两方面齐头并进的发展模式。绿色发展可分为绿色经济发展与绿色社会发展。绿色经济作为一种全新的以环保健康为理念的经济形式，旨在实现经济与环境的双向共赢。习近平总书记在浙江湖州安吉考察时提出"绿水青山就是金山银山"的科学论断，通俗来讲，绿色经济发展的要求是既做大"金山银山"，又护美"绿水青山"，同时维护生态农业、循环工业和服务业发展之间的平衡，在不断丰富发展经济和保护生态之间的辩证关系、构建生态文明的过程中实现人与自然的和谐统一。在顺应"尊重自然、顺应自然、保护自然"的前提下，在绿色经济发展的基础上，绿色社会发展以推动经济社会全面绿色转型为核心目标，其中涉及"文化、教育、健康、公平、共同富裕"等方面。绿色社会发展要求以人类适应环境为目标，创造与环境和谐共进、实现人类可持续发展的文化；将绿色理念嵌入教育理念中，培养学生的环境保护意识；倡导绿色健康生活，提高全体公民的健康水平；根据因种族、地位、年龄或社会人口结构不同而产生的绿色感知差异，制定适宜各阶层的绿色发展策略，推进提高绿色社会发展的公平性；注重城乡一体化绿色发展，缩小贫富差距，实现"绿色"共同富裕。通过以上途径可实现人类与自然全方位的协同发展、和谐共进。毫无疑问，绿色发展是一种全新的发展理念、发展目标，坚持绿色发展是实现人的发展现代化的坚实地基，是构建人与自然生命共同体的可靠保障。

第二，“自然”的发展现代化，是“自然”在满足“人”（人类）生存和发展条件下的高质量状态，即“自然生态高质量”。

“自然生态高质量”是自然在满足“人”生存和发展条件下所能呈现的高质量状态。实现自然的发展现代化，即实现“自然生态高质量”。在保证了人类生存和发展的条件下，现代化的“自然”的发展要求开展生态环境保护与建设，追求自然生态的高质量状态。拥有蓝天、绿地、净水的惬意优美环境，是群众的期盼，也是全面建成小康社会的应有之义。自然生态高质量体现在以下方面：①水质量高，水质安全、污染小，各地区实现可以保质保量、及时持续、稳定可靠、经济合理地获取所需的水资源；②空气质量高，空气污染指数（API）合理控制在100以下，烟尘、总悬浮颗粒物、可吸入颗粒物（PM10）、细颗粒物（PM2.5）、二氧化氮、二氧化硫、一氧化碳、臭氧、挥发性有机化合物等空气污染物均在相应的浓度限值内，维持高空气质量指数；③土壤质量高，养分循环能力好，生物的生产力高，土壤的健康功能好，能生产出丰富、健康的食物；④生物多样性丰富，物种高度丰富，生态系统的类型丰富，空间格局繁复多样；⑤森林覆盖率高，植被破坏率低，在快速的造林绿化步伐下，森林资源总量大、质量好。近些年，我国不断地完善生态发展战略，如今，生态文明建设已经被纳入中国特色社会主义事业“五位一体”总体布局，同时我国还强调绿色低碳循环发展，制定以改善环境质量为核心的工作方针，为实现“自然”的发展现代化做好了充分的准备。

（2）“人与自然和谐共生的现代化”必然要求整体系统的实现路径

第一，绿色生产。绿色生产是在生产过程中通过相应的管理和技术手段，对产品的生产过程和服务过程通过预防污染的方式来减少污染物产生的一种措施，旨在实现污染物最小化、增加生态效率并减少人类及环境所承受的风险。绿色生产主要体现在以下方面：①清洁生产，即在生产过程中采用无污染、少污染的环境友好型技术及设备，强化生产管理，减少或者避免产品生产过程中污染物的产生和排放；②减少废物排放，严格控制具有易燃性、腐蚀性、毒性、反应性等危险特性的或是会间接对环境或者人体健康造成有害影响的化学废弃物如氨氮的排放量；③减少生产过程中的能源消耗，减少二氧化硫排放总量，降低能源消费强度；④开展原材料的循环利用，提高能源利用效率；⑤使用清洁的能源和原料，优先使用无公害、养护型的新能源，如太阳能、风能、海洋能、潮汐能、地热能、生物质能等可再生新能源，提升可再生能源和清洁能源消费量占能源消费总量的比重。绿色生产作为一个新兴的概念，还有许多的未知性和可能性，有待进一步探索和实践。随着技术进步和经济发展，绿色生产的内涵也将不断更新进步。

第二，绿色生活。绿色生活是一种自然、环保、节俭、健康的生活方式，指的是通过倡导居民使用绿色产品，倡导民众参与绿色志愿服务，引导民众树立绿色增长、共建共享的理念，使绿色消费、绿色出行、绿色居住成为人们的自觉行为准则。绿色生活可进一步细分为使用绿色产品、生活节水、绿色出行、绿色居住、城市垃圾无害化处理、绿色消费等。①绿色产品是绿色消费的对象，是指比同类产品更环保的新型改良型产品。因此，绿色产品在具备传统产品特点的基础上，还应具备节约能源、无公害、可再生等特点。②在生活用水方面倡导节约用水，具体表现为“调整用水结构，改进用水方式，科学、合理、有计划、有重点地用水，提高水的利用率，避免水资源的浪费”。③绿色出行倡导人们选择对环境影响较小的出行方式如乘坐公共交通工具、骑自行车、步行等，是一种既能减少污染、节约能源、提高能效，又益于健康兼顾效率的出行方式。④绿色居住提倡居民在建造或购买住宅时偏向选择绿色住宅，绿色住宅是对环境无害，能充分利用环境自然资源，并且在不破坏环境基本生态平衡条件下建造的一种建筑。⑤城市垃圾无害化处理可分为填埋处理、焚烧处理、堆肥处理。⑥绿色消费又可称为可持续消费，其本质是一种以保护生态为特征的新型消费行为，绿色消费要求人们适度节制消费，避免或减少对环境的破坏，是一种以崇尚自然和保护生态等为特征的消费过程。绿色生活方式要求人们在充分享受绿色发展所带来的便利和舒适的同时，也履行好应尽的可持续发展义务。“双碳”目标的提出，使得推动形成绿色生产生活方式势在必行，而这需要全社会每个人的参与、共同努力。

第三，生态保护。改革开放以来，党中央、国务院高度重视生态环境保护与建设工作，采取了一系列战略措施，加大了生态环境保护与建设力度，一些重点地区的生态环境得到了优化和改善。但由于中国人均资源相对不足，地区差异较大，生态环境脆弱，生态环境恶化的趋势仍未得到有效遏制。近年来，国土生态质量低，森林资源总量不足、分布不均、质量不高与过度采伐，天然草原过度利用和退化，天然湿地大面积萎缩、消亡、退化，海域总体受污染，荒漠植被和荒漠区绿洲的生态退化，水资源短缺，城市绿地面积小、功效差以及农村环境污染等问题依然存在。因此，我国依据区域的主导生态功能，将全国范围内的区域划分为水源涵养、土壤保持、防风固沙、生物多样性保护、洪水调蓄、产品提供和人居保障区域等七类生态功能区。根据生态功能极重要区和生态极敏感区的分布，开展了自然保护区和重要生态功能保护区的规划与建设。自然保护区又可以分为生态系统类型保护区、生物物种保护区和自然遗迹保护区。自然保护区作为濒危生物的庇护所，保护了生物多样性，使各种类型的生态系统得以留存并流动。此外，在使用农药化肥方面，为顺应生态保护需求，在施肥过程中，应使用对环境无害的化肥，严格把控化肥用量，采用合理的施肥方法，杜绝盲目施肥现象，以此减少或避免农药化肥对环境的污染。在保护生态的基础上对资源进行开发也是生态保护的一项重要内容，分为矿产资源开发生态保护、水资源开发生态保护、旅游资源开发生态保护和生物多样性保护等，旨在增加资源的储备量的同时，顺应可持续发展要求，实现资源开发与环境保护的协调发展。

第四，环境治理。“环境治理”又称为“污染治理”，是对已产生的污染的整治与管理。污染分为人为污染和自然污染，环境污染问题若得不到及时治理，其对生物资源和环境的破坏不仅会给人类社会带来不可估量的财富损失，更会破坏整个生态系统的平衡，危及人类的健康与生命。其中，工业污染防治是一个关系到人类整体利益和长远利益的重大社会经济问题。工业污染指的是工业生产过程中所形成的废气、废水和固体排放物对环境的污染，可分为废水污染、废气污染、废渣污染、噪声污染。工业污染治理主要针对的是工业生产排放的“三废”，即废水、废气、废渣，贯彻“以防为主、防治结合、综合治理、化害为利”的方针，从“三废”搬家、隔离堆存、限量排放、对症治理逐步向资源转化发展。此外，随着人口增长和消费水平的不断提高，生活污染问题日趋严重。生活污染物大致分为粪便、垃圾和污水。相对应的治理策略有：①建厕改厕，增加各地尤其是农村地区的厕所及粪便处理设施，建设投资低、占地少、无污染、节约资源的生态卫生厕所；②实行垃圾分类，提高资源的回收率，节省垃圾处理费用；③严格控制生活污水的排放，研发并使用污水处理工艺技术装备。环境治理是对生态环境的高水平保护，是实现“自然生态高质量”的必经之路，因此应积极贯彻绿色发展理念和可持续发展理念，实现“自然”发展现代化。

总之，“绿色生产”“绿色生活”是直接影响“绿色发展”的路径；“生态保护”“环境治理”是直接影响“自然生态高质量”的路径。同时，四个方面又相互影响，如图 1 所示。

（三）基于中国特色生态文明建设目标的评价指标体系

根据以上对中国特色生态文明建设目标的梳理，以及科学性与权威性、导向性与前沿性、普适性与特色性、动态性与可操作性等原则，我们全面构建了“2 结果维度 +4 路径维度”的指标体系。

1. 两大结果维度：绿色发展、自然生态高质量

生态文明建设涉及人与自然两个方面，其实质是要协调人与自然的关系，实现人与自然的和谐共生，所以生态文明建设评价指标体系的构建应考虑人与自然两个角度的发展，由此产生两个结果维度，即绿色发展和自然生

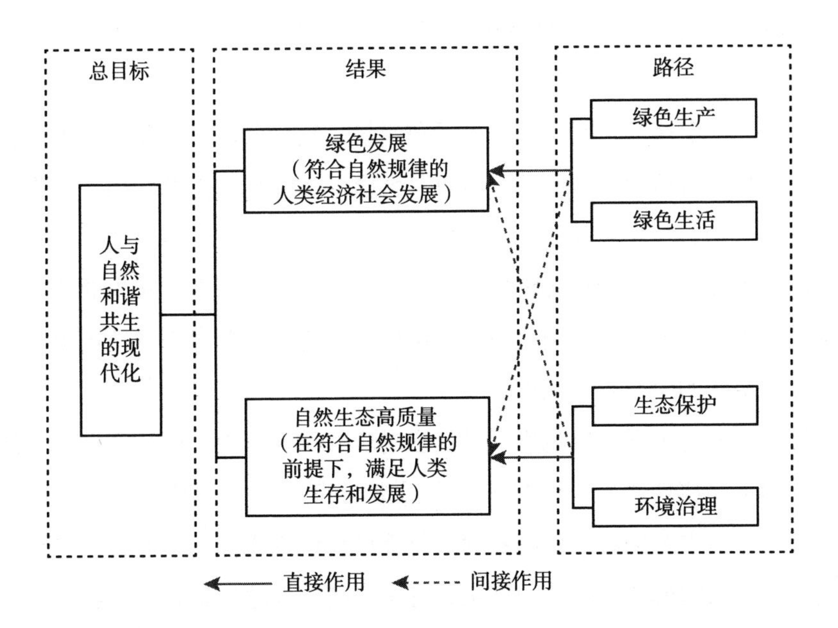

图1　中国特色生态文明建设目标与结果、路径

态高质量。

第一，绿色发展。考虑到数据权威性和可获取性，绿色发展主要围绕人、经济、社会三个层面构建评价指标体系，指标选取主要基于以下几方面的考虑：一是选取死亡率、恩格尔系数等体现人和社会公平状况的指标，反映绿色社会发展水平；第二，紧随当下热点和国家政策导向，选取碳排放强度、能源消耗强度和人均 GDP 增长率等具体指标作为衡量绿色经济发展水平的指标。

第二，自然生态高质量。自然生态高质量是指在符合自然规律的前提下，满足人类的生存和发展，通过对水质、空气质量、生物多样性的评价，以居住环境状况表征生态文明建设水平。例如生物丰度指数，该指数评价结果，每年都会在达沃斯论坛上发布。

2. 四大路径维度：绿色生产、绿色生活、环境治理和生态保护

根据两大结果维度，具体可引申出四个路径维度，分别为绿色生产、绿色生活、环境治理和生态保护，其中前两个是直接影响“绿色发展”的路

径，后两个是直接影响“自然生态高质量”的路径，同时四个方面又相互影响。

第一，绿色生产。绿色生产是绿色经济发展层面的具体化，习近平总书记指出加快形成绿色发展方式，重点是调整经济结构和能源结构，优化国土空间开发布局，培育壮大节能环保产业、清洁生产产业、清洁能源产业，推进生产系统和生活系统循环链接。据此，衡量能源清洁度、投入的减量化的指标是评价的重要指标，通过对经济结构的绿色与协调水平进行评价，可以表征经济结构的绿色生产程度。

第二，绿色生活。绿色生活是社会进步的重要体现，而社会进步又是生态文明的重要体现之一，因此绿色生活指标是生态文明发展的重要考评指标。绿色生活主要围绕人们的衣食住行等设置评价指标，以考察生态文明建设背景下，人们的绿色生活程度是否有所提高，该地区是否会朝着绿色、低碳的生态发展路径演进。

第三，环境治理。环境治理是从污水处理、废物利用、污染投资比重等方面进行指标设计，考虑环境污染本身的特点及存在的问题，选取了如工业污染治理完成投资占 GDP 的比例、城市污水处理厂集中处理率等具体指标。

第四，生态保护。生态保护是生态文明建设的直接、有效手段。一个良好的自然生态系统是大自然亿万年间形成的复杂系统，应对山水林田湖草实施遵循自然规律的用途管制和生态统筹管理，由一个部门负责领土范围内所有土地空间的用途管制，进行统一保护和修复。本文从系统论思维方式出发审视生态问题，在指标体系构建中主要侧重于林田系统的管理和修复，重视国土空间规划格局的指标设计。

3. 中国特色生态文明建设评价指标体系

综上，我们全面构建了“2 结果维度 +4 路径维度”的指标体系，具体包括绿色发展、自然生态高质量、绿色生产、绿色生活、环境治理和生态保护 6 大维度的评价指标体系，其中包含了 30 个单项指标，见表2。

表 2 中国特色生态文明建设评价指标体系

目标层	维度层	准则层	指标层
人与自然和谐共生的现代化	结果维度	C1 绿色发展	C11 人均 GDP 增长率
			C12 碳排放强度
			C13 能源消耗强度
			C14 恩格尔系数
			C15 死亡率
		C2 自然生态高质量	C21 生物丰度指数
			C22 空气质量指数
			C23 地表水达到或好于Ⅲ类水体比例
			C24 森林覆盖率
			C25 土地沙化程度
	路径维度	C3 绿色生产	C31 化学需氧量排放总量减少
			C32 氨氮排放总量减少
			C33 二氧化硫排放总量减少
			C34 单位 GDP 能源消耗降低
			C35 可再生能源和清洁能源消费量占能源消费总量比重
		C4 绿色生活	C41 绿色产品市场占有率
			C42 生活用水消耗率
			C43 绿色出行
			C44 城镇绿色建筑占城市建设用地面积比重
			C45 人均粮食消耗量
			C46 城市生活垃圾无害化处理率
		C5 环境治理	C51 一般工业固体废物综合利用率
			C52 县城生活垃圾处理率
			C53 城市污水处理厂集中处理率
			C54 突发环境事件次数
			C55 工业污染治理完成投资占 GDP 的比例
		C6 生态保护	C61 自然保护区占辖区面积比例
			C62 林业生态投资占 GDP 比重
			C63 市容环境卫生投资占 GDP 比重
			C64 农业化肥农药使用减少量

二　中国特色生态文明建设评价模型构建

（一）评价指标体系权重和指数计算方法

指标权重设置方法主要有主观赋权法和客观赋权法，其中客观赋权法是利用各个指标之间的相互关系或各个指标所能提供的信息量来确定指标的权重。简而言之，客观赋权法就是通过对指标原始数据进行一定的数学处理获取指标权重。客观赋权法有如下三类：第一，根据指标数据的离散程度来确定权重，例如熵权法；第二，根据指标数据的对比强度来确定权重，例如均方差法和变异系数法（标准差系数法）；第三，根据指标数据之间的相互影响程度来确定权重，例如相关系数法和主成分分析法。

本文选取兼顾第二、三类客观赋权法特点的 CRITIC（Criteria Importance Though Intercrieria Correlation）法对指标权重进行计算，然后运用相关指标的标准化数值和生态文明建设评价指标体系中各个指标的权重计算得到全国和各省区市的生态文明建设综合评价结果。

CRITIC 法是一种根据对比强度和评价指标之间的冲突性来综合确定评价指标客观权重的数学方法。CRITIC 法不仅考虑了指标变异性大小，也考虑了指标之间的相关性，是完全利用数据自身的客观属性进行科学评价的方法。

中国特色生态文明建设评价指标体系与指数的耦合步骤如下：

（1）指标值的无量纲标准化处理

为了消除指标量纲及单位的影响，使各个指标转化为可以直接加减的数值，需要对原始数据进行无量纲标准化处理，将各个数值转变为第 i 个地区的指标值与该指标最小值的偏差和该指标最大值与最小值偏差的相对距离。本文所建立的中国特色生态文明建设评价指标体系中除 9 个负向指标外，其余都是正向指标。正向指标数值越大或者负向指标数值越小，其对应的指数就越大。正向指标无量纲标准化处理公式如下：

$$X_{ij} = \frac{x_{ij} - min\{x_{1j}, x_{2j}, \ldots, x_{nj}\}}{max\{x_{1j}, x_{2j}, \ldots, x_{nj}\} - min\{x_{1j}, x_{2j}, \ldots, x_{nj}\}} \tag{1}$$

负向指标无量纲标准化处理公式如下：

$$X_{ij} = \frac{max\{x_{1j}, x_{2j}, \ldots, x_{nj}\} - x_{ij}}{max\{x_{1j}, x_{2j}, \ldots, x_{nj}\} - min\{x_{1j}, x_{2j}, \ldots, x_{nj}\}} \tag{2}$$

式中，x_{ij}表示第 i 个地区第 j 个指标的原始值；$max\{x_{1j}, x_{2j}, \ldots, x_{nj}\}$ 表示第 j 个指标下样本值的最大值；$min\{x_{1j}, x_{2j}, \ldots, x_{nj}\}$ 表示第 j 个指标下样本值的最小值；X_{ij}为第 i 个地区第 j 个指标的无量纲标准化值。

（2）测算评价指标的对比强度

对比强度表示同一个指标各个评价方案取值差距的大小，其表现形式为标准差。标准差越大，说明差异波动越大，同一指标下各个方案的取值差距越大，越能够反映出更多的信息，该指标本身的评价强度也就越大，给该指标分配的权重也就越高。第 j 个指标的标准差的计算公式如下：

$$\begin{cases} \bar{x}_j = \frac{1}{n}\sum_{i=1}^{n} x_{ij} \\ S_j = \sqrt{\frac{\sum_{i=1}^{n}(x_{ij} - \bar{x}_j)^2}{n-1}} \end{cases} \tag{3}$$

（3）测算评价指标之间的冲突性

评价指标之间的冲突性以指标之间的相关性为基础，其表现形式为相关系数。如果指标之间正相关性越强，则指标之间的冲突性越弱，反映出的相同的信息越多，所能体现的评价内容就越有重复之处，一定程度上也就削弱了指标的评价强度，给该指标分配的权重会越低。相关系数的计算公式如下：

$$R_j = \sum_{i=1}^{n}(1 - r_{ij}) \tag{4}$$

式中，r_{ij}表示评价指标 i 与 j 之间的相关系数。

（4）测算评价指标的信息量

第 j 个评价指标所包含的信息量 C_j越大，该指标的相对重要性也就越高。具体计算公式如下：

$$C_j = S_j \sum_{i=1}^{n}(1 - r_{ij}) = S_j \times R_j \tag{5}$$

式中，$\sum_{i=1}^{n}(1 - r_{ij})$ 为第 j 个指标与其他指标的冲突性量化指标。

（5）计算第 j 个指标的客观权重 w_j：

$$w_j = \frac{C_j}{\sum_{j=1}^{m} C_j} \tag{6}$$

（6）确定客观指标权重 w_k：

$$w_k = (w_1, w_2, \ldots, w_j) \tag{7}$$

（7）基本指数的测算

运用相关指标的标准化数值和中国特色生态文明建设评价指标体系中各个指标的权重计算生态文明指数，计算公式如下：

$$ECI_i = \sum_{j=1}^{n} w_k \times X_{ij} \tag{8}$$

式中：ECI 代表生态文明指数；w_k为各个指标的权重；X_{ij}为第 i 个省区市的第 j 个指标经过无量纲标准化处理后的数值。

（二）评价数据缺失值插补方法

对数据缺失值进行插补处理的方法有多种，例如 KNN（K 近邻）、拉格朗日插值法、IterativeImputer 类等。

KNN 是用于数据插补的机器学习方法中最为常见的方法，但是利用 KNN 在整个数据集中搜索相似数据点耗时较长，且高维数据集中最近和最远邻居之间非常小的差别会使得 KNN 的准确性降低。

拉格朗日插值法尽管在公式结构上显得比较整齐紧凑，但在实际计算过程中较为烦琐。究其原因，每当插值点数量发生变化时，插值点所对应的基本多项式便需要进行重新计算，这会使得整个公式都发生变化。此外，当插值点比较多的时候，拉格朗日插值多项式会出现较高的次数，这就很有可能会导致数值不稳定。

因此，在对缺失值进行插补的时候，我们采用了一种能够很好地弥补上述缺陷的方法，即 IterativeImputer 类，将具有缺失值的每个特征建模为其他特征的函数，并使用该估计值进行插补。整个插补过程以迭代循环的方式进行。

（三）数据来源

数据来源于 2012 ~ 2020 年《中国统计年鉴》、2011 ~ 2019 年《中国林业与草原统计年鉴》、2012 ~ 2020 年《中国环境统计年鉴》、2012 ~ 2020 年《中国能源统计年鉴》、各省份统计年鉴、中国空气质量在线监测分析平台、各省份环境状况公报、国家统计局、《省级温室气体清单编制指南》、CEADs 中国碳核算数据库。

三　中国特色生态文明指数计算结果及趋势分析

（一）中国特色生态文明评价指标权重计算结果

我们首先采用 CRITIC 法、熵权法和博弈赋权法，根据收集到的各省区市的原始数据分别进行指标权重计算，再结合专家调查法，对比后发现采用 CRITIC 法计算的指标权重比较合理，具体结果如表 3 所示。

表 3　中国特色生态文明建设评价指标权重

一级指标	二级指标	权重	方向
C1 绿色发展	C11 人均 GDP 增长率(%)	0.0340	正向
	C12 碳排放强度(兆吨/亿元)	0.0311	逆向
	C13 能源消耗强度(吨标准煤/万元)	0.0394	逆向
	C14 恩格尔系数(%)	0.0324	逆向
	C15 死亡率(%)	0.0447	逆向
C2 自然生态高质量	C21 生物丰度指数	0.0535	正向
	C22 空气质量指数	0.0178	逆向
	C23 地表水达到或好于Ⅲ类水体比例(%)	0.0398	正向
	C24 森林覆盖率(%)	0.0504	正向
	C25 土地沙化程度(%)	0.0438	逆向
C3 绿色生产	C31 化学需氧量排放总量减少(%)	0.0249	正向
	C32 氨氮排放总量减少(%)	0.0088	正向
	C33 二氧化硫排放总量减少(%)	0.0245	正向
	C34 单位 GDP 能源消耗降低(%)	0.0083	正向
	C35 可再生能源和清洁能源消费量占能源消费总量比重(%)	0.0287	正向
C4 绿色生活	C41 绿色产品市场占有率(%)	0.0301	正向
	C42 生活用水消耗率(%)	0.0392	逆向
	C43 绿色出行(万人次)	0.0310	正向
	C44 城镇绿色建筑占城市建设用地面积比重(%)	0.0308	正向
	C45 人均粮食消耗量(千克/人)	0.0316	逆向
	C46 城市生活垃圾无害化处理率(%)	0.0280	正向
C5 环境治理	C51 一般工业固体废物综合利用率(%)	0.0473	正向
	C52 县城生活垃圾处理率(%)	0.0266	正向
	C53 城市污水处理厂集中处理率(%)	0.0362	正向
	C54 突发环境事件次数(次)	0.0202	逆向
	C55 工业污染治理完成投资占 GDP 的比例(‰)	0.0421	正向
C6 生态保护	C61 自然保护区占辖区面积比例(%)	0.0488	正向
	C62 林业生态投资占 GDP 比重(%)	0.0487	正向
	C63 市容环境卫生投资占 GDP 比重(%)	0.0363	正向
	C64 农业化肥农药使用减少量(万吨)	0.0210	正向

为了能够清晰地显示出权重，画出权重雷达图（见图2）。

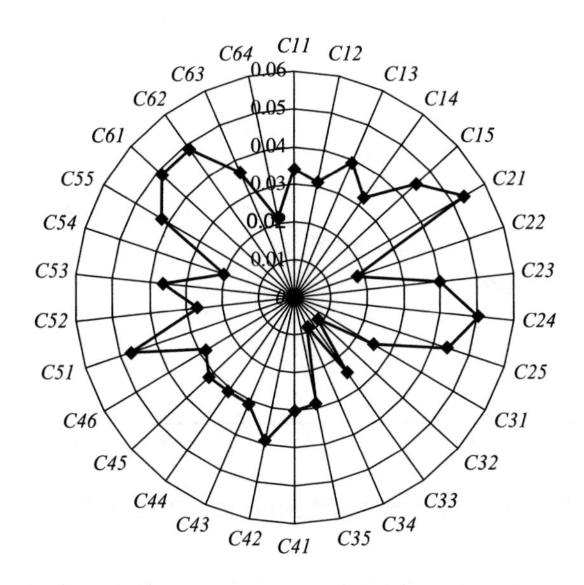

图2　中国特色生态文明建设评价指标权重雷达图

（二）中国及省域特色生态文明指数计算结果与分析

本文运用线性加权方法根据上述权重和归一化数据进行计算，得到2011～2019年的中国特色生态文明指数，如表4所示。

表4　2011～2019年中国特色生态文明指数汇总

年份	2011	2012	2013	2014	2015	2016	2017	2018	2019
综合	25. 14	27. 96	41. 31	50. 41	54. 25	65. 46	59. 94	62. 76	64. 62
C1	18. 31	13. 65	28. 86	34. 68	49. 51	64. 51	71. 28	70. 58	71. 12
C2	11. 16	17. 63	13. 87	27. 53	35. 41	49. 28	49. 10	57. 83	62. 77
C3	20. 06	8. 54	26. 15	17. 44	21. 28	56. 75	28. 17	20. 86	19. 89
C4	25. 93	37. 00	40. 96	38. 66	40. 92	37. 31	33. 95	31. 76	30. 77
C5	25. 15	34. 16	43. 31	51. 29	50. 07	44. 62	38. 03	38. 94	40. 29
C6	33. 23	35. 40	51. 33	78. 82	66. 16	61. 64	41. 26	37. 93	43. 01

1. 中国特色生态文明综合指数变化趋势分析

图 3 展示了中国特色生态文明综合指数的变化趋势。

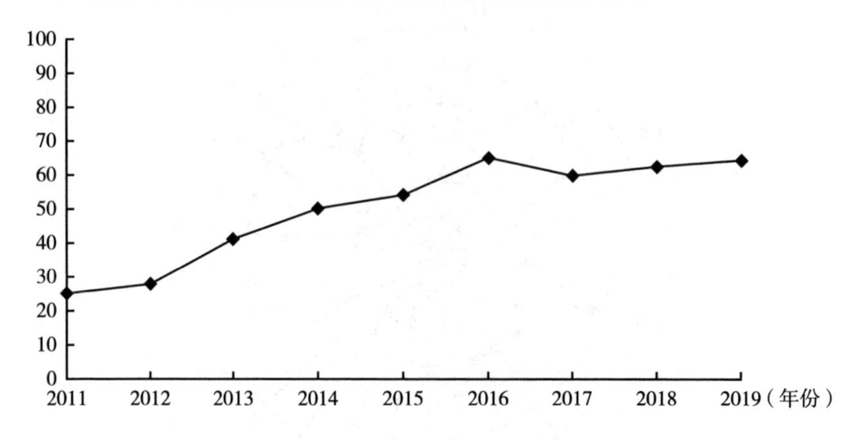

图 3 2011～2019 年中国特色生态文明综合指数变化趋势

由图 3 可以看出，中国特色生态文明综合指数整体呈上升趋势，2016 年达到最大值。2011～2016 年中国特色生态文明综合指数增速明显，复合增长率达到了 17.29%；2017 年中国特色生态文明综合指数出现了小幅下降，随后又缓慢上升。2019 年的中国特色生态文明综合指数约为 2011 年的 2.6 倍，2011～2019 年的复合增长率为 11.06%，说明中国特色生态文明建设正向着一个良好的态势发展。

2. 中国省域特色生态文明综合指数计算结果及分析

本文通过收集各省区市数据，根据评价指标的权重和归一化数据对 31 个省区市特色生态文明指数进行计算。由于西藏自治区的很多指标数据缺失，所以本文只计算了 30 个省区市的特色生态文明综合指数，具体结果如表 5 所示。

表 5 2011～2019 年 30 个省区市特色生态文明综合指数汇总

年份	2011	2012	2013	2014	2015	2016	2017	2018	2019
北京	59.22	59.08	63.88	65.17	63.14	65.46	66.38	64.50	62.39
天津	49.99	52.65	54.55	55.02	55.54	55.35	57.05	57.70	55.45
河北	49.55	52.61	54.15	55.32	55.86	54.94	56.86	57.22	57.21

续表

年份	2011	2012	2013	2014	2015	2016	2017	2018	2019
山西	50.21	49.12	50.44	50.45	50.86	51.76	54.12	54.37	53.16
内蒙古	45.53	45.62	50.71	51.31	51.46	51.48	50.10	46.02	48.42
辽宁	48.95	49.93	50.90	51.63	53.09	54.41	53.50	56.96	58.95
吉林	54.99	55.78	58.14	59.18	59.71	60.13	60.00	60.94	60.89
黑龙江	51.11	50.10	52.59	52.04	53.19	53.95	54.20	55.06	55.67
上海	47.44	48.62	52.13	52.13	51.75	54.55	55.54	54.52	53.71
江苏	53.58	55.87	54.70	54.50	53.02	53.58	54.39	55.41	59.02
浙江	44.62	45.72	48.67	48.61	49.07	49.35	53.17	51.52	50.18
安徽	57.45	57.80	59.23	60.27	61.54	61.57	61.62	62.82	61.47
福建	52.04	51.61	54.85	51.78	53.24	53.70	54.28	55.40	55.48
江西	41.00	42.51	42.11	47.48	49.65	46.90	48.09	50.29	50.14
山东	43.57	44.39	49.36	48.38	46.68	47.92	50.95	50.12	48.37
河南	51.36	52.50	53.63	55.19	54.35	55.65	54.69	55.88	55.40
湖北	57.63	58.89	59.83	59.62	59.29	58.98	59.12	58.80	57.82
湖南	53.90	54.05	55.10	56.30	55.00	55.47	59.27	60.74	62.13
广东	49.40	45.26	44.25	48.80	47.51	49.35	50.83	49.97	52.96
广西	45.28	46.24	48.81	48.63	49.82	50.36	52.65	53.76	52.39
海南	47.60	46.25	51.60	51.06	52.10	52.60	51.56	50.14	48.67
重庆	43.36	45.99	45.79	48.29	47.56	48.82	50.69	50.15	50.13
四川	57.40	53.97	56.62	56.87	58.48	58.14	57.20	57.95	55.87
贵州	48.56	48.85	50.91	49.34	48.06	49.30	51.17	49.94	50.33
云南	48.92	49.94	53.20	53.36	54.81	56.08	56.49	56.48	54.64
陕西	46.62	48.49	50.46	50.71	50.24	49.88	50.06	49.29	49.75
甘肃	52.47	51.94	53.37	54.14	54.78	54.59	54.49	54.73	53.46
青海	46.02	46.58	47.75	51.52	53.33	55.24	54.99	55.03	55.07
宁夏	47.45	47.29	50.17	53.19	52.70	55.52	52.36	54.27	56.62
新疆	42.40	47.06	46.89	46.62	47.03	51.69	50.78	51.88	50.83

3. 中国省域特色生态文明综合指数的复合增长率分析

通过分析我们发现30个省区市2011～2019年的特色生态文明综合指数基本上呈现上升趋势，说明各省区市的生态文明建设取得了较好的成绩。为了进一步分析各省区市生态文明建设成效，我们计算各省区市特色生态文明综合指数9年间的复合增长率，结果如表6所示。

表6　2011～2019年各省（区、市）特色生态文明综合指数复合增长率情况

单位：%

省(区、市)	复合增长率	省(区、市)	复合增长率
江西	2.26	江苏	1.08
辽宁	2.09	黑龙江	0.95
新疆	2.04	河南	0.85
青海	2.01	广东	0.78
宁夏	1.98	安徽	0.75
广西	1.63	陕西	0.73
重庆	1.62	福建	0.71
河北	1.61	内蒙古	0.69
湖南	1.59	山西	0.64
上海	1.39	北京	0.58
浙江	1.31	贵州	0.40
云南	1.24	海南	0.25
山东	1.17	甘肃	0.21
天津	1.16	湖北	0.04
吉林	1.14	四川	-0.30

（三）各分项指数分析

1. 绿色发展

(1) 绿色发展指数分析

根据前述评价指标体系，我们对全国2011～2019年的特色生态文明建设情况在绿色发展$C1$维度进行了综合评价，如图4所示。可见，我国绿色发展指数从2011年至2019年整体呈现一个上升的趋势，2011年到2012年有小幅下降，2012年之后开始迅速上升，自2017年起进入发展的平稳期。

我们对各省区市2011～2019年的特色生态文明建设情况在绿色发展$C1$维度进行综合评价，分省份分年度计算平均值，结果见图5。

由于经济条件、社会发展水平等因素影响，各省区市的绿色发展指数显

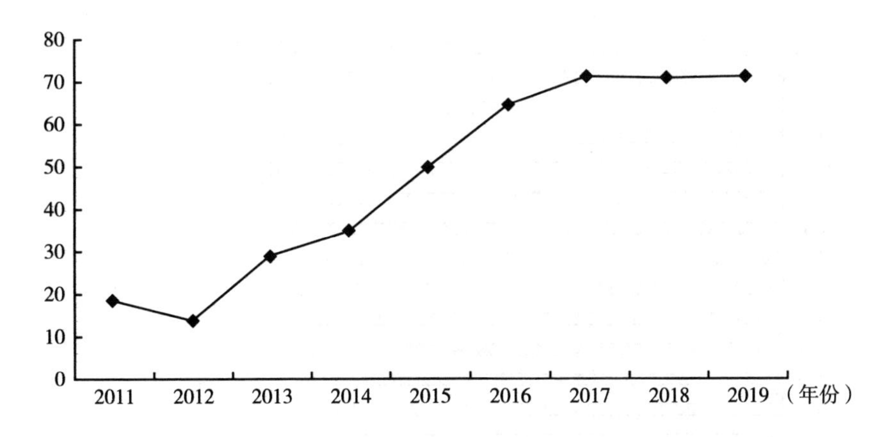

图4　2011～2019年中国绿色发展指数变化趋势

示出一定的差异，我们可以从图5看出，排名居全国前列的为北京、广东、上海、浙江、福建、陕西和安徽等，山西、贵州、辽宁、内蒙古、宁夏和青海等排名则相对靠后。北京的绿色发展指数最高，为79.93，大于70的还有广东和上海，说明这些地区绿色发展水平较高；而指数最低的省域是青海，仅为45.26，小于50的省域还有辽宁、内蒙古和宁夏，说明这些地区绿色发展水平较低，还有待提高。

（2）等级分析

根据图5，我们还可以将绿色发展指数分为四个等级，具体见表7。

表7　中国省域层面绿色发展指数分级

等级	指数(x)	省区市
Ⅰ	$x \geq 70$	上海、广东、北京
Ⅱ	$70 > x \geq 60$	湖北、吉林、天津、江西、安徽、陕西、福建、浙江
Ⅲ	$60 > x \geq 50$	贵州、山西、河北、甘肃、黑龙江、四川、重庆、山东、湖南、新疆、河南、云南、广西、海南、江苏
Ⅳ	$50 > x$	青海、宁夏、内蒙古、辽宁

从表7可以看到，处于第Ⅰ等级的省域绿色发展指数均大于或等于70。整体来看都为经济发达的省份或直辖市。大多数省域处于第Ⅱ、Ⅲ等级，说

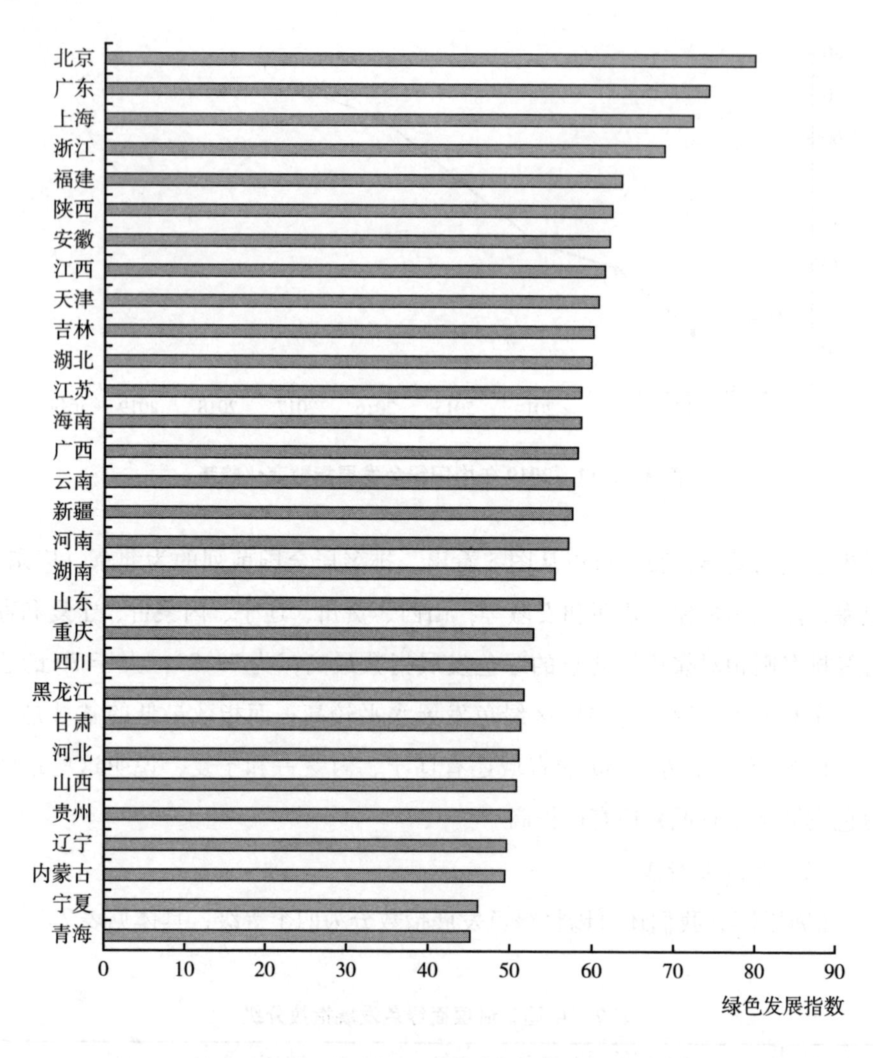

图5 2011~2019年中国省域绿色发展指数均值

明我国整体生态文明建设处于良好的状态，但也有少数省域处于第Ⅳ等级，绿色发展指数偏低，低于全国平均水平，这些地区需格外注重提高绿色发展水平，紧随发展态势，关注国家政策导向，加快生态文明建设步伐。

处于第Ⅰ等级的有3个省域，处于第Ⅱ等级的有8个省域，处于第Ⅲ等级的有15个省域，处于第Ⅳ等级的有4个省域，处于第Ⅰ、Ⅱ、Ⅲ等级的省域有26个，占全国研究省域的86.67%，说明我国大多数省域绿色发展态势良好。

(3) 空间格局分析

我们将30个省、自治区、直辖市划分为七大区域，即东北、华北、华东、华中、华南、西南和西北地区。其中，东北地区包括辽宁省、吉林省和黑龙江省，华北地区包括北京市、天津市、河北省、山西省、内蒙古自治区，华东地区包括上海市、江苏省、浙江省、安徽省、福建省、江西省、山东省，华中地区包括河南省、湖北省、湖南省，华南地区包括广东省、广西壮族自治区和海南省，西南地区包括重庆市、四川省、贵州省、云南省，西北地区包括陕西省、甘肃省、青海省、宁夏回族自治区、新疆维吾尔自治区。需要另行说明的是，由于西藏自治区数据缺失，我们未将其纳入分析范围。

七个区域2011年~2019年的绿色发展指数均值如图6所示。就这9年平均情况而言，华南、华东和华北地区位列绿色发展水平前三，西北、西南、东北三个地区绿色发展情况相对落后。

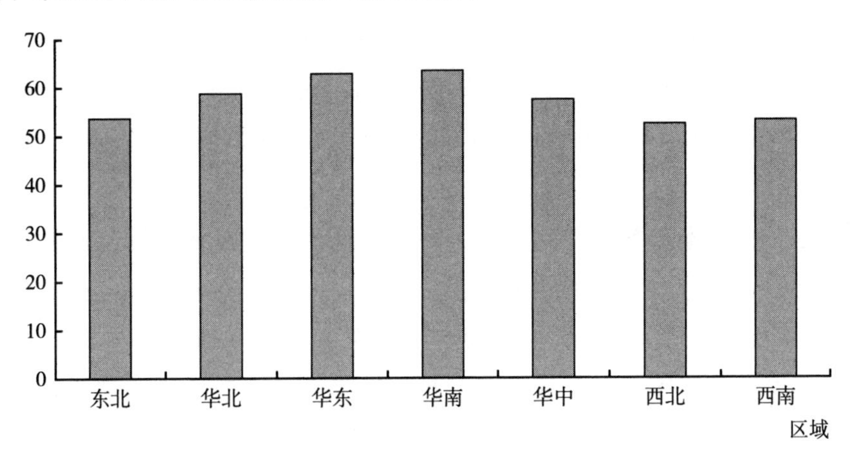

图6　2011~2019年七大区域绿色发展指数均值

从2011~2019年中国七大区域绿色发展指数空间分布折线图可以看出(见图7)，华北地区绿色发展态势良好，整体增长速度最快，但差异明显，北京处于第Ⅰ等级，天津处于第Ⅱ等级，山西、河北处于第Ⅲ等级，内蒙古处于第Ⅳ等级。华东和华南地区绿色发展水平较高，且存在一定的差异，广东和上海处于第Ⅰ等级，浙江、安徽、福建和江西处于第Ⅱ等级，山东、广西、海南、江苏处于第Ⅲ等级。华中地区绿色发展水平处于中游，西北地区前期绿色发展水平较差，可能与当地经济发展水平较为落后、社会发展水平较低有关。东北地区后期绿色发展速度缓慢，逐渐落后于其他地区。西南地区绿色发展水平居全国中游偏低的位置，但差异性较小，重庆、四川、贵州、云南均集中在第Ⅲ等级。

从图 7 中可以看出，2011 年七个区域按绿色发展水平从高到低排序为华南、华东、东北、华北、华中、西北和西南，到 2015 年排序变为华南、华东、华中、华北、西南、东北、西北，到 2019 年排序变为华南、华东、华北、华中、西南、西北和东北。华南和华东地区始终保持前两名，但东北地区的绿色发展水平由 2011 年的第三名转变为 2019 年的最后一名。华北、华东、华南、华中、西北、西南地区整体呈上升趋势，2019 年的绿色发展水平高于 2011 年的绿色发展水平，说明以上地区越来越注重绿色经济发展。东北地区的绿色发展水平呈现出下降趋势，2011 年的绿色发展水平高于 2019 年的绿色发展水平，可能是由于东北地区重工业较发达，一时之间难以成功转型。我们分别画出七个区域的各省区市绿色发展变化趋势图，进行具体分析。

分区域具体来看，如图 8 所示，东北地区中，吉林的绿色发展指数居东北三省之首，但是不稳定，波动程度较大。主要原因是吉林各项具体指标均领先于其他两省，这也决定了其领先地位。黑龙江在 2015 年后绿色发展指数呈逐年上升的发展态势，说明经过前期的摸索和积累，黑龙江的绿色发展不断走向纵深化。同时，东北地区是中国的老工业基地，产业结构偏传统型，新兴产业发展偏慢，这也导致东北地区整体绿色发展较为缓慢。

如图 9 所示，华北地区绿色发展指数整体呈增长趋势，北京的绿色发展指数在华北地区处于遥遥领先的地位且波动程度较小，发展态势稳定，这与北京经济发展水平高、社会发展程度高有关；从能源使用结构来讲，通过推

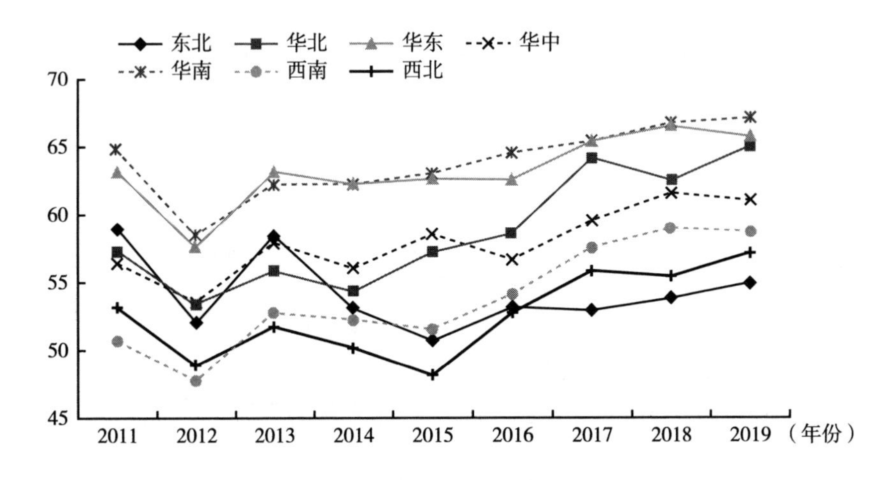

图7　2011～2019年中国七大区域绿色发展指数情况

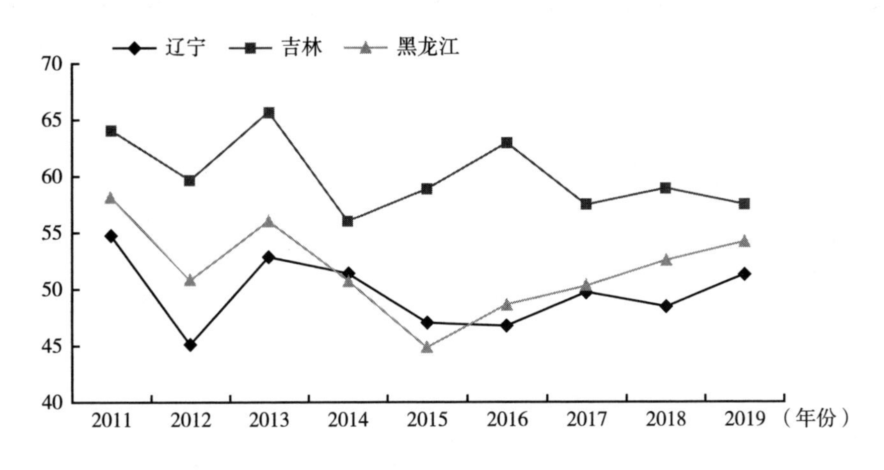

图8　东北地区各地绿色发展指数变化趋势

动煤改气、煤改电，北京的能源结构较为合理；在能源效率方面，北京的能源消耗强度近十年来均为全国最低水平，全国领先。

如图10所示，在华东地区中，上海的绿色发展指数从2013年开始排名第一，且在2016年达到最大值，远超其他省份，这可能与国家积极推进实施能耗总量和强度“双控”举措有关。上海2016年开始积极开展绿色低碳循环试点示范，持续实施产业结构调整。上海市发展和改革委

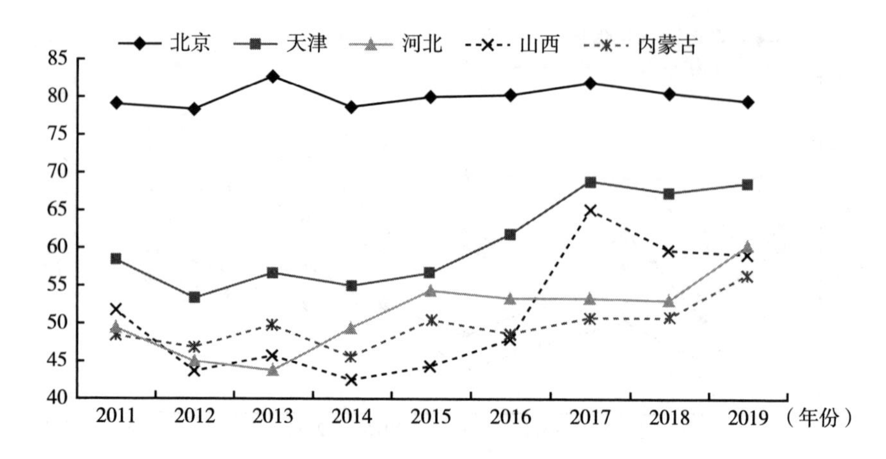

图 9　华北地区各地绿色发展指数变化趋势

员会制定了《上海市 2016 年碳排放配额分配方案》，该方案的执行，加强了日常生产经营活动中的用能和碳排放管理工作，使得用能效率大大提升。

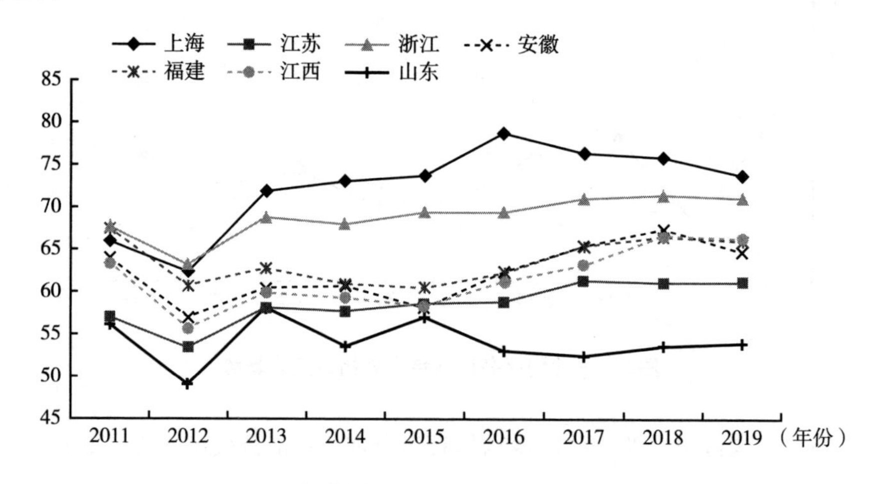

图 10　华东地区各地绿色发展指数变化趋势

如图 11 所示，在华中地区中，湖北的绿色发展指数呈上下波动的趋势，主要是受死亡率指标的影响，死亡率指标的权重较大，对湖北绿色发展指数的影响较大。河南绿色发展指数在 2017 年增长幅度较大，主要是因为 2017

年河南的人均 GDP 增长率为 25%，经济水平有较大提高，同时经济水平的提高也带动了碳排放强度和能源消耗强度指标数值的下降，在效率层面有了较大提升。

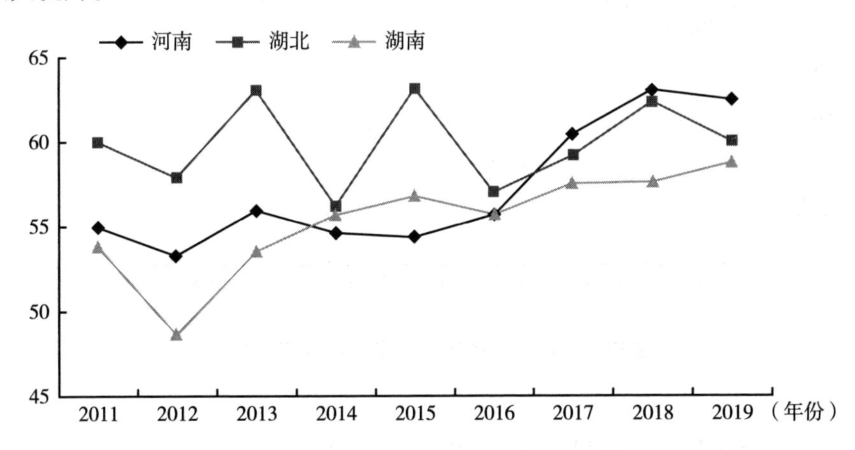

图 11　华中地区各地绿色发展指数变化趋势

如图 12 所示，华南地区绿色发展指数整体呈增长的趋势，且发展态势良好。广东的绿色发展指数在华南地区处于领先地位，从具体指标来看，和广西、海南相比，广东的死亡率这一指标数值表现较为突出，相对较低。广西的绿色发展指数在 2018 年有较大幅度的提升，这受益于 2018 年广西人民生活水平有显著提高并且死亡率下降幅度明显。据《2018 年广西壮族自治区国民经济和社会发展统计公报》，2018 年，广西各项社会事业取得明显进步，社会保障覆盖范围扩大，社会保障水平持续提高。海南的绿色发展指数呈现平稳发展态势，各项指标表现均较好。

如图 13 所示，在西南地区中，贵州的绿色发展指数自 2011 年至 2018 年一直呈现正向增长的趋势。重庆的绿色发展指数涨幅较小，且波动性较大，2018 年出现明显下降，这是由于该年度重庆的人均 GDP 增速有所下降。2018 年是重庆转变发展方式、优化经济结构、转换增长动力的攻关期，人均 GDP 增速出现波动在所难免。云南的绿色发展指数在西南地区处于领先地位，主要与其相关指标均表现较好有关。

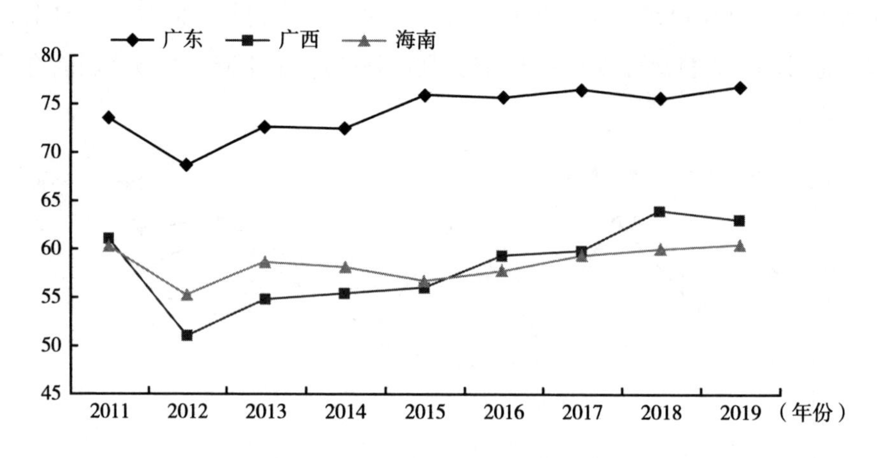

图 12　华南地区各地绿色发展指数变化趋势

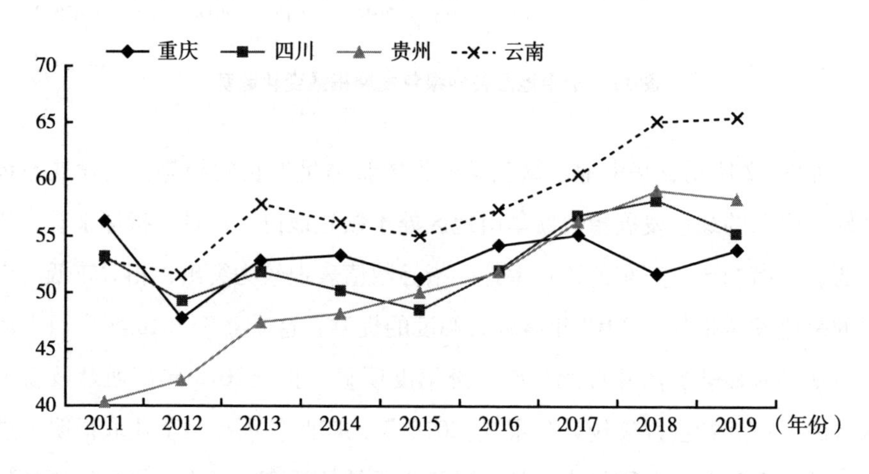

图 13　西南地区各地绿色发展指数变化趋势

如图 14 所示，在西北地区中，新疆的绿色发展指数在 2015 年达到最低值，主要原因是该年度新疆人均 GDP 出现负增长，对绿色发展指数产生很大的影响。而宁夏 2018 年绿色发展指数也出现大幅度下降，与其死亡率增长幅度较大和人均 GDP 有所下降有关。西北地区由于发展经济的地理优势不足，经济发展受限，GDP 和人均 GDP 水平均比较低，发展绿色经济较为困难。

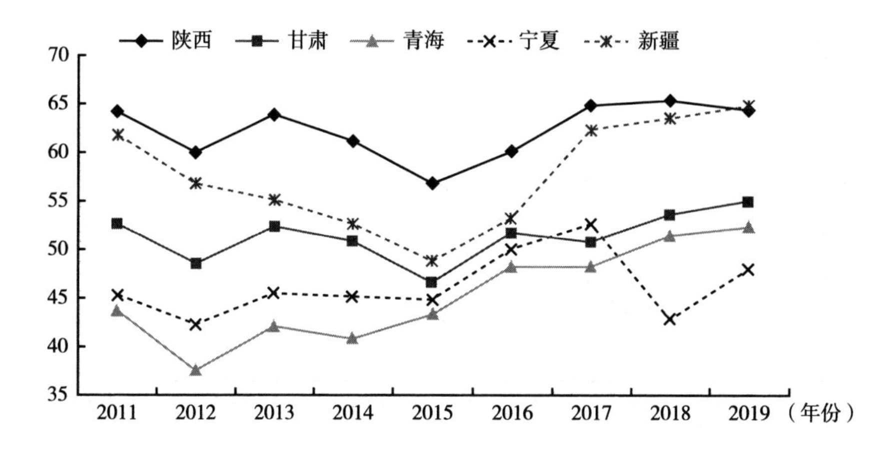

图 14　西北地区各地绿色发展指数变化趋势

2. 自然生态高质量

自然生态是生态文明建设的基础，也是国家环境治理和生态修复的重点内容，实现自然生态的高质量发展是生态文明建设的必然要求，也是生态文明建设追求的主要目标。自然生态高质量一般体现为丰富的物种、清洁的空气、干净的水源、良好的地表植被以及具有生产能力的土地。因此，我们选择生物丰度指数、空气质量指数、地表水达到或好于Ⅲ类水体比例、森林覆盖率以及土地沙化程度作为评价自然生态高质量的二级指标。

从时间上来看（见图 15），2011～2019 年中国自然生态高质量指数平均值为 36.07，总体呈现波动上升的趋势，平均年增长率为 57.79%，标准差为 19.55。党的十八大报告将生态文明建设纳入国家“五位一体”的总体布局，2015 年中共中央、国务院出台了《生态文明体制改革总体方案》①，要求加快建立系统完整的生态文明制度体系，为我国生态文明领域改革作出了顶层设计；另外，在生态文明建设的总体布局下，国家实施了以“蓝天保卫战”为代表的一系列环境治理和生态修复重大工程，有效地推动了全国自然生态的高质量发展。

① 中共中央、国务院：《生态文明体制改革总体方案》，2015 年 10 月 12 日，http：//www.gov.cn/guowuyuan/2015－09/21/content_ 2936327.htm。

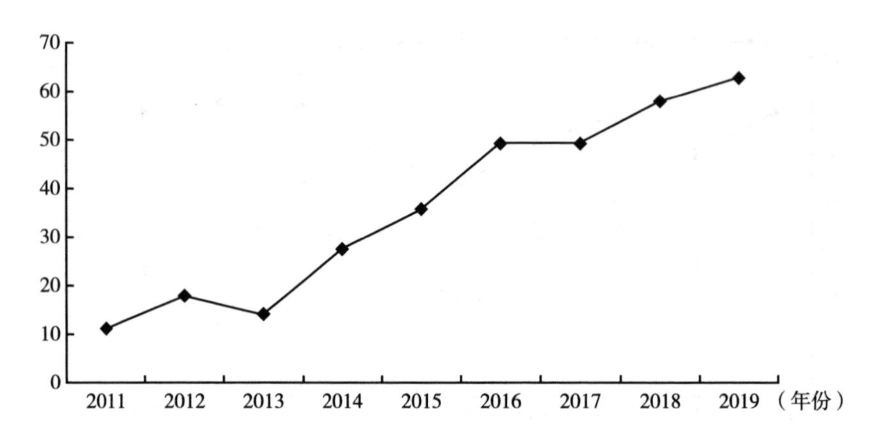

图 15　2011～2019 年中国自然生态高质量指数变化趋势

然而，自然生态高质量指数在 2013 年突然出现拐点，比 2012 年降低了 21.32%。2012～2013 年是生态文明建设的起步阶段，可能以经济建设为核心的发展观念和方式在短期内难以转变，导致 2013 年出现自然生态高质量指数阶梯式下滑的状态。

从三大经济带来看（见图 16），中国自然生态高质量指数呈现“中部高、东西低”的特点。2011～2019 年东、中、西部的自然生态高质量指数的平均值为 62.70、70.96、61.15，中部的自然生态高质量指数分别是东部、西部的 1.13 倍和 1.16 倍。东部经济带历史开发较早，技术条件较好，是我国经济最发达的经济带；但伴随着经济发展与人口集聚，自然生态环境遭到了比较严重的破坏。而西部地区的自然生态高质量指数相对较差的原因可能是西北地区常年干旱、地表植被稀疏、沙漠化与荒漠化现象较为严重；同时伴随着中、东部地区的产业转移，高污染、高排放企业不断进入西部地区，导致其生态环境面临着较高的退化风险。中部经济带位于东部经济带和西部经济带之间，属于过渡型的经济带。从总的方面看，中部地区的经济基础比西部地区好，但不如东部地区；同时，中部地区耕地和森林资源也很丰富，土地荒漠化程度相对较低。这些使得中部经济带的自然生态高质量指数为三大经济带的最高水平。

2011～2019 年中国三大经济带的自然生态高质量指数均呈现“先降

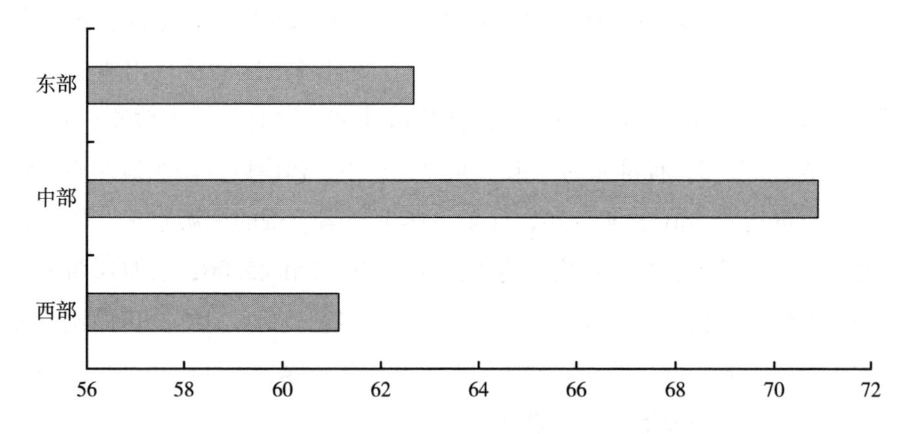

图 16　中国三大经济带的自然生态高质量指数情况

低、后升高”的趋势（见图 17），基本趋势与全国自然生态高质量指数的时间变化趋势保持一致，但增长幅度存在一定的差异。2011～2019 年东、中、西部的自然生态高质量指数的平均年增长率分别为 0.49%、0.56% 和 0.76%。在生态文明建设的总体布局下，西部地区生态修复和环境治理步伐明显加快，西部地区自然生态高质量建设存在明显的追赶效应。

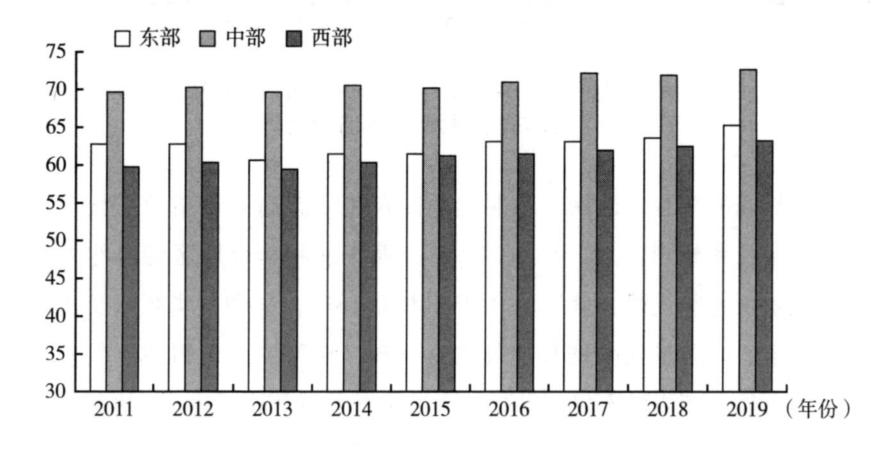

图 17　2011～2019 年中国三大经济带自然生态高质量指数时间变化趋势

从七大行政地理分区来看（见图 18），2011～2019 年各地区自然生态高质量指数在时间上呈现波动上升的趋势，并且各地区间呈现出明显的差异。仅有华南地区的自然生态高质量指数超过 80，并且年际指数波动最小，其平均值为 84.75，标准差为 0.43。东北、华中、西南以及华东地区的自然生态高质量指数均值在 60～70，处于自然生态高质量的中游水平。华北和西北地区的自然生态高质量指数均值分别为 49.62 和 45.06，表明这两个地区的生态环境质量较差。华北地区人口密集、经济较为发达，是国内比较著名的能源与工业基地；而西北地区的生态系统较为脆弱，环境污染也日趋严重，生态修复与环境治理任务艰巨。

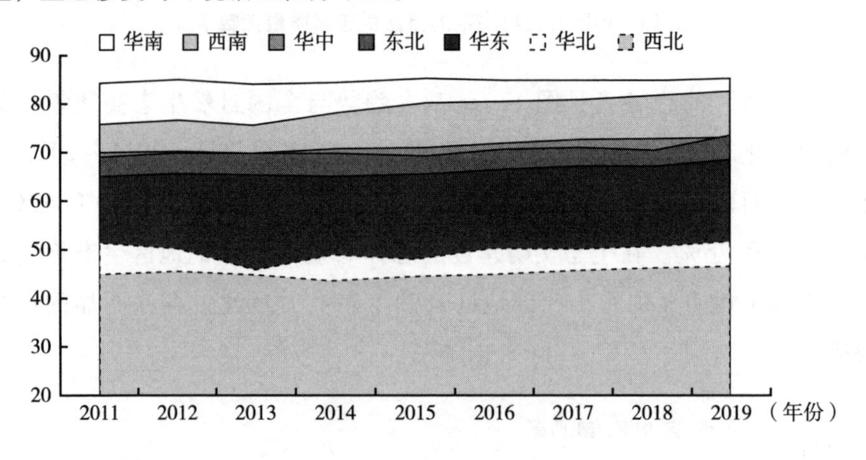

图 18　2011～2019 年中国七大行政地理分区的自然生态高质量指数时间变化趋势

从增长速度来看，西南、东北地区的自然生态高质量指数增长速度较快，年均增长率分别为 1.15%、0.89%，而华北和华南地区的自然生态高质量指数增长速度较慢，分别为 0.03% 和 0.18%，华中、华东以及西北地区的自然生态高质量指数增长速度在 0.50%～0.70%。值得注意的是，西南地区的自然生态质量不仅水平高，而且还处于一个较高的增长区间，但华北地区的自然生态质量相对较差且增长态势不明显，生态修复与环境治理有待加强。

从各省区市来看（见图 19），2011～2019 年自然生态高质量指数平均值超过 90 的仅有 2 个，分别是福建和江西，占研究单元的 6.67%。福建和江西气候属亚热带暖湿季风气候，气候条件优越，境内河流广布、山峦叠翠；2019 年，福建和江西的森林覆盖率分别为 66.80% 和 63.10%，分别位列全国第一、第二，境内分布着众多自然保护区、物种较为丰富。

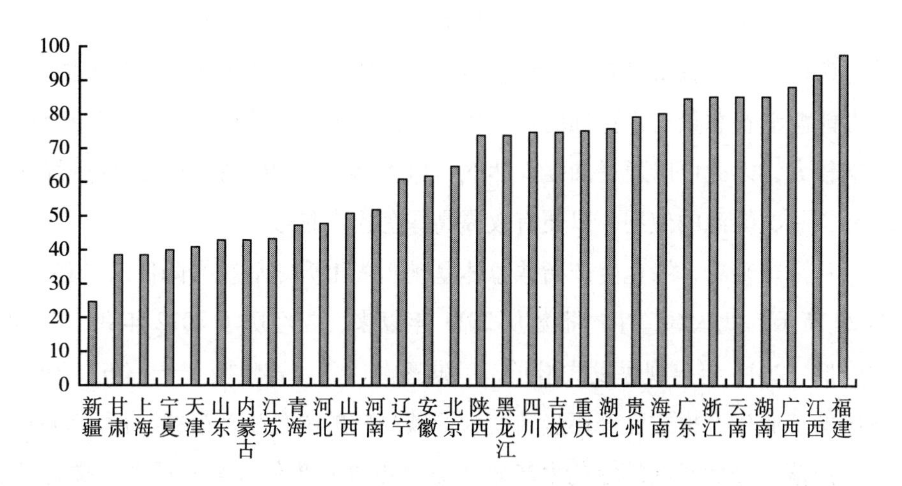

图 19　2011～2019 年中国 30 个省区市的自然生态高质量指数平均值

自然生态高质量指数平均值不超过 50 的省区市有 10 个，分别是新疆、甘肃、上海、宁夏、天津、山东、内蒙古、江苏、青海以及河北，占研究单元的 33.33%，表明其自然生态质量较差。其中，新疆、甘肃、内蒙古、青海以及宁夏 5 个省区的自然生态高质量指数较低的原因可能是其以自然地理和气候条件为基础的自然生态本底较差，属于地理气候主导型；而上海、天津、山东、江苏以及河北的经济较发达、人口较集中、城市化程度较高，这些地区的生态空间萎缩迅速、环境污染较为严重，属于经济人口主导型。

山西、河南、辽宁、安徽、北京、陕西、黑龙江、四川、吉林、重庆、湖北、贵州、海南、广东、浙江、云南、湖南以及广西 18 个省区市的自然生态高质量指数在 50～90，占研究单元的 60%，自然生态质量处于一个相对较高的水平。其中，仅有陕西位于自然地理和气候条件比较恶劣的干旱半干旱的西北内陆地区。自 1998 年以来，陕西实施了以“退耕还林”为代表的生态修复工程，其森林覆盖率在2011年已经达到41.40%，高于2019年全国森林覆盖率平均水平18.44个百分点。

3. 绿色生产

绿色生产是指以节能、降耗、减污为目标，以管理和技术为手段，实施工业生产全过程污染控制，使污染物的产生量最小化的一种综合措施。根据计算所得的指标权重可知，在绿色生产维度中，可再生能源和清洁能源消费量占能源消费总量比重指标的权重较高，说明能源使用效率对绿色生产维度影响较大，因此可以通过加强天然气、电力等绿色能源的使用，减少煤炭、石油等一次能源的使用，以便有效提高绿色生产指数。

从全国来看，绿色生产指数总体呈现出先上升之后缓慢降低的趋势，如图20所示。我国绿色生产指数从2011年以来，先经历了2012年和2014年的降低，2016年出现爆发式增长，后期逐渐回落。这说明“十三五”初期，我国的工业生产模式已经逐步转变为低碳高效的绿色生产模式，而后期发展稍有回落，今后我国的绿色生产模式需要更进一步的提高，逐渐向碳达峰、碳中和的路径发展。

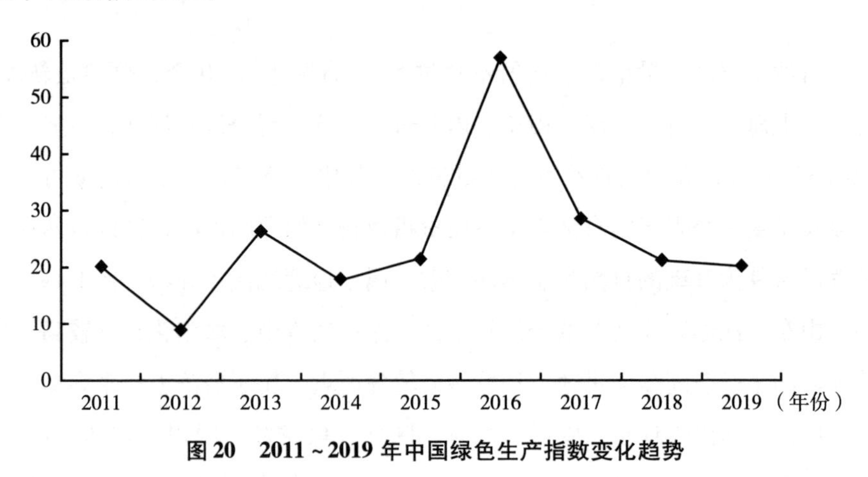

图20　2011～2019年中国绿色生产指数变化趋势

从东北地区来看，2011～2019年东北地区的绿色生产指数总体上呈现出上升的态势（见图21）。其中，辽宁的绿色生产指数从2011年至2019年基本处于高位发展态势，尤其是2018年呈现出爆发式增长。这可能与辽宁污水有效治理有关，尤其是2018年《辽宁省重污染河流治理攻坚战实施方案》等污水治理政策的落地，工业污染防治、城镇污水治理、畜禽养殖污染防治、农业农村环境综合治理、水生态保护与修复等五大工程的推进，使得工业污水、农业面源污染和居民生活污水得到了有效的改善，为绿色生产指数提升作出了较大的贡献。黑龙江的绿色生产指数变化规律与辽宁省相似，在2014年、2015年和2017年稍有降低，其他年份呈现出升高的态势。同时，可以发现，吉林的绿色生产指数在2016年有明显降低，主要是因为其单位GDP能源消耗水平在2016年有较为明显的增加，这可能是由于作为东北老工业基地之一的吉林，在能源消耗方面主要还是依托煤炭、石油等传统一次能源，对于天然气、电力等清洁能源在工业生产中的应用稍有不足。

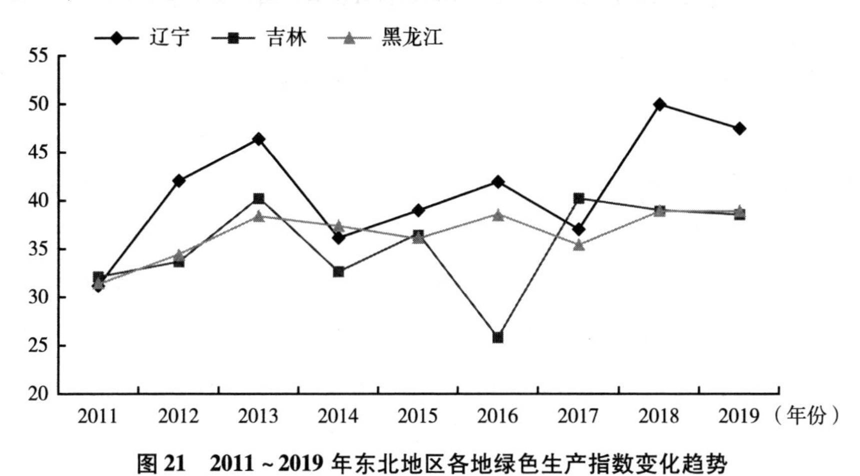

图21　2011～2019年东北地区各地绿色生产指数变化趋势

从华北地区来看，2011～2019年华北地区的绿色生产指数总体上呈现出平稳且明显的上升态势（见图22）。其中，北京呈现出非常平稳的升高态势，工业生产以及能源消耗都朝着绿色、低碳、高效的方向发展。河北的绿色生产之路变化较为明显。2011年河北的绿色生产指数在华北地区排名较靠后，2015年之前，得益于省环监局部署重点污染源自动监控工作等任务的完成，河北的化学需氧量排放总量、二氧化硫排放总量有了明显的降低，2016年，污水、废气等问题出现了反弹，绿色生产指数有较为明显的降低，2018年又有所升高。

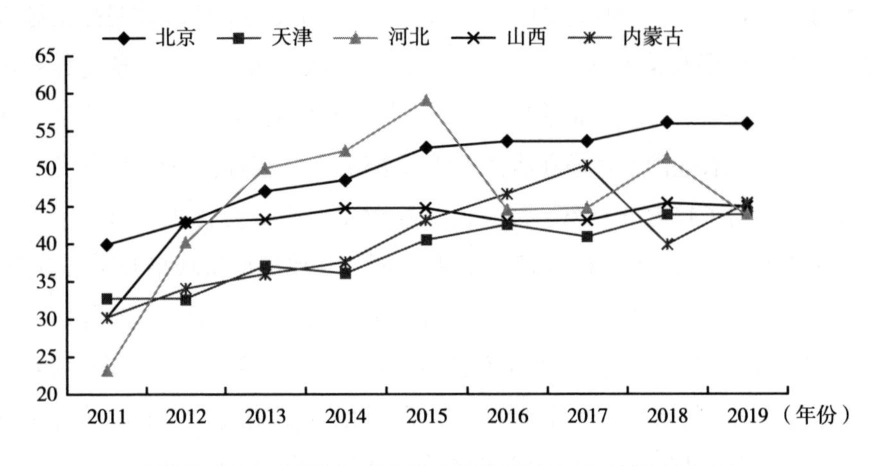

图 22　2011～2019 年华北地区各地绿色生产指数变化趋势

从华东地区来看，2011～2019 年华东地区的绿色生产指数总体上呈现出平稳的上升态势（见图 23）。其中，江苏、江西两省的波动较大。江苏 2011 年后，绿色生产指数有较为明显的升高，2014～2016 年出现小幅度的下降，2016 年之后连续出现大幅度升高。2011 年后，江苏出台了《关于推进生态文明建设工程的行动计划》《江苏省排放水污染物许可证管理办法》，有效降低了污水排放、废气排放，有效推动了绿色生产指数的提高；2018 年，江苏的绿色生产建设水平达到高峰，其中，化学需氧量排放总量、氨氮排放总量以及二氧化硫排放总量较 2011 年有了较为明显的降低。江西的绿色生产指数则在 2015 年出现拐点，主要是因为其化学需氧量排放总量和氨氮排放总量不降反升的现象得到了扭转。

从华中地区来看，2011～2019 年华中地区的绿色生产指数总体上呈现出平稳发展的态势（见图 24）。其中，湖南的绿色生产指数从 2013 年至 2018 年一直处于增长态势，尤其是 2018 年呈现出大幅度增长。2017 年，《湖南省污染防治攻坚战三年行动计划（2018—2020 年）》出台，明确了 3 类重点任务、47 项具体任务和目标责任清单。“蓝天保卫战”聚焦长株潭，水污染主治洞庭湖，重金属和土壤污染防治重点针对湘江流域，无论是工业污水还是居民生活污水治理成效都比较显著。湖北的绿色生产指数相对较为

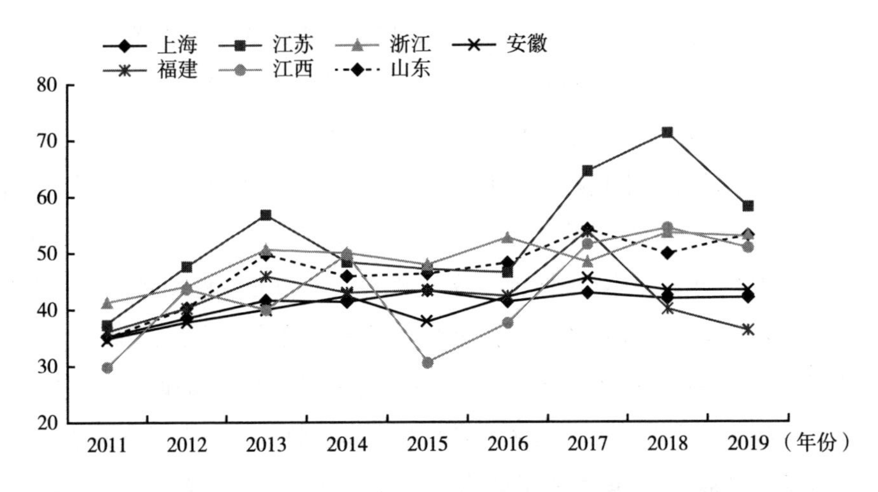

图 23　2011～2019 年华东地区各地绿色生产指数变化趋势

平稳，2016 年出现显著上升。河南的绿色生产指数在 2018 年有明显降低，可能是 2018 年河南遭受了严重的低温冷冻灾害，为近五年来河南遭受的低温冷冻灾害最严重的一年，对工业污水的治理造成了困难。

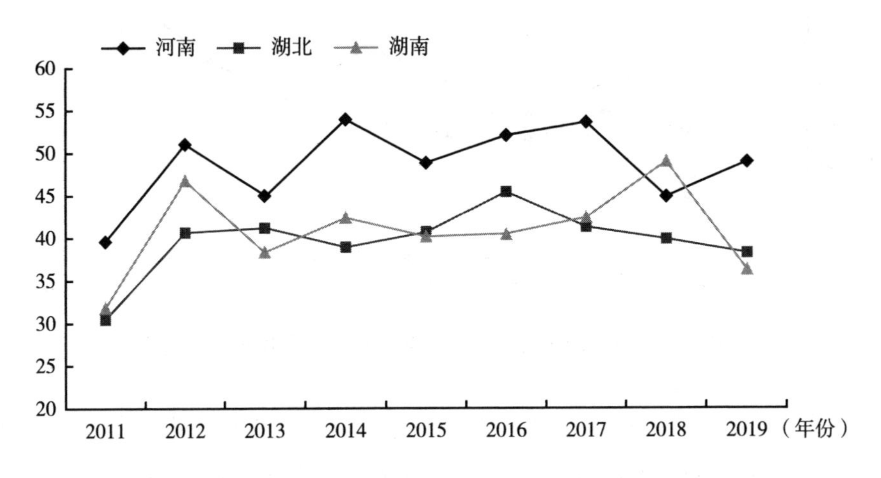

图 24　2011～2019 年华中地区各地绿色生产指数变化趋势

从华南地区来看，2011～2019 年华南地区的绿色生产指数总体上呈现出上升的态势（见图 25）。其中，广东的绿色生产指数在 2018 年和 2019 年都呈现显著的上升，可能与广东的污水有效治理有关。广东水污染防治攻坚战2018年工作方案发布，要求2018年，广东全省地表水水质优良（达到或优于Ⅲ类）比例达到81.7%以上，劣Ⅴ类比例控制在7.0%以内，各地级以上城市集中式饮用水水源地和县级集中式饮用水水源地水质稳定达标。广东立足华南生态环境污染现状，聚焦新时代环保，与其他地区不断协同推进水污染防治、水资源保护、黑臭水体整治、污水处理设施建设。海南的绿色生产指数自2011年起基本呈现稳步发展的态势。广西的绿色发展指数在2013年有明显的升高，主要原因是地方政府的重视程度有所提高，2013年自治区政府将污染减排指标列入2013年经济社会发展主要目标和年度绩效考核指标，出台了《广西壮族自治区节能减排工作行政过错问责暂行办法》，印发了《关于开展2013年主要污染物总量减排突击行动的通知》，为绿色发展作出了积极贡献。

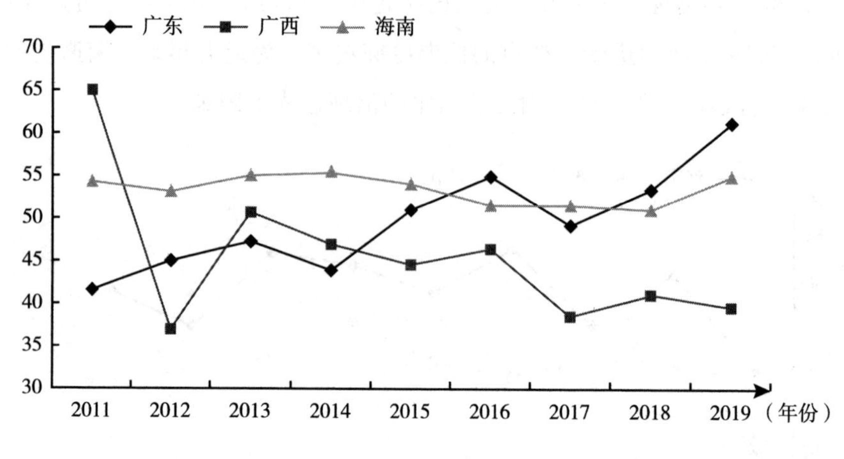

图25　2011～2019年华南地区各地绿色生产指数变化趋势

从西南地区看，2011～2019年西南地区的绿色生产指数总体上呈现出上升的态势（见图26）。其中，云南的绿色生产指数从2011年至2017年基本处于增长态势，尤其是2017年呈现出大幅增长。这可能与云南污水和废气治理有关。2016年出台《云南省水污染防治工作方案》等污水治理政策，要求按照“保护好水质优良水体、整治不达标水体、全面改善水环境质量”的总体思路，统筹推进水污染防治、水生态保护和水资源管理，并规定

2017 年底规划建成污水集中处理设施，并安装自动在线监控装置，逾期未完成则一律暂停审批和核准增加水污染物排放的建设项目。同时，集聚区内企业的工业废水只有经过预处理并达到集中处理要求后，方可进入污水集中处理设施。此外还规定 2017 年底，依法关闭或搬迁禁养区内的畜禽养殖场（小区）和养殖专业户以及制定更新改造方案，公共供水管网漏损率 2017 年控制在 12% 以内等，可见在 2017 年相关政策已落地实施，为云南绿色生产指数提升作出了较大的贡献。四川的绿色生产指数变化规律与重庆相似，发展都相对平稳，总体呈现出缓慢升高的态势。同时，可以发现，贵州的绿色生产指数在 2019 年有明显上升，这可能是由于 2018 年 11 月 29 日贵州通过了《贵州省生态文明建设促进条例》，结合本省实际对大气污染防治办法进行了修正，使得工业废气的排放量显著降低，促进了绿色生产。

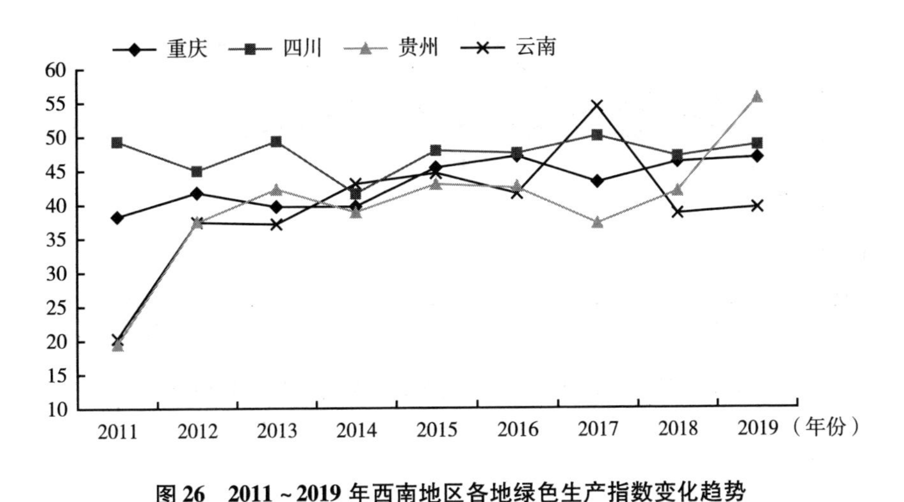

图 26　2011～2019 年西南地区各地绿色生产指数变化趋势

从西北地区看，2011～2019 年西北地区的绿色生产指数总体上呈现出上升的态势（见图 27）。其中，宁夏的绿色生产指数从 2011 年至 2015 年处于增长态势，尤其是 2015 年呈现出大幅度增长。这可能是与宁夏的污水治理有关，宁夏正式印发《宁东能源化工基地环境保护行动计划》，为宁东能源化工基地科学、安全和可持续发展奠定了基础。该行动计划要求，到 2014 年底，工业废（污）水不入黄河，宁东基地面临的突出环境问题得以基本解决，环境保护和生态建设实现突破性进展，这为宁夏绿色生产指数提高作出了较大的贡献。青海的绿色生产指数相对平稳，新疆的绿色生产指数在 2013 年出现明显升高。同时，可以发现，陕西的绿色生产指数在 2015 年有明显降低，主要是由于陕西单位 GDP 能源消耗在 2015 年有较为明显的增加。陕西是我国较为重要的能源大省，能源价格和投资拉动的发展模式，曾经在很长一段时间内让陕西经济保持了两位数的高增速。虽然陕西近年来谋求改变偏“重”的产业结构，加快构建绿色经济体系，但是能源化工等传统支柱产业升级改造效果还是不甚显著，初级煤炭产品依赖度依然较高，仍需加强清洁能源在工业生产中的应用。

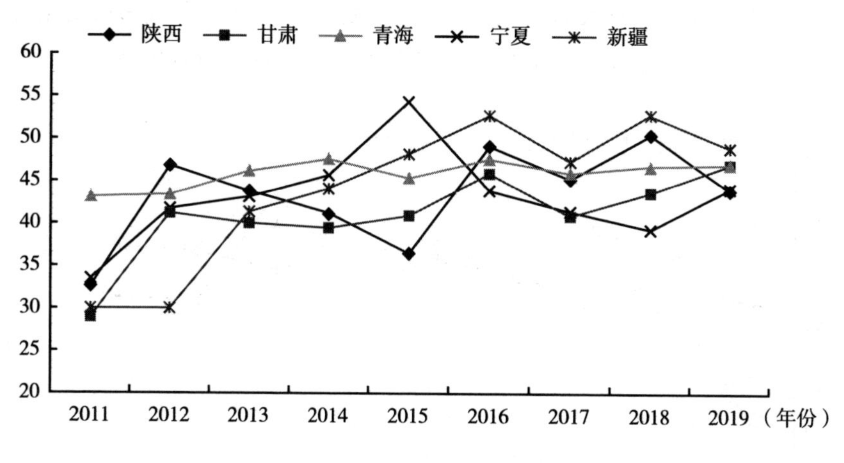

图 27　2011～2019 年西北地区各地绿色生产指数变化趋势

4. 绿色生活

绿色生活指数反映的是人类生活方式对生态文明的影响程度，重点反映了城乡居民衣、食、住、行对生态环境的影响，旨在引导人类构建绿色生活方式，缓解环境压力。由指标权重可知，生活用水消耗率权重较高，说明居民用水量对绿色生活维度影响较大，通过宣传标语、公益广告等方式向居民普及节水的重要性，避免水资源的浪费，能较大程度地提高绿色生活指数。从我国整体情况来看，2011～2019 年绿色生活指数总体有所上升（见图 28），表明随着生态文明建设的逐步推进，我国居民绿色环保意识逐渐增强，环保理念逐渐深入人心。

2011～2019年，我国绿色生活指数平均值为35.25，总体呈现先升后降的趋势。党的十八大从新的历史起点出发，作出“大力推进生态文明建设”的战略决策，提出要节约集约利用资源，推进水循环利用。各省区市积极响应，2011～2013年我国绿色生活指数呈上升的特征。但生态建设与经济发展之间的矛盾长期存在，居民传统生活习惯短期内无法真正改变，导致2015～2019年绿色生活指数出现持续降低的现象。

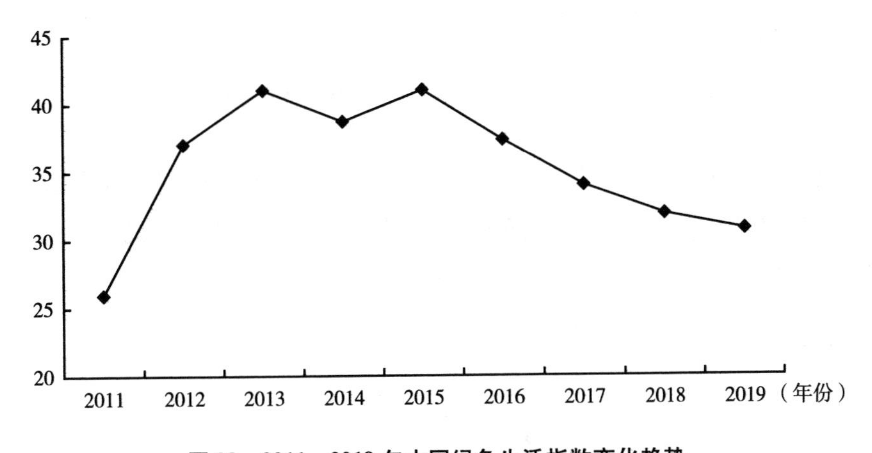

图28　2011～2019年中国绿色生活指数变化趋势

分区域来看，2011～2019年，华北地区的绿色生活指数以年增长率3.82%的速度上升。其中，北京、内蒙古的绿色生活指数平均值分别为63.40、51.69，略高于其他省区市，这是由于北京作为中国政治、经济、文化的中心，中高端消费者群体较多，对绿色产品的需求较大，绿色产品市场占有率较高；内蒙古地域辽阔，人口密度较小，生活用水消耗量较低，在一定程度上提高了其绿色生活指数。其他省市变化趋势大致相同（见图29）。

东北地区中，黑龙江的绿色生活指数略高于吉林、辽宁，这源于黑龙江生活用水消耗率低于其他两省（见图30），说明黑龙江整体在生活用水方面比较节省。吉林的绿色生活指数变动幅度较大，在2014年后绿色生活指数逐年上升，说明绿色环保理念逐渐深入人心。2020年吉林正式颁布《吉林

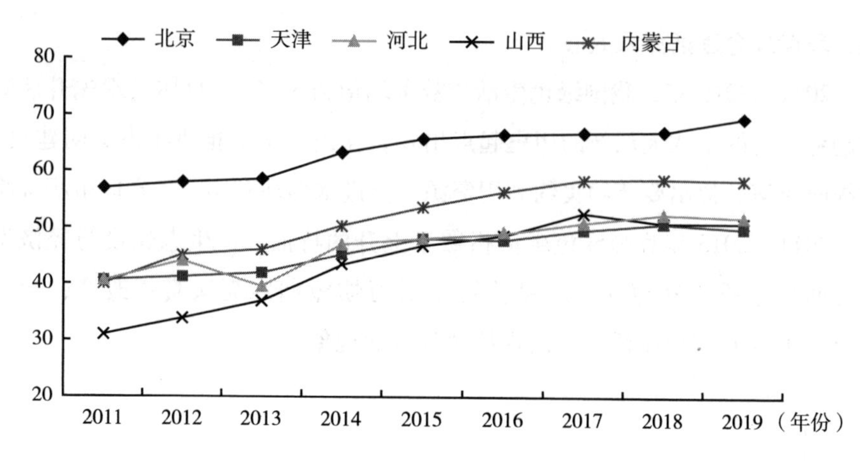

图 29　2011～2019 年华北地区各地绿色生活指数变化趋势

省生态环境保护条例》，重点要求各级人民政府及其有关部门加强生态环境保护宣传教育，普及生态环境保护知识，倡导绿色生产生活方式，这有力促进了人与自然和谐共生的美丽家园建设。

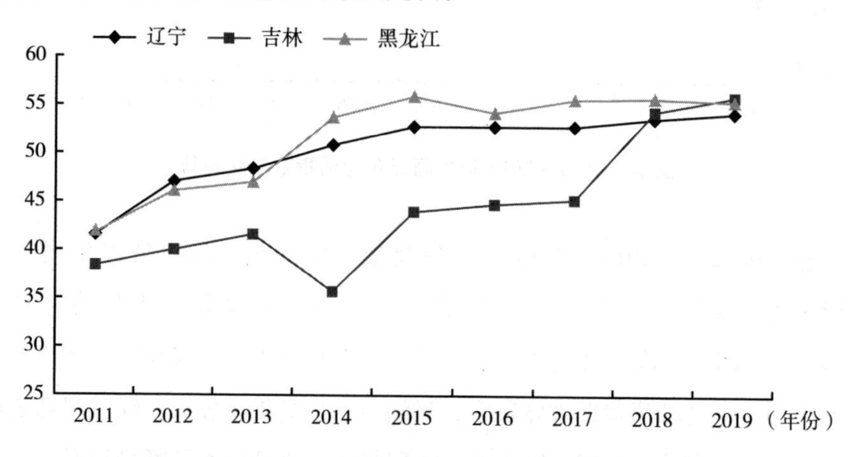

图 30　2011～2019 年东北地区各地绿色生活指数变化趋势

华东地区中，2011～2019 年上海绿色生活指数平均值为 61.14，从 2014 年开始在区域内排名第一，2019 年达到 72.33，整体远超其他省区市（见图 31），这可能与 2019 年上海正式实施《上海市生活垃圾管理条例》，将垃圾分类纳入法治框架有关，该条例的颁布大大提升了居民的环保意识。江苏的绿色生活指数较高，2011～2019年年平均值为56.66，这是由于在交通方面，江苏外来人口较多，同时公共交通更为便利，绿色出行方式更为普遍，一定程度上缓解了汽车尾气排放对环境造成的污染。此外，江苏还重视城镇绿色建筑建设，2013年江苏省政府出台《江苏省绿色建筑行动实施方案》，重点要求推进小城镇和农村绿色建筑示范。"十三五"期间，江苏城镇新建民用建筑全面按照绿色建筑标准设计建造，大大提高了城镇绿色建筑的面积，减少了传统建筑造成的环境污染问题。福建、浙江、江西、安徽的绿色生活指数较低，增长幅度较小，在全国范围内处在落后地位。究其原因，江西、安徽绿色出行人次较少，居民出行较少采用公共交通，政府部门应积极倡导居民践行"简约适度、绿色低碳"的生活方式，缓解居民出行对生态环境的压力；浙江、福建两省经济基础较好，吸引的外来务工人员较多，生活用水消耗量较大，极大地增加了水资源使用方面的压力。

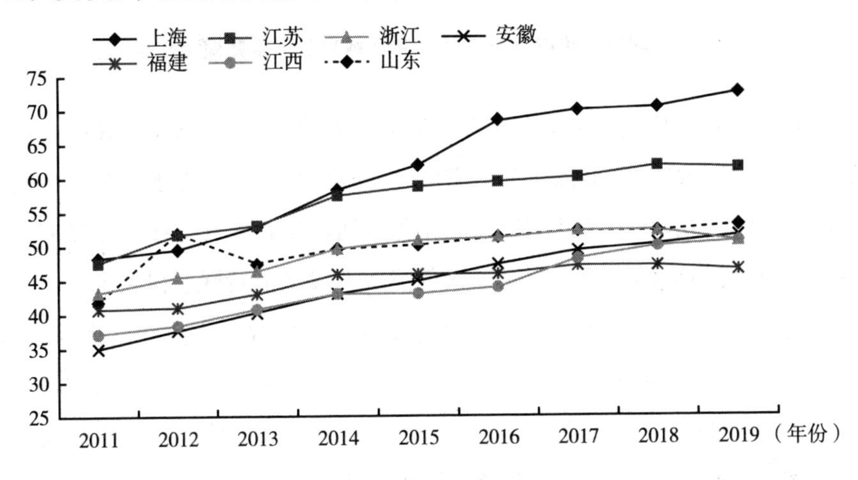

图31　2011～2019年华东地区各地绿色生活指数变化趋势

华中地区中，河南的绿色生活指数年均增长率为5.05%，2012年绿色生活指数增长率达24.76%，上升幅度较大，这是由于2012年河南生活用水量大大减少，降低了水资源的消耗。但在后续发展过程中，河南绿色产品市场占有率与居民绿色出行指标水平远低于其他省份，造成河南绿色生活指数较低。湖南的绿色生活指数以年均4.56%的增长速度持续稳定增长（见图32），究其原因，是因为湖南绿色产品市场占有率逐年递增，说明其逐步调整产业结构，向绿色、协调、可持续方向转变；生活用水消耗率逐年递减，表明湖南居民开始重视生活节水，增加对生活用水的重复利用，减少对水资源的浪费。

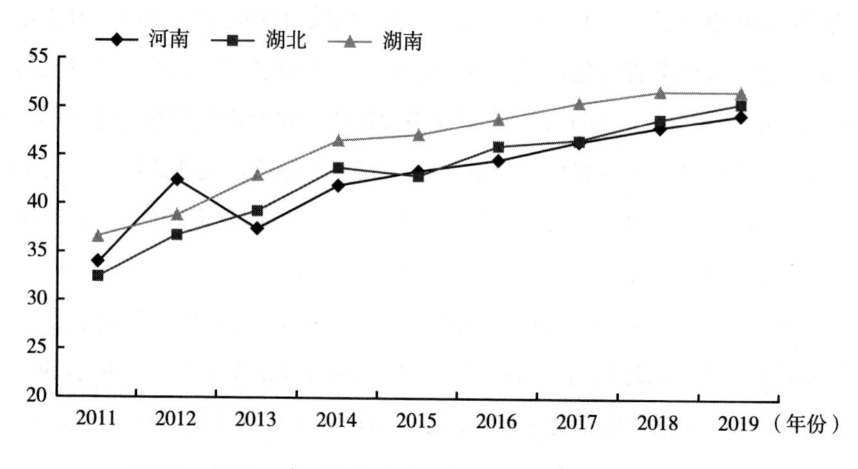

图 32　2011～2019 年华中地区各地绿色生活指数变化趋势

2011～2019 年华南地区整体绿色生活指数平均值为 48.8。其中，广东绿色生活指数较高，明显高于其他省区（见图 33），这是由于广东经济基础较好，常住人口较多，公共交通设施完善，居民出行方便，缓解了私家车尾气排放对环境造成的压力，同时，绿色消费方式和消费观念得到了居民的认可，绿色产品市场占有率较高。广西的绿色生活指数基本呈稳定提高态势，主要是由于广西城市生活垃圾无害化处理率持续提升，减少了生活垃圾对环境的污染，同时，广西积极响应国家“光盘行动”号召，食物浪费现象得到了有效遏制，人均粮食消耗量逐年降低。海南的绿色生活指数呈现在波动中上升的趋势，主要是受人均粮食消耗量与绿色出行人次的波动影响，这表明海南仍需进一步加强居民绿色环保观念，提高居民绿色出行与消费意识。

西南地区中，重庆 2015～2019 年的绿色生活指数涨幅较慢，年均增长率仅为 2.49%，受技术、经济的影响，绿色产品市场占有率较低，同时，重庆人均粮食消耗量较高，可能存在食物浪费现象，长远来看，重庆需要提高技术水平，减少工业污染，倡导绿色生活理念，节约粮食。云南绿色生活指数平均值为 43.57，高于其他省市（见图 34），这是由于与其他省市相

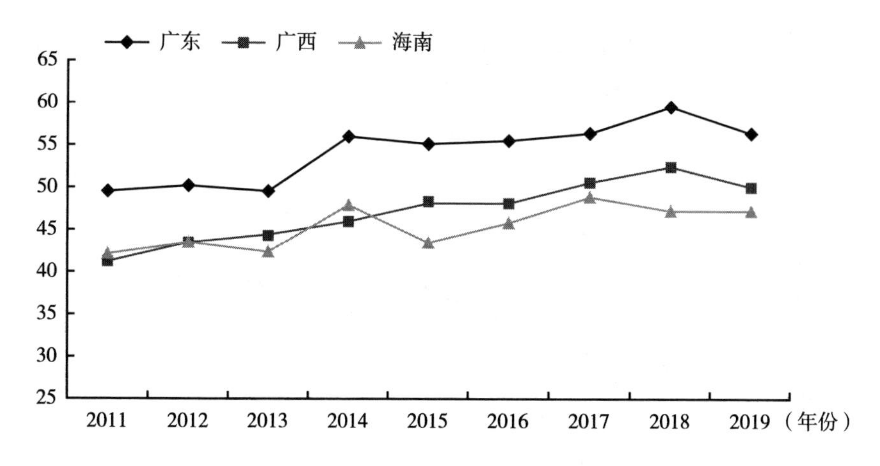

图33　2011～2019年华南地区各地绿色生活指数变化趋势

比，云南生活用水消耗率和人均粮食消耗量较低。云南2012年颁布了《云南省节约用水条例》，2007年、2013年云南多次发生了干旱情况，可能促使当地居民养成了节约生活用水的习惯。

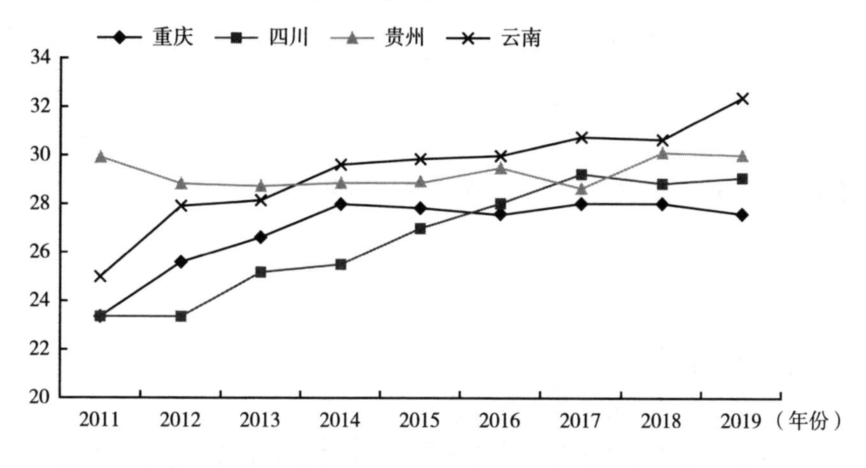

图34　2011～2019年西南地区各地绿色生活指数变化趋势

2011～2019年西北地区整体绿色生活指数平均值为50.94，宁夏、新疆等地可能限于地方经济的发展水平以及地域人口分布特征，居民生活消耗的资源远远低于其他省区市，绿色生活指数较高。陕西、甘肃、青海三省的绿色生活指数总体偏低（见图35）。受经济条件、技术水平等方面的限制，绿色产品市场占有率处在全国落后水平，同时生活用水率偏高，是导致陕西、甘肃、青海的绿色生活指数全国排名靠后的主要原因。

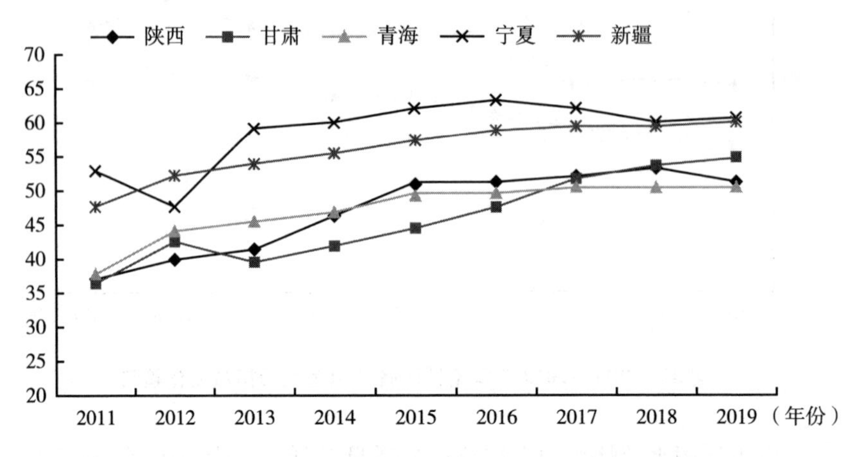

图35　2011～2019年西北地区各地绿色生活指数变化趋势

从各省区市来看，绿色生活指数超过60的省区市分别是上海、北京、江苏和宁夏，占研究对象的13.33%，大部分是经济基础较好的地区。湖南、河北、陕西、安徽、山西、江西、湖北、云南、浙江、青海、广西、天津、河南、重庆、海南、四川、福建、贵州等18个省区市的绿色生活指数基本处在49.50上下（见图36），处于全国偏低水平。

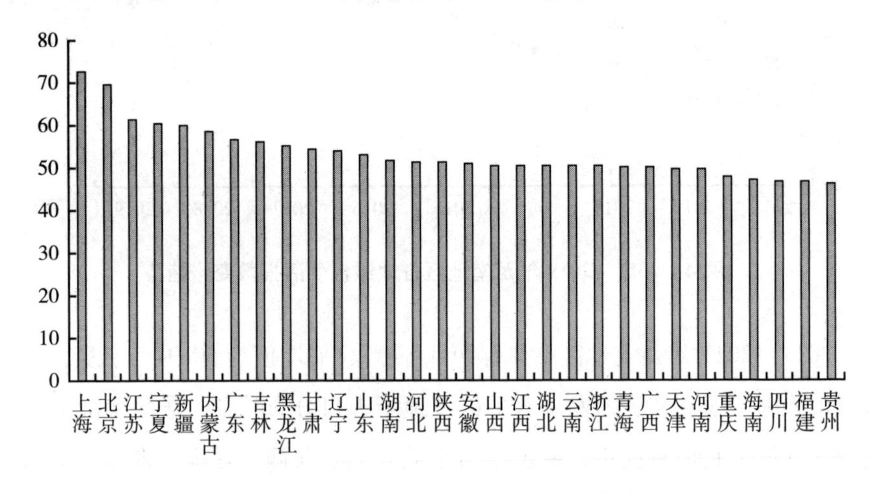

图36　中国30个省区市的绿色生活指数

5. 环境治理

环境治理指数反映了某一地区在经济发展过程中环境治理的综合能力，主要利用废弃物循环利用、农村人居环境整治、污水处理、环境治理的管理能力和资金投入五个维度的指标进行测度。具体包括一般工业固体废物综合利用率、县城生活垃圾处理率、城市污水处理厂集中处理率、突发环境事件次数和工业污染治理完成投资占 GDP 的比例。五个指标的权重分别为 0.0473、0.0266、0.0362、0.0202 和 0.0421，说明一般工业固体废物综合利用率对环境治理能力的提升具有突出作用。此外，除突发环境事件次数对环境治理指数具有逆向影响，其余四个指标均正向影响环境治理指数。

从全国来看，环境治理指数呈现曲折上升的特征（见图 37）。2011 年至 2014 年，我国环境治理指数快速上升，2014 年达到最大值（51.29），此后三年略有回落，2017 年之后开始小幅上升，但暂未到达历史最高点。具体来看，各指标既有积极向好的发展趋势，也有亟待改善的方面。县城生活垃圾处理率和城市污水处理厂集中处理率均逐年增加，突发环境事件次数总体呈下降趋势（见图 38）。而从 2015 年开始，一般工业固体废物综合利用率和工业污染治理完成投资占 GDP 的比例却呈下降态势。一方面，这种情况的产生可能是受制于工业固体废弃物资源综合利用技术的发展，技术变迁导致的固体废物综合利用量的上升依然无法赶超工业固体废物产生量的增加。并且，在以“绿色优质”为原则之一的城市基础设施建设和投资拉动经济增长的双重环境下，以政府财政支持主导的城市环境基础设施建设投资在一定程度上挤占了工业污染治理投资。另一方面，也说明我国工业固体废物资源化利用仍面临较大压力，同时工业污染治理也存在着很大的提升空间。另外，由于这两个指标所占权重较高，很大程度上拉低了这一阶段的环境治理指数。因此，未来我国要想不断提升环境治理综合能力，就需要在这两个方面大力开展治理工作。

分区域来看，东北地区近几年来环境治理指数呈现上升的趋势（见图 39）。黑龙江的环境治理指数从 2011 年开始就在不断提高，一定程度上反映了该省环境治理能力的综合提升。辽宁和吉林的环境治理指数变化趋势则大

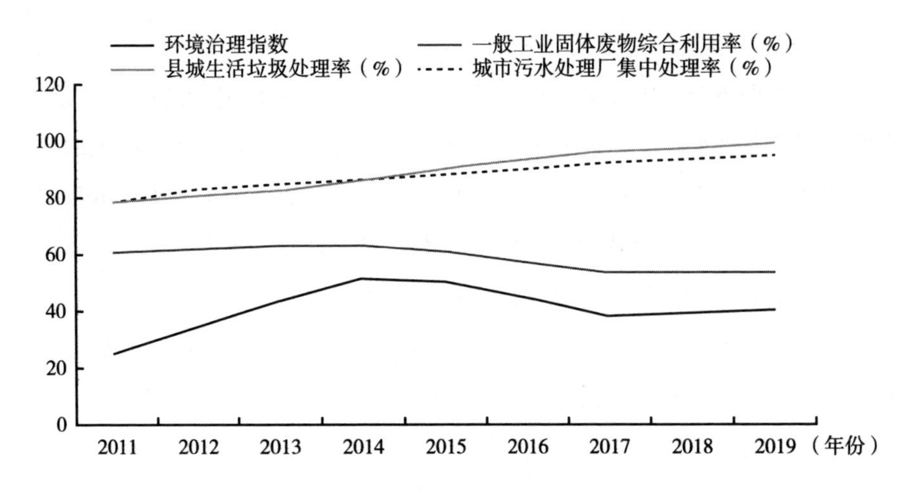

图 37 2011～2019 年中国环境治理指数及相关指标变化趋势

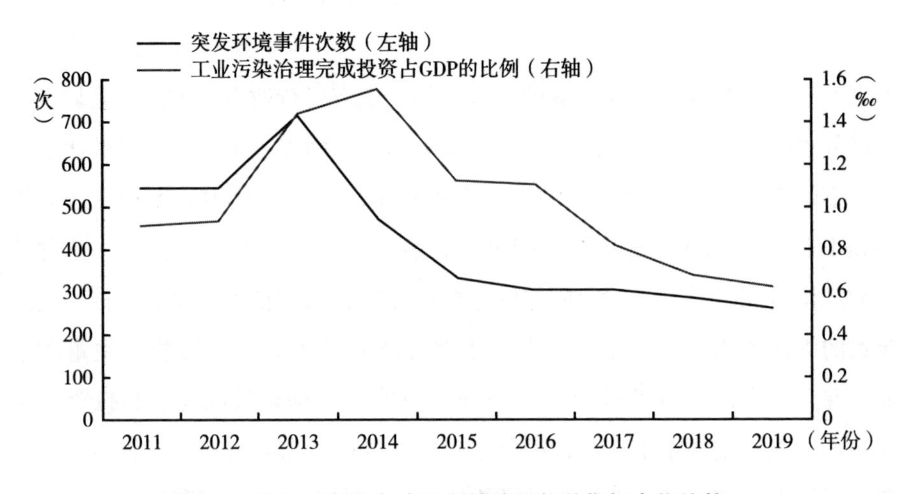

图 38 2011～2019 年中国环境治理相关指标变化趋势

体相同，都经历了先上升后下降再上升的过程，唯一的不同是前者后期的增长幅度超过其最高值，而后者未超过。从差距上看，一方面黑龙江与其他两省之间的差距逐渐缩小，尤其是从 2014 年开始，在其他两省环境治理指数在下降的情况下，黑龙江仍保持上升态势。这可能是由于黑龙江当期出台了一系列强有力的政策文件。例如 2014 年 9 月 20 日黑龙江出台了《环境监察稽查办法》，加大对地方环境监察工作的监督、检查，规范了之后各地方环境保护部门在本地区内开展的环境治理工作。另一方面黑龙江的环境治理指数始终处在东北三省的末位，这是因为黑龙江的县城生活垃圾处理率和城市污水处理厂集中处理率两个指标与其他两省一直存在较大差距，限制了其整体环境治理指数的提升幅度，未来黑龙江的环境治理工作需要着重加强其农村人居环境整治甚至是整个县域的环境整治工作。

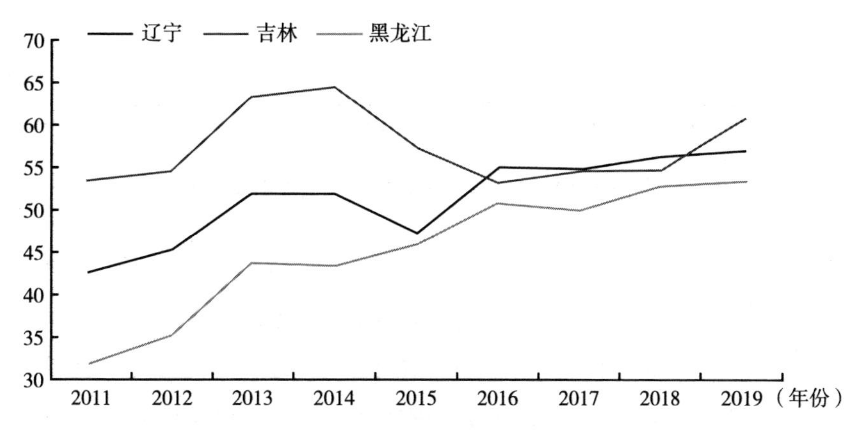

图 39　2011～2019 年东北地区各地环境治理指数变化趋势

华北地区的各个省区市在 2016 年以前，总体呈现出先上升后下降的趋势，自 2016 年之后出现了不同的发展趋势，天津和河北的环境治理指数逐渐上升，而北京、山西和内蒙古的环境治理指数整体在降低（见图 40）。与此同时，天津的环境治理指数明显高于其他 4 个省区市。这是因为天津的一般工业固体废物综合利用率常年维持在 98% 左右，远超其余省区市，并且在 9 年内，其突发环境事件次数平均只有不到 2 次/年，只有北京的 1/15，可见其环境治理体系较为完备。此外，北京在整个华北地区中的环境治理综合能力表现不突出。环境治理能力是实现治理能力现代化的重要一环，北京要补齐短板，不仅需要完善环境治理体系，还要加大工业污染治理投资，推动工业污染治理行业快速发展。

从华东地区来看，除江苏基本保持增长趋势外，其余各省市的环境治理指数都在不停地波动（见图 41）。具体来看，山东前期处于华东地区领先位

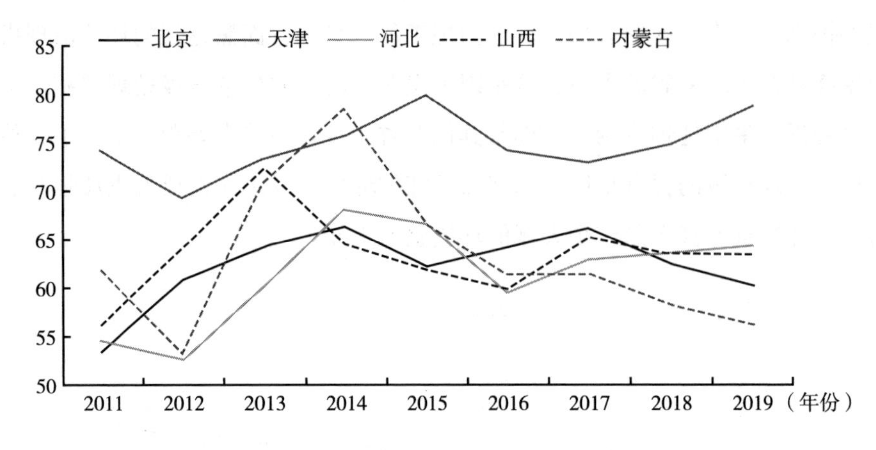

图 40　2011～2019 年华北地区各地环境治理指数变化趋势

置，后期被上海逐渐赶超，但上海近年有下降的趋势。福建和安徽两省近年来也有明显下降的态势。江西近几年来环境治理指数在快速增长，但其水平仍处在区域内的较靠后位置。一方面是由于江西在整个华东地区经济较为落后，环境治理起步较晚，初期治理难度较低，因而上升空间较大；另一方面，为促进经济发展，江西可能很大程度上承接了区域内经济发达省市的产业转移，致使高消耗高污染型企业较多，再加上其工业固体废物处理能力较弱和对污染治理行业投资的力度小，导致其环境治理综合水平不高。

华南地区中广东的环境治理指数始终居于高位（见图 42）。不过，广东在后期有小幅下降，主要是一般工业固体废物综合利用率以及工业污染治理完成投资占 GDP 的比例开始下降、突发环境事件次数变多所致，说明到后期广东的环境治理能力已不足以解决经济发展引致的环境问题，这需要引起有关部门的重视。广东在注重经济发展的同时更要提升质量，深入推进落实生态文明建设。海南和广西从 2016 年开始环境治理指数基本都呈现增长的趋势，但是广西的环境治理指数在三地中始终较低，从五个构成指标来看，主要是一般工业固体废物综合利用能力以及污水处理能力不足，说明广西在环境治理技术上可能存在一定的劣势，未来政府需要扩大对环境治理的资金支持，鼓励研发和应用新型污染防治技术，提高资源的循环利用能力，以进一步提高环境治理的成效。

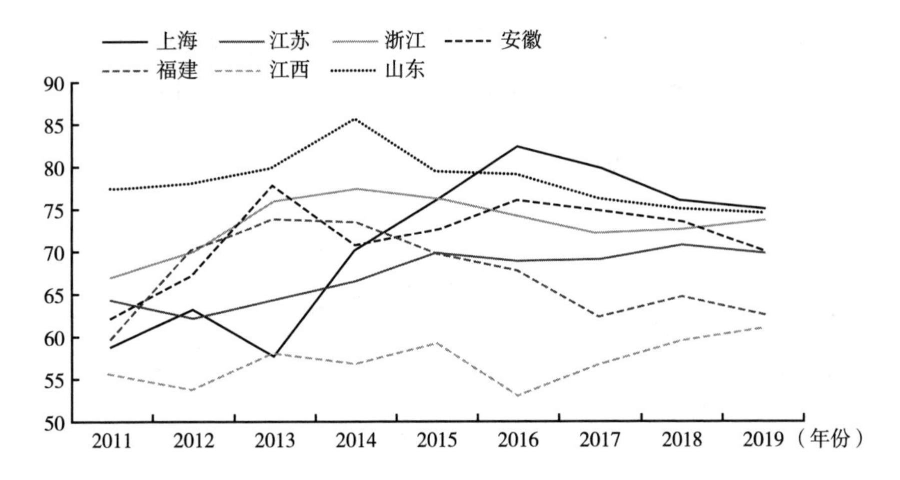

图 41　2011 ~ 2019 年华东地区各地环境治理指数变化趋势

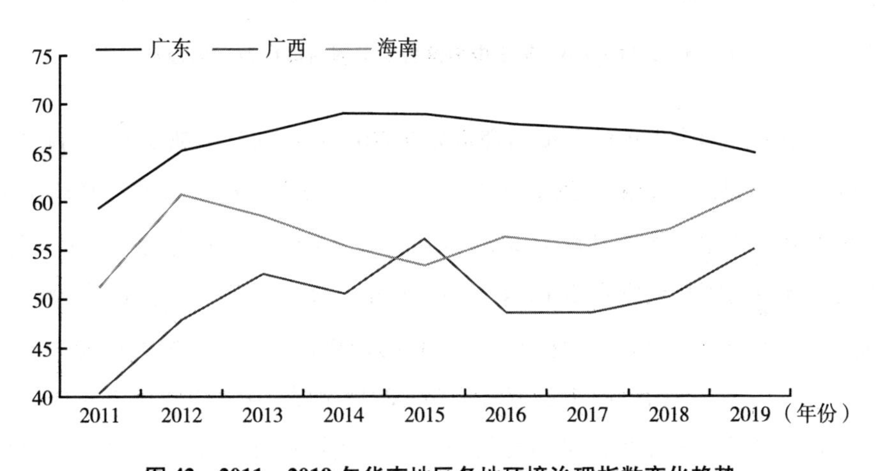

图 42　2011 ~ 2019 年华南地区各地环境治理指数变化趋势

华中地区三个省份的环境治理指数呈现不同的变化特征（见图 43）。湖北和湖南的环境治理指数总体上呈现波动上升的特征，但在 2017 年之后，湖北仍保持上升趋势，逐渐攀升至地区首位，而湖南则略有降低。河南则呈现明显的先上升后下降的趋势，自 2018 年开始，其环境治理指数排名从华中地区的首位降至末位，最大的原因是其一般工业固体废物综合利用率快速下降，数值从 2014 年的 77.40% 下降到 2019 年的 47.97%，年均下降 5.89%。因此，提高工业固体废物处理能力是提升河南环境治理能力的关键抓手，具体而言可以通过建立综合利用管理平台，在技术、应用、管理、监督等环节形成合力，加强政策引导和资金扶持，扩大对下游工业企业的技术支持和综合管理。

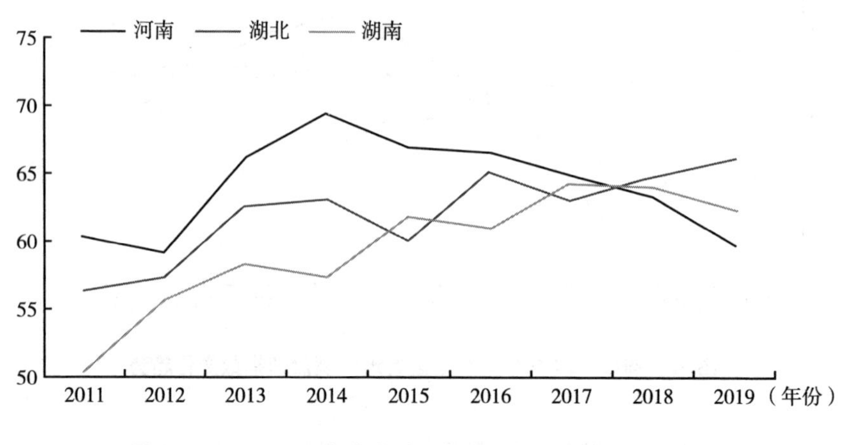

图 43　2011 ~ 2019 年华中地区各地环境治理指数变化趋势

西南地区四个省市的环境治理指数在 2014 年以前基本都呈上升的趋势，2014 年之后呈现不同的发展方向（见图 44）。云南、贵州两省都经历了下降再上升的变化，不过贵州从 2018 年开始保持不变，而云南仍在持续上升。重庆的环境治理指数则在 2016 年经历了小幅下降之后基本处于不变的状态。四川自 2013 年以来就一直保持缓慢增长的趋势，这很大程度上可能是得益于四川省政府强有力的政策规范与引导。2013 年到 2014 年四川省环境保护厅先后开展了几批环境污染治理设施运营资质认证并印发了《关于征集环保领域 PPP 模式项目需求的通知》《关于组织开展企业环境信用预评价的通知》等一系列政策文件，极大地规范了当地企业的环境治理工作，激发了当地污染治理行业的热情。

西北地区的环境治理指数整体的波动幅度较大（见图 45）。5 个省区大体都经历了先上升后降低再上升的过程，说明西北地区的环境治理成效具有很大的不稳定性，很可能是西北地区的生态脆弱性导致该地区更加注重自然生态保护，而相对忽视经济发展产生的环境问题。尽管西北地区的环境治理水平极具变化性，但是从 2018 年和 2019 年的情况来看，其仍然具备积极向

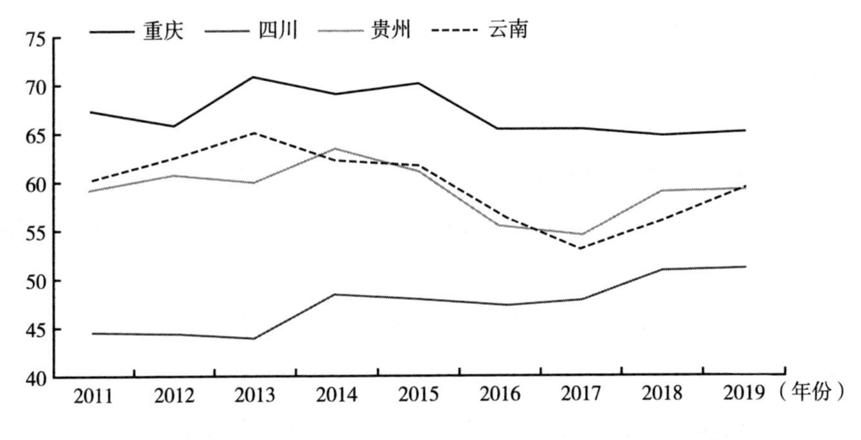

图 44　2011～2019 年西南地区各地环境治理指数变化趋势

好的发展趋势。未来该地区环境治理工作应当主要围绕稳定地区环境治理能力来展开。此外，仅从 2011 年和 2019 年的情况来看，除陕西外，其余四省区 2019 年的环境治理指数都要高于 2011 年，这也一定程度上反映出了陕西在区域环境治理上表现不足。陕西作为西北地区经济发展的排头兵，在环境治理方面还需要作出更大的努力。

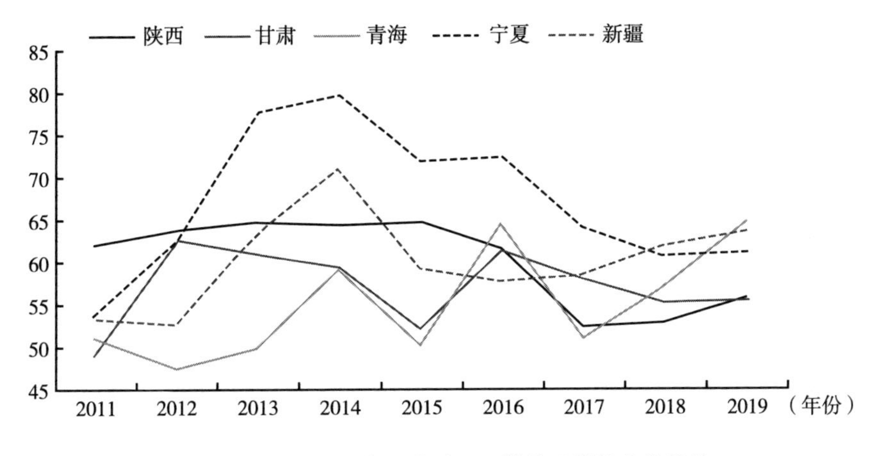

图 45　2011～2019 年西北地区环境治理指数变化趋势

6. 生态保护

保护优先是我国生态文明建设的基本方针，生态环境保护与修复是生态文明建设的重要内容。中国特色生态文明建设评价指标体系中，生态保护的权重为0.1548，基本达到一级评价指标权重的平均水平。生态保护主要体现在生态保护区划定、生态投资、市容环境卫生投资、农业面源污染控制等方面，具体选定的测量指标为：自然保护区占辖区面积比例、林业生态投资占 GDP 比重、市容环境卫生投资占 GDP 比重和农业化肥农药使用减少量，权重分别为0.0488、0.0487、0.0363 和0.0210。

中国生态保护指数2011～2019年整体呈现出波动中增长的趋势，生态保护指数由2011年的33.23增长到2019年的43.01，年均增长率为3.28%。生态保护指数增长趋势的显现（见图46），说明我国生态保护已经取得了一定的成效。但是，生态保护指数曲线的剧烈波动，说明我国生态保护成效并不稳定。

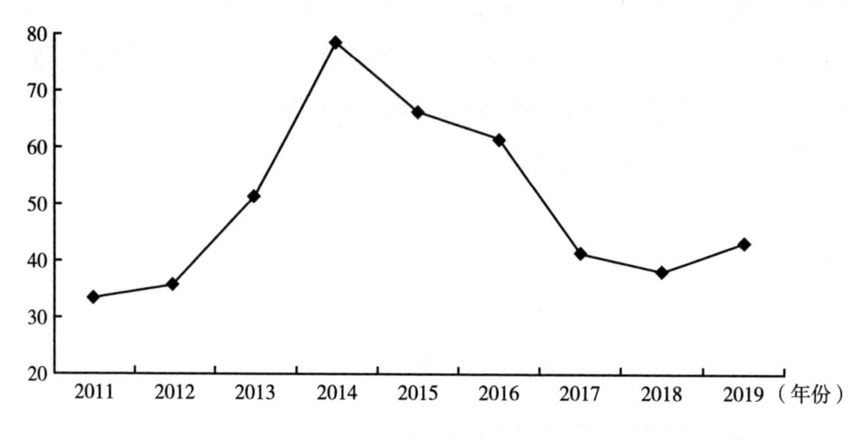

图46　2011～2019年中国生态保护指数变化趋势

分地理区域看，华北地区内蒙古、北京、山西的生态保护指数相对较高，天津、河北的生态保护指数相对较低（见图47）。河北的生态保护指数整体呈上升趋势，内蒙古、北京、山西整体呈下降趋势，天津的生态保护指数波动较大，说明河北生态保护力度在提升，内蒙古、北京、山西生态保护力度有所下降，天津生态保护力度不稳定。

东北地区黑龙江的生态保护指数相对较高，辽宁、吉林两省的生态保护

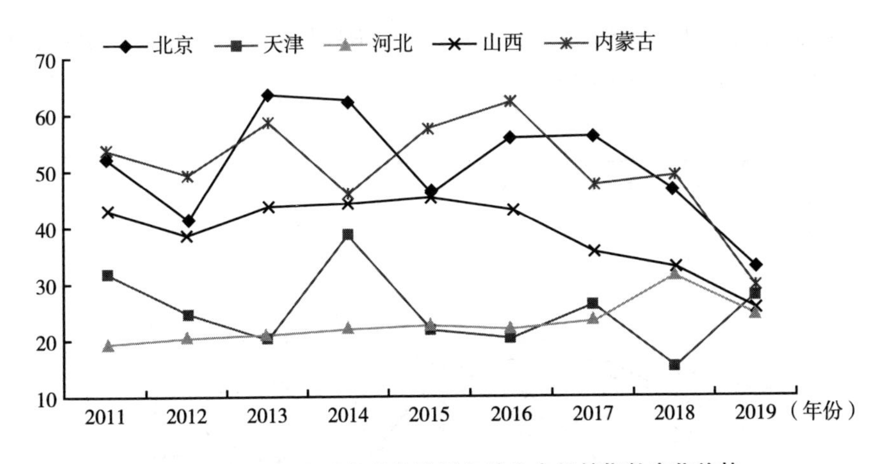

图 47　2011～2019 年华北地区各地生态保护指数变化趋势

指数相对较低。黑龙江、吉林的生态保护指数整体先上升后下降，辽宁的生态保护指数整体呈下降趋势（见图 48）。黑龙江无论是自然保护区面积占辖区面积比例、林业生态投资占 GDP 比重还是市容环境卫生投资占 GDP 比重整体都高于吉林和辽宁。辽宁的林业生态投资占 GDP 比重和农业化肥农药使用减少量都经历了被吉林反超的过程。

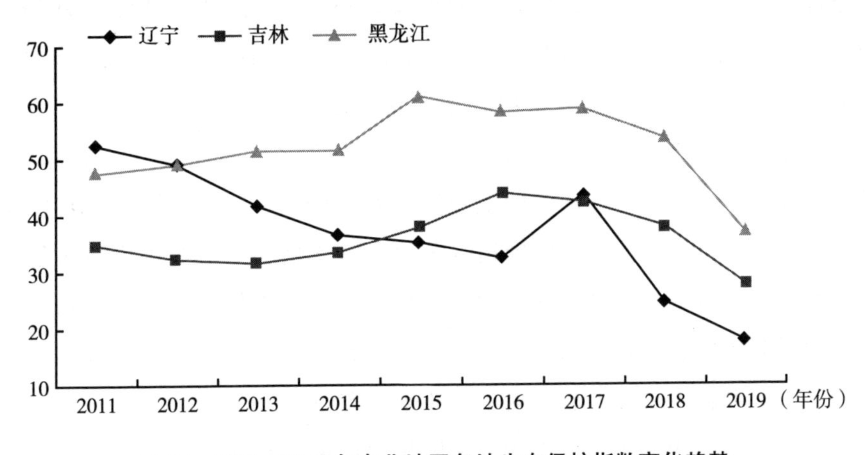

图 48　2011～2019 年东北地区各地生态保护指数变化趋势

华东地区江西、安徽的生态保护指数相对较高，浙江、上海的生态保护指数相对较低，山东、福建、江苏处于中等水平。江西、浙江的生态保护指数整体呈上升趋势，山东、江苏的生态保护指数整体呈下降趋势，福建、安徽、上海波动较大（见图 49）。

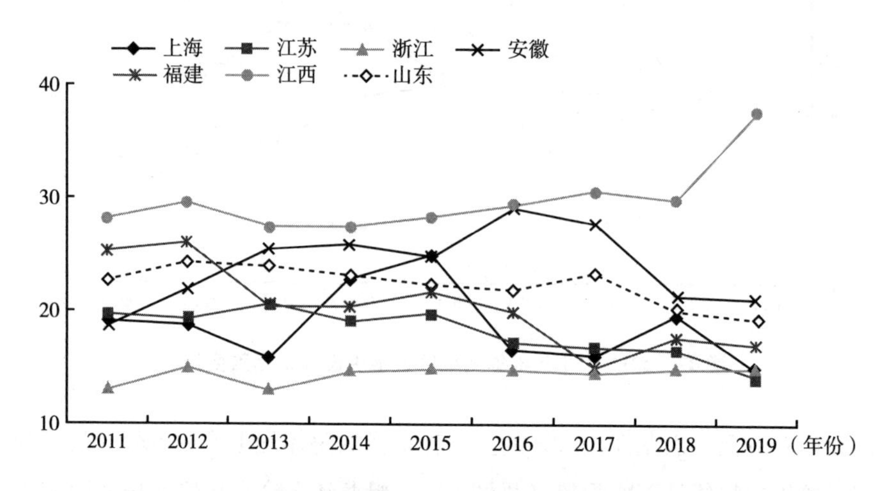

图 49　2011～2019 年华东地区各地生态保护指数变化趋势

华南地区广西的生态保护指数整体相对较高，广东、海南的生态保护指数整体相对较低。广西的生态保护指数整体呈下降趋势，海南的生态保护指数整体呈上升趋势，广东的生态保护指数 2018 年之前呈增长趋势，2019 年有所下降（见图 50）。三地的生态保护指数无论是整体水平还是变化趋势的差异，都与林业生态投资占 GDP 比重的变化有关。

华中地区湖南的生态保护指数整体相对较高，湖北、河南的生态保护指数整体相对较低。湖北、河南的生态保护指数整体呈上升趋势，湖南呈下降趋势（见图 51）。三地生态保护指数无论是整体情况还是变化趋势的差异，都与自然保护区面积占辖区面积比例变化有关。河南位于我国的华北平原、黄淮海冲积平原，是我国重要的产粮大省，保护地的面积较少。河南的生态保护指数上升幅度主要取决于河南农业生产方面农药化肥的减量程度。

西南地区四川的生态保护指数整体相对较高，重庆、贵州、云南三个省（市）的生态保护指数整体相对较低。四川、重庆、云南整体呈下降趋势，贵州整体呈上升趋势（见图 52）。四川、重庆、云南生态保护指数的下降趋势主要与其自然保护区面积占辖区面积比例的变化有关。贵州生态保护指数

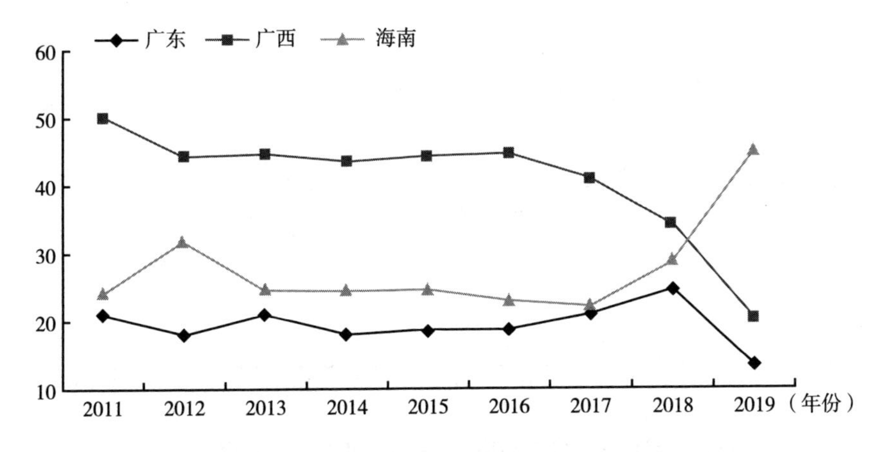

图 50　2011～2019 年华南地区各地生态保护指数变化趋势

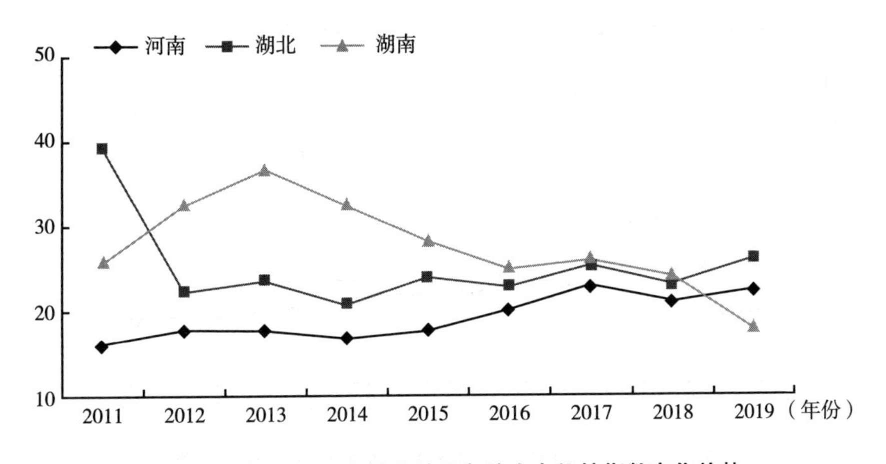

图 51　2011～2019 年华中地区各地生态保护指数变化趋势

呈上升趋势主要与其农业化肥农药使用量逐渐下降有关。

西北地区青海、甘肃两省的生态保护指数相对较高，陕西、宁夏相对较低，新疆基本处于中等水平。青海、甘肃整体呈上升趋势，陕西、宁夏、新疆整体呈下降趋势（见图 53）。西北地区各地无论是整体水平还是变化趋势的差异，都主要与自然保护区面积占辖区面积比例和林业生态投资占 GDP 比重有关。

从七大区域所辖省份生态保护指数的平均值来看，整体上依次为：西

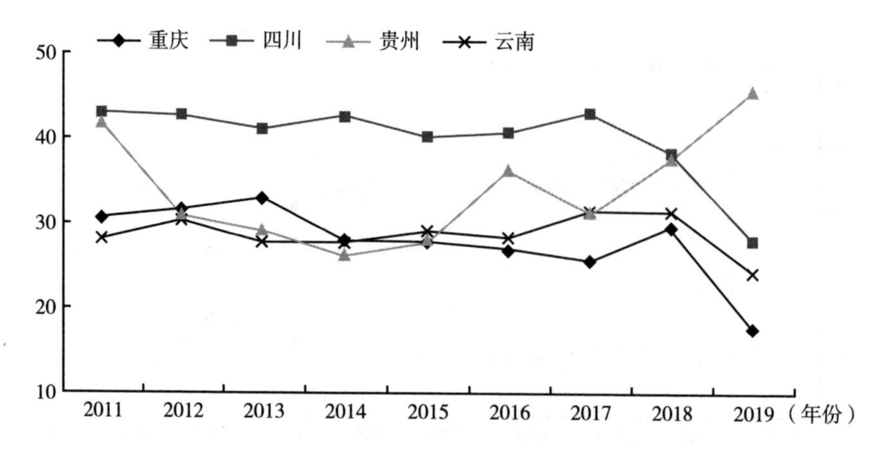

图 52　2011～2019 年西南地区各地生态保护指数变化趋势

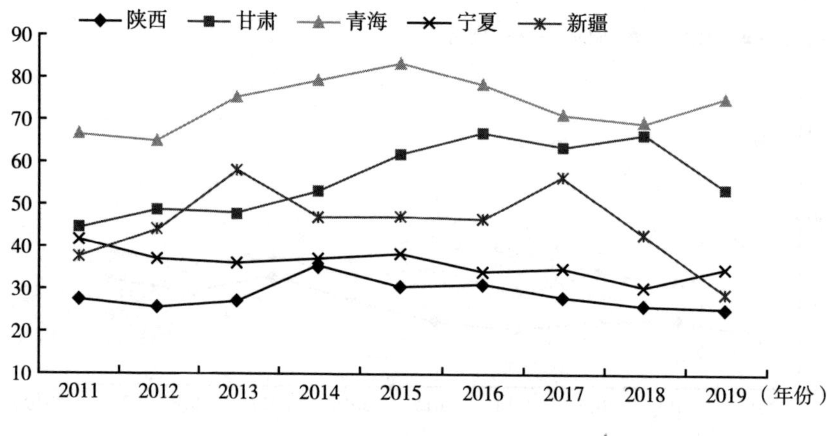

图 53　2011～2019 年西北地区各地生态保护指数变化趋势

北 > 东北 > 华北 > 西南 > 华南 > 华中 > 华东。从变化趋势看，西北、东北、华北、华中呈现出先上升后下降的趋势，西南、华南、华中整体呈现先下降后上升趋势（见图 54）。

从按照经济发展水平划分的东部、中部和西部地区来看，东部地区北京、辽宁生态保护指数相对较高，中部地区黑龙江、山西、吉林生态保护指数相对较高，西部地区青海、甘肃、内蒙古生态保护指数相对较高（见图 55、56、57）。从东部、中部、西部所辖各地生态保护指数的平均值来看，整

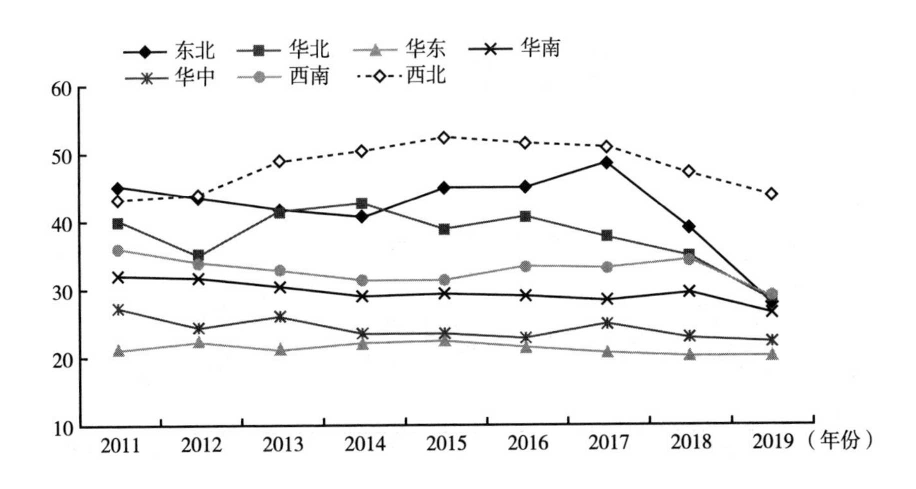

图 54　2011～2019 年七大地理区域生态保护指数平均值变化趋势

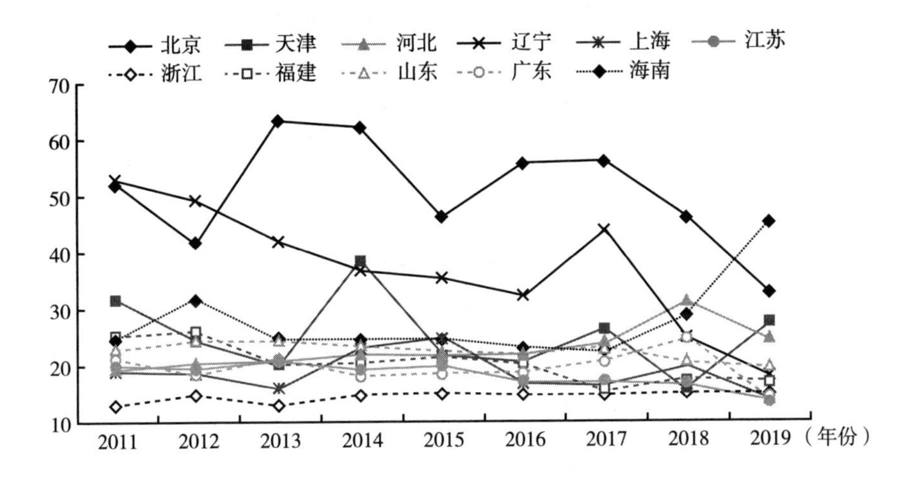

图 55　2011～2019 年东部地区各地生态保护指数变化趋势

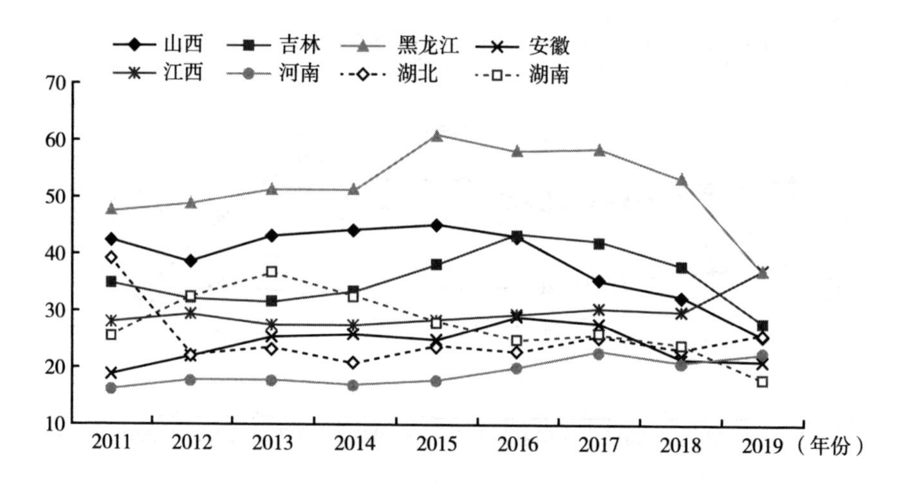

图 56　2011～2019 年中部地区各地生态保护指数变化趋势

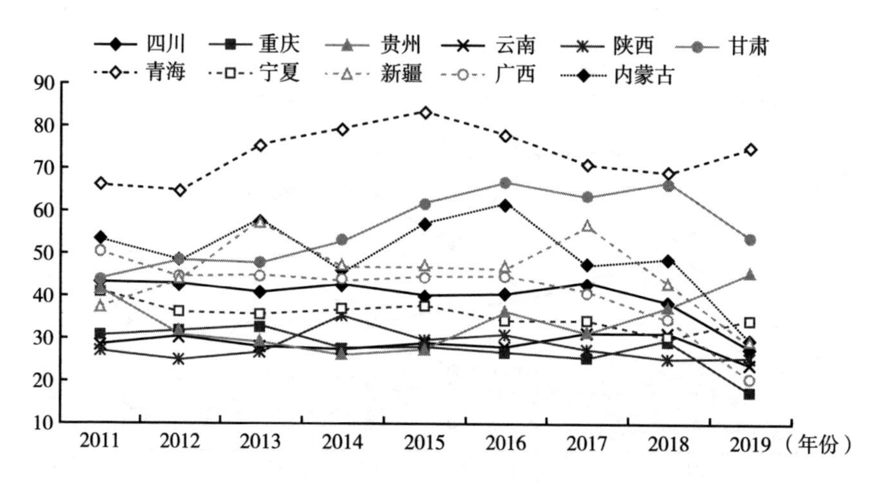

图 57　2011～2019 年西部地区各地生态保护指数变化趋势

体上依次为西部 > 中部 > 东部（见图 58），这表明经济发展与生态保护之间呈现负相关的关系，这一方面与我国的区域定位有关，如主体生态功能区多位于中西部地区；另一方面也表明东部地区各地需要继续在生态保护方面多下功夫。

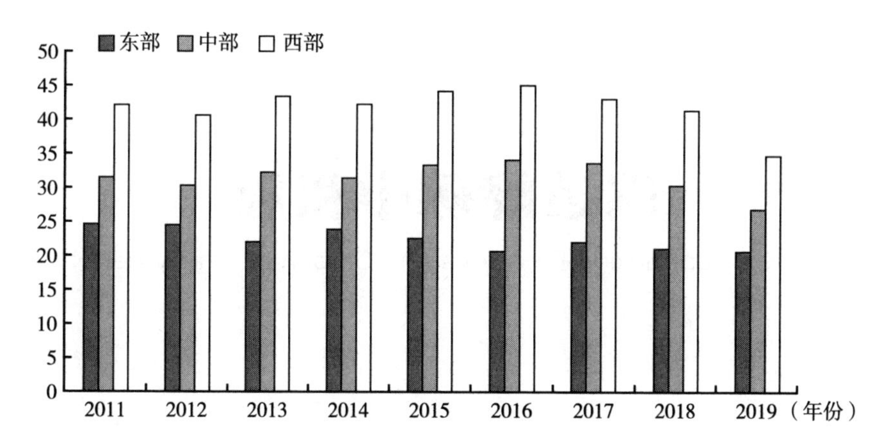

图 58　2011～2019 年东部、中部、西部所辖省区市生态保护指数平均值的变化趋势

参考文献

［1］穆艳杰等：《生态正义还是环境正义——论生态文明的价值旨归》，《学术交流》2021 年第 4 期。

［2］黄承梁等：《论习近平生态文明思想的马克思主义哲学基础》，《中国人口·资源与环境》2021 年第 6 期。

［3］曹孟勤等：《关于人与自然和谐共生方略的哲学思考》，《中州学刊》2019 年第 2 期。

［4］郑琳琳等：《马克思主义生态思想及启示》，《合作经济与科技》2020 年第 2 期。

［5］刘湘溶：《关于人与自然和谐共生的三点阐释》，《湖南师范大学社会科学学报》2019 年第 3 期。

［6］李颂等：《从万物一体到人与自然和谐共生》，《哈尔滨工业大学学报》（社会科学版）2020 年第 5 期。

［7］中共中央、国务院：《生态文明体制改革总体方案》，http：//www. gov. cn/guowuyuan/2015 －09/21/content_ 2936327. htm，2015。

碳达峰碳中和篇

Peak Carbon Dioxide Emissions and Carbon Neutrality Reports

G.3
碳达峰、碳中和与总量控制协同减排研究

夏常磊*

摘　要： 气候变化已成为全球最重要的环境问题之一。作为世界上最大的发展中国家，我国正在全球变暖的背景下通过推动发展低碳经济参与应对气候变化，努力实现碳达峰、碳中和的“双碳”目标。本文分析了近年来碳排放政策的国际发展趋势和国内发展情况，总结了我国实现碳达峰、碳中和的路径（坚持节能减排战略、发展绿色低碳经济、增进碳封存碳汇、加速碳捕获和封存技术的开发），列举了我国实现碳达峰、碳中和的现有措施（能源结构调整、产业优化升级、开展低碳试点、发展循环经济与低碳技术、构建碳排放交易市场、推动植树造林和增加碳汇），并且重

* 夏常磊，博士，民主建国会会员，南京林业大学材料科学与工程学院教授、博士生导师，国家青年人才，江苏特聘教授，江苏省侨联青年委员会第三届委员会常务委员，江苏省青年科技工作者协会第三届理事，主要研究方向为绿色生物质材料与能源。

点举例说明了生物质在实现碳达峰、碳中和目标中的作用（生物质能替代化石能源、生物质材料代替化工产品）。通过以上论述和分析，结合现阶段国家的“双碳”目标，本文提出了通过总量控制协同减排推动实现碳达峰、碳中和的政策建议。

关键词： 碳达峰　碳中和　低碳经济　绿色发展

一　碳达峰、碳中和发展目标的提出背景

习近平主席在2020年9月22日举行的第七十五届联合国大会上承诺中国力争于2030年前达到二氧化碳排放峰值，努力争取2060年前实现碳中和。在2021年3月15日举行的中央财经委员会第九次会议上，习近平再次提出我国力争于2030年前实现碳达峰，2060年前实现碳中和，构建以新能源为主体的新型电力系统，并强调这是党中央经过深思熟虑作出的重大战略决策，事关中华民族永续发展和人类命运共同体构建。我国实现碳达峰与碳中和，不仅是全球气候治理、保护地球家园、构建人类命运共同体的重大需求，也是我国高质量发展、生态文明建设和生态环境综合治理的内在需求。碳中和涉及深度社会经济发展转型，旨在实现低碳甚至零碳排放和基于技术变革的增汇目标，为可持续发展带来重大机遇。

（一）国际发展趋势

在气候变化和全球变暖的大背景下，发展低碳经济已经成为全世界学界、政界和公众共同关注的话题，主要目标是遏制人为活动引发的温室气体排放，减缓气候变化。近三十年，全世界为向低碳经济转型投入了大量精力，并出台了一系列政策促进低碳经济的发展。例如，旨在加速减少碳排放的《联合国气候变化框架公约》（UNFCCC）于1992年签署，并且每年召开气候变化会议，各缔约方在UNFCCC框架下制定了许多相关协议和政策。

2015 年，近 200 个 UNFCC 缔约方签署了《巴黎协定》，承诺将大气中的二氧化碳浓度控制在 450ppm，以期将全球平均温度上升幅度限制在 2℃以内。另外，许多国家也在努力寻找减少温室气体（GHG）排放的最佳方法，并正式承诺将其国内碳排放量控制在一定水平。例如，英国、法国和德国等欧洲国家制定了到 2050 年碳排放量比 1990 年水平分别减少 60%、75% 和 80% 的长期目标。世界多国或地区也明确了实现碳中和的时间，如表 1 所示。学者们将各国或地区的目标结合起来考虑，认为 1990 年至 2050 年温室气体排放量将减少 80%。此外，许多发达国家已经为推动低碳经济发展采取了一系列的行动，包括发展可再生能源、清洁能源技术、碳市场、低碳城市等。例如，欧盟排放交易体系（EU - ETS）是第一个大规模的国际碳排放交易市场，于 2005 年 1 月开始运行，是世界上首个主要的也是目前最大的碳排放交易市场。清洁发展机制（CDM）是《京都议定书》框架下三个灵活的机制之一，在欧盟得到成功发展并成为欧盟排放交易体系最重要的机制之一。上述做法和行动为减少碳排放，实现碳达峰、碳中和提供了重要参考和实例。①

表 1　部分国家或地区的碳中和目标年份

国家或地区	碳中和目标年份
中国	2060
德国	2050
加拿大	2050
智利	2050
丹麦	2050
欧盟	2050
法国	2050
乌拉圭	2030

① Treffers D. J., Faaij A. P. C., Spakman J., et al., "Exploring the possibilities for setting up sustainable energy systems for the long term: two visions for the Dutch energy system in 2050", *Energy Policy* 33 (13), 2005, pp. 1723 - 43.

续表

国家或地区	碳中和目标年份
芬兰	2035
冰岛	2040
奥地利	2040
美国加州	2045
瑞典	2045
不丹	（负碳）

资料来源：国际能源网。

（二）国内发展情况

自1978年改革开放以来，我国由于采用了“高能耗、高排放”的发展模式，逐步成为世界上最大的二氧化碳排放国。图1显示1990年后全世界及GDP排名前十的国家的二氧化碳排放情况。从图中可以看出，我国的二氧化碳排放量呈现出了大幅增加的趋势。特别是2000年后，我国碳排放量大幅上升，从2000年的31.0亿吨增加到2019年的98.1亿吨，且占全世界碳排放量的比例也从13.3%增加到29.3%。我国在2006年以后，成为全世界最大的碳排放国，2019年碳排放量超过美国（47.7亿吨）的两倍。作为碳排放大国，我国已经制定了一系列的减排政策，近十年来致力于通过发展低碳经济来解决与全球气候变化相关的环境问题，从图1曲线中可见我国二氧化碳排放量增速明显放缓，取得一定成果。习近平主席在党的十九大上提出了宏伟的生态文明蓝图，承诺将我国碳排放量降低到2005年水平的60%~65%，之后又提出力争在2030年左右实现碳达峰，2060年前达到碳中和。

从图1中可知，近十年来我国的碳排放量增速有明显的降低，但仍存在一些问题，实现碳达峰、碳中和的“双碳”目标仍任重道远。因此，有必要总结我国现有低碳发展路径，描述其存在的问题，并为未来的发展提供经验。本文总结了我国实现碳达峰、碳中和的路径及现有措施，论述了生物质在实现碳达峰、碳中和目标中的作用，并在此基础上提出了总量控制协同减排的政策建议，为实现碳达峰、碳中和目标提供参考。

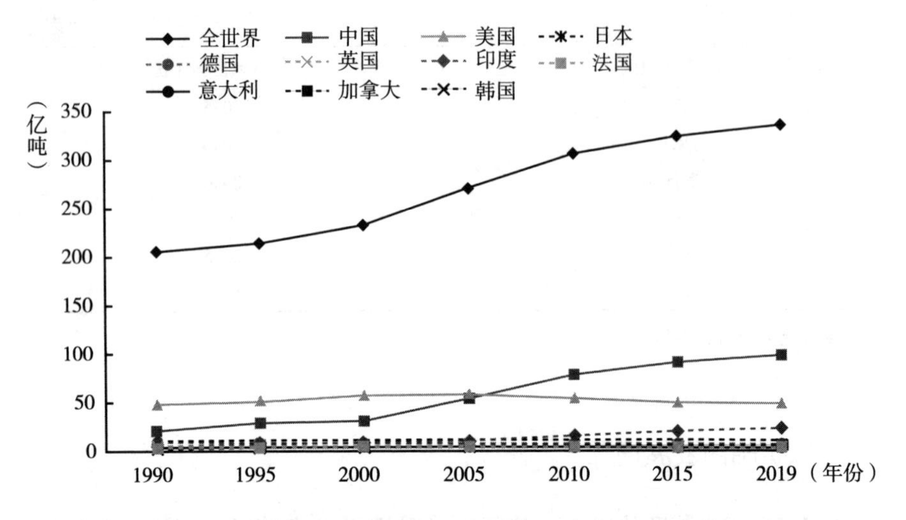

图 1　全世界及 GDP 排名前十的国家的二氧化碳排放情况

资料来源：International Energy Agency（IEA）。

二　中国实现碳达峰、碳中和的路径

（一）坚持节能减排战略

节能减排是贯彻落实科学发展观、构建社会主义和谐社会的重大举措，是建设资源节约型、环境友好型社会的必然选择，对于调整经济结构、转变增长方式、提高人民生活质量、维护中华民族长远利益，具有极其重要而深远的意义。为发展低碳经济，我国于 2006 年在“十一五”规划中首次提出节能减排目标，并推出了一系列行动和政策。2016 年 12 月，国家发改委联合四部门发布了《“十三五”节能环保产业发展规划》、《能源发展“十三五”规划》、《“十三五”节能减排综合工作方案》和《“十三五”全民节能行动计划》，明确提出了主要目标，到 2020 年底，节能环保产业快速发展、质量效益显著提升，高效节能环保产品市场占有率明显提高，一批关键核心技术取得突破，有利于节能环保产业发展的制度政策体系基本形成，节能环保产业成为国民经济的一大支柱产业。2018 年，《节约能源法》颁布，更是从法律层面明确了我国节能减排的重要战略。

中国节能协会节能服务产业委员会（EMCA）发布的《2019 节能服务产业发展报告》显示：我国自 2011 年以来，节能服务产业产值从 1250 亿元稳步增加到了 2019 年的 5222 亿元（见图 2），增长了约 3.2 倍，远超同期 GDP 增长率。这说明节能产业既有利于节能减排的目标顺利实现，也是拉动国民经济增长的重要支撑，发挥着战略性新兴产业的支柱作用。

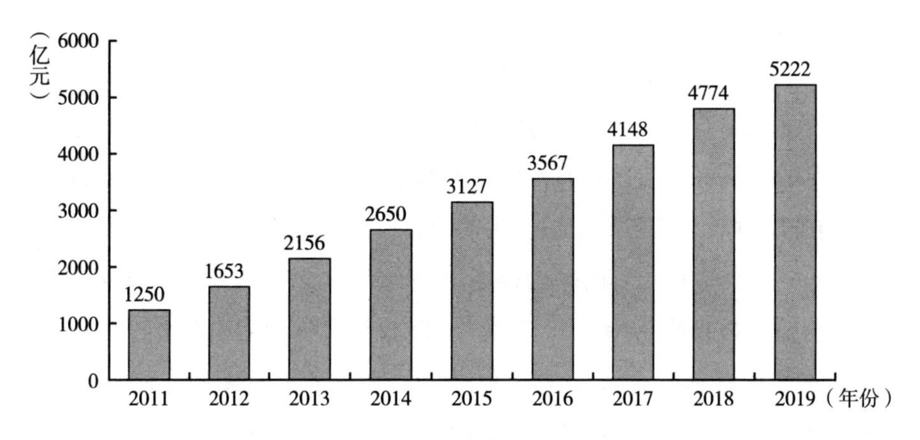

图 2 2011～2019 年我国节能服务产业产值变化

资料来源：EMCA。

（二）增进碳储存和碳汇

作为减缓气候变化全球努力的重要组成部分，减少毁林和森林退化所引起的温室气体排放量、加强森林可持续管理以及保护、增加森林碳储量（REDD+）已成为 UNFCCC 谈判的关键议题。在 REDD+ 背景下，我国大力推进植树造林和森林保护行动，因此近年来我国的林业碳汇能力得到很大的提升。根据全国森林资源调查结果，1993 年至 2013 年我国森林覆盖率的提高主要得益于植树造林行动。我国于 1979 年启动了东北、西北和华北地区重点防护林建设工程。由于 1993～1998 年全国天然林严重减少，2000 年，国务院批准了天然林资源保护工程实施方案，工程全面启动后受到国内外广泛关注，2010 年二期工程获批。除此之外，其他国家重点造林工程也间接提高了我国的碳汇能力。这些工程包括：1979 年的东北、西北、华北防护林重点建设工程（“三北”防护林工程）；1989 年的国家长江防护林工程；1999 年的退耕还林工程；2001 年的京津风沙源治理工程等。为进一步加强森林碳汇能力，我国分别于 2010 年和 2011 年通过了旨在扩大碳汇的《关于开展碳汇造林试点工作的通知》和《国家级森林公园管理办法》。另外，2013 年和 2015 年分别建成了国家林业碳汇计算参数模型库和林业碳汇基础数据库，为科学计算林业碳汇提供了重要依据。

除了关注林业碳汇，基于我国所具有的农业大国属性，我国农业碳排放方面的问题也不容忽视。农作物作为可进行光合作用的植物，在种植过程中可以增加碳储存和碳汇，然而各种农药和化肥的使用，可能会导致碳排放问题。我国于 2002 年实施的保护性耕作项目，能够减少农业部门的温室气体排放，有助于将农田土壤的碳储存能力提高 20%，每年每公顷减少农田碳和其他温室气体排放 0.61 ~ 1.27 吨[①]。2005 年实施的测土配方施肥补贴项目，促进了科学施肥方式的进一步深化，遏制了过量使用化肥的不良势头[②]。2015 年，农业部制定了《到 2020 年化肥使用量零增长行动方案》和《到 2020 年农药使用量零增长行动方案》，通过推动农户与化肥生产企业合作，提高配方肥使用效率[③]。

（三）加速碳捕获和封存技术的开发

现阶段碳捕获和封存（CCS）技术能够从发电厂或工业过程中分离和浓缩二氧化碳，通过船舶或管道将其加压和运输并永久储存在地下深处的特定地点，例如在地质构造中已枯竭的油藏、气藏或深咸水层等。该技术已被确

① 杜友、姚海、张园：《保护性耕作推广应用现状及对策分析》，《中国农机化学报》2020 年第 9 期。

② 邓祥宏、穆月英、钱加荣：《我国农业技术补贴政策及其实施效果分析——以测土配方施肥补贴为例》，《经济问题》2011 年第 5 期。

③ 张田野：《化肥零增长行动实施效果及问题研究》，中国农业科学院硕士学位论文，2020。

定为优先发展的可行的碳减排技术，是一种可应用于整个化石能源系统的关键减排技术，有望在实现减缓全球变暖目标方面发挥重要作用①。

通常情况下，CCS 技术与碳捕获、利用和封存（CCUS）技术经常互换使用，没有特定的区别。两个术语之间所呈现的区别在“利用”一词上，二氧化碳利用指的是将捕获的二氧化碳应用于其他化学或物理方面（见图3）。据估算，CCUS 技术的发展可以为整个工业减排大概 1/5 的二氧化碳，是实现碳中和不容忽视的技术。其中，CCUS 技术将在减少基于化石燃料发电的二氧化碳排放方面发挥关键作用，并且是能够显著减少其他工业点源直接排放的唯一选择。据估计，到 2050 年，CCUS 技术的使用将解决高达32% 的全球二氧化碳减排量②。预计到 2060 年，CCUS 技术可以累计从水泥、钢铁和化学子行业等高排放工业生产中捕获超过 280 亿吨的二氧化碳。

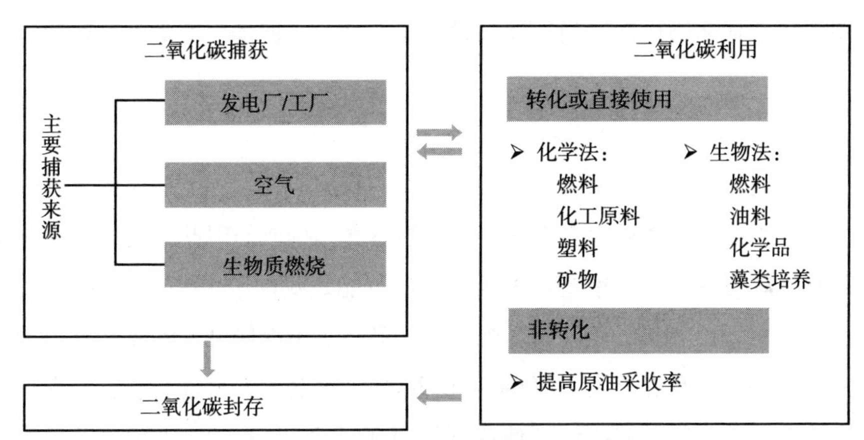

图 3　可捕获的二氧化碳主要来源及其利用和封存

资料来源：International Energy Agency（IEA）。

然而，CCS 和 CCUS 技术发展缓慢，主要是由于许多国家技术成本较高、政策和监管框架不支持。此外二氧化碳捕获所产生的经济损失也成为

① Regufe M. J.，Pereira A.，Ferreira A. F. P.，et al.，“Current developments of carbon capture storage and/or utilization-looking for net-zero emissions defined in the Paris Agreement”，*Energies* 14（9），2021，pp. 2406.

② IEA，Total CO_2 emissions，2021.

CCS/CCUS 技术实施的重大障碍，因此必须在捕获步骤中提高二氧化碳捕获的效率。尽管 CCS 和 CCUS 技术远非理想的解决方案，不如直接使用绿色燃料，但是 CCS 和 CCUS 技术是唯一能够维持现有发电厂利用率的技术，具有不可或缺性。

三　中国实现碳达峰、碳中和的现有措施

我国于 2006 年在“十一五”规划中首次提出节能减排目标，并推出了一系列行动和政策。这些行动和政策主要集中在能源结构调整、产业优化升级、开展低碳试点、发展循环经济和低碳技术、构建碳排放交易市场、推动植树造林和增加碳汇等方面，为我国低碳经济的发展作出了巨大贡献。关于推动植树造林和增加碳汇的行动和政策前文已有所提及，下文不再赘述。

（一）能源结构调整

能源消耗与经济繁荣密不可分。然而，我国作为世界上最大的发展中国家，不可避免地会消耗大量能源，造成温室气体排放。因此，通过节能减排控制碳排放对我国至关重要。为鼓励全民节能，我国于 1997 年通过了《节约能源法》，并于 1998 年开始实施，之后进行了多次修订。除此之外，为提高重工业能效，政府分别于 2004 年和 2005 年实施了十大重点节能工程和千家企业计划。这些工程和计划使我国到 2009 年减少了 132 吨标准煤的能源消耗，有效促进了节能减排。

我国不仅努力控制能源消费，还尝试调整能源结构，为此于 2005 年制定了《可再生能源法》，并于 2006 起开始实施。此外，我国还于 2009 年实施了金太阳示范工程，以增加太阳能热利用面积。我国非化石能源在“十二五”期间（2011 ~2015 年）占化石能源的比重较低，经过发展，到 2017 年水电、核电等非化石能源的占比迅速上升至 20.8%，风电、太阳能等清洁能源也有显著的增加。通过能源结构调整，煤炭能源的占比从 2000 年的 68.5% 降到了 2017 年的 60.0%。

（二）产业优化升级

我国经济的繁荣很大程度上依赖于现代工业的发展，尤其是那些碳排放量在我国碳排放总量中占很大比例的能源密集型产业的快速发展，这主要是因为作为发展中国家，我国不可避免地要发展经济以提高综合国力。但是，随着经济的发展，调整产业结构变得日益重要。2007 年，我国政府确定在六个高耗能行业中开展淘汰落后产能项目，通过用大型火电机组替代小型火电机组来提高能源效率。此外，自 2010 年以来，我国政府着力支持、大力培育和发展战略性新兴产业，也有利于产业结构的优化。2013 年 10 月，工信部和国家发改委开始联合试点建设低碳工业园区，并尝试建立评估指标，对园区发展的各项指标和成果进行严格审查，为产业低碳发展探索可行性道路。

（三）开展低碳试点

城市化发展会导致大量的能源消耗和严重的碳排放。与城市相关的全球二氧化碳排放比例大概为 70%，城市发展是二氧化碳排放的主导因素。我国能源消费在 2000 ~ 2017 年的年均增长率大于城镇化率。让人震惊的是，2004 年我国有 16 个城市被列入全球 20 个污染最严重的城市。为此，中央大力倡导低碳城市建设，并推出了一系列试点和政策，以改善现有城市的基础设施。2009 年后，不少城市出台了建设低碳城市的低碳经济发展实施方案，继续做好国家低碳城市、低碳发展实践区、低碳社区、低碳园区、低碳示范机构等试点工作，逐步扩大低碳试点范围，持续推进近零排放项目试点，强化零碳建筑、零碳园区等示范引领作用。

2010 年，国家发改委首先选定 5 省 8 市开展低碳试点，随后 29 个省和 45 个市分别于 2012 年和 2017 年开展低碳试点，2017 年低碳试点城市达到 87 个。“海绵城市”建设由习近平主席于 2013 年提出，2014 年正式启动，2015 年共推进建设“海绵城市”15 个。2013 年，政府开始开展低碳社区试点发展理论研究。2015 年，国家发改委下发《关于加快推进低碳城（镇）试点工作的通知》，首批选定 8 个国家低碳城（镇）试点，并研究制定试点

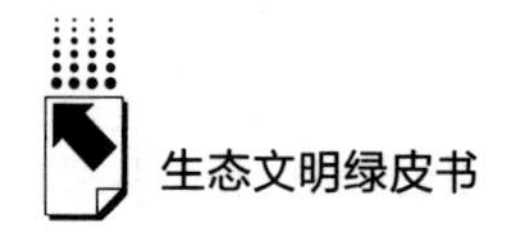

实施方案，引导其探索具有区域特色的发展模式。这些试点的目标是促进城（镇）产业发展与城市建设相结合、空间布局合理、资源集约综合利用、基础设施低碳环保、生产低碳高效，打造低碳和舒适的生活方式。

（四）发展循环经济与低碳技术

循环经济是低碳经济的重要组成部分，包括清洁发展机制（CDM）、循环经济试点、CCS 和 CCUS 技术等。其中，CDM 的设计有两个目标：为东道国当地的可持续发展作出贡献；以具有成本效益的方式实现国家的减排目标。自 2002 年 CDM 首次引入我国，十年内政府已经批准了 4540 个 CDM 项目，重点支持新能源、可再生能源、节能减排、甲烷回收等行业。据统计，经批准的 CDM 项目估计年度经核证的减排量在 2012 年已达到 7.3 亿吨二氧化碳当量。我国第一批循环经济试点于 2005 年启动，政府高度重视循环经济法律的重要性，于 2008 年颁布了《循环经济促进法》。至 2009 年，我国共批准了 178 个循环经济试点项目。

CCS 和 CCUS 技术已是公认的重要低碳技术，自 2003 年起我国开始重视 CCUS 技术的发展，并加大研发力度，为此作出了巨大努力。不仅如此，依托国际先进技术，科技部还与欧盟委员会于 2005 年签署了关于 CCUS 技术的谅解备忘录，以期通过开展国际合作实现煤炭使用近零排放。此次合作将分三个阶段进行：一是开展建设和示范项目预可行性研究；二是开展示范项目可行性研究；三是在我国建设和运营 CCUS 示范项目。

（五）构建碳排放交易市场

碳排放交易市场作为一项重要的金融政策，近年来发展迅速，未来将有助于遏制我国的碳排放。我国于 2013 年启动碳排放交易试点，于 2017 年建立了国家总量控制与交易体系，并于 2021 年正式开始交易，以促进企业碳减排。2008 年至 2010 年，国家发改委初步选定特定地区构建探索性碳排放交易市场，而非官方碳排放交易市场。这项探索性工作为构建真正的碳排放交易市场做了准备。在此基础上，国家发改委于 2011 年选择了7个省市开展碳排放交易试点。2013年6月，首个碳排放交易市场在深圳启动。随后，2015年我国又启动了7个碳排放交易试点。令人兴奋的是，全国碳排放交易体系建设于2017年12月正式启动，并于2021年7月正式开启上线交易。可以预见，碳限额与交易制度将为我国企业的碳减排作出巨大贡献。

四 生物质在实现碳达峰、碳中和目标中的作用

（一）生物质能替代化石能源

近几十年来，不可再生燃料资源的枯竭以及温室气体排放已成为重要的问题。因此，在应对不断上升的能源需求的同时，综合考虑环境问题及其缓解措施，探索替代方案以克服迫在眉睫的世界级能源危机已成为当务之急。

全球一次能源需求基本上由供应有限且对环境具有先天危害性的不可再生能源满足。由于工业化程度提高，能源需求急剧增加，而原油仍是满足能源需求的主要资源，用于生产汽油和其他石化产品。生物燃料是可再生资源，有望代替化石燃料，且在减少温室气体排放和保障国家自然能源方面具有优势。世界上超过80%的能源是通过燃烧化石燃料生产的。很多学者用不同的技术估算了原油储量，并预测到2050年全球石油年产量将降到50亿桶，是1998年产量（250亿桶）的1/5[①]。由于化石燃料储量枯竭和全球变暖，研究人员正在研究生产绿色燃料。与风能、太阳能、地热、海洋和水力发电等不同，生物质能是唯一具有材料属性的可再生能源，可以直接生产燃料和化学品，因此生物质能是化石能源最理想的代替品。生物质在自然界中被归类为非木质纤维素或木质纤维素，并以各种形式存在，例如木本、草

① Jatoi A. S., Abbasi S. A., Hashmi Z., et al., "Recent trends and future perspectives of lignocellulose biomass for biofuel production: a comprehensive review", *Biomass Conversion and Biorefinery*, 2021.

本、水生废弃物、农用粪便和副产品以及其他形式。有多种技术可用于将生物质转化为燃料或化学品，例如气化、燃烧、热解、酶水解路线和发酵过程等。

目前，生物质能最成功的应用案例是生物乙醇的推广，即通过使用E85型乙醇汽油、生物油和其他碳氢燃料减少对石油的依赖，最大限度地减少温室气体的排放。然而，近年来美国和巴西等国家分别使用玉米作物和甘蔗生产生物乙醇，由此产生了食品与燃料的争论，导致食品价格高涨，进而导致生物乙醇制备的成本增加。由于生物乙醇制备的成本严重受限于食品价格，目前研究人员将研发重点放在以木质纤维素（主要为林业生物质）非食品农业残留物作为第二代生物燃料上[①]。在全球可持续发展的大背景下，生物质燃料和化石燃料一样具有材料特性，可以说是目前最合适的化石燃料替代品。木质纤维素生物质是世界上分布最广泛且易于获得的有机材料，然而将其转化为液体燃料所需成本较高，不利于利用其大规模生产生物燃料，未来还需要研究者进一步的努力以实现成本可控。

另外，通过生物质热化学法制备生物油、裂解气和生物炭等生物燃料也可以极大地缓解化石燃料的过度使用问题。我国是煤炭使用大国，煤电仍然占据着重要地位。研究发现，生物炭可以作为传统煤炭的替代品，且经过特殊工艺加工后，其具有热值高、水分含量低和疏水性增加等优点。通过调节热化学过程，以生物质制备的生物炭可以具备高能量储存、高稳定性、高产量等特点。与传统固体燃料相比，利用木质纤维素生物质或废物生产的生物炭具有较低的硫和氮含量，可以减少使用过程中有毒硫化物和氮化物的排放，减少环境污染。这些特性使得生物炭具有代替传统煤炭燃料的可能。另外，学者们对生物油和裂解气也有着广泛的研究，但碍于生物质的富氧特性，生物油和裂解气的热值无法与石油和天然气相比较，因此较难实现规模化应用。

---

① Wu Y., Ge S., Xia C., et al., "Application of intermittent ball milling to enzymatic hydrolysis for efficient conversion of lignocellulosic biomass into glucose", *Renewable & Sustainable Energy Reviews* 136, 2021, pp. 110442.

（二）生物质材料代替化工产品

作为我国的六大高耗能行业之一，化工行业在2018年的能源消费占我国工业整体能源消耗总量的16%，所以碳中和目标的达成离不开化工行业的节能减排。在数千种化工产品中，仅氨、甲醇、烯烃/芳烃的终端能耗总量就占到全行业的3/4左右。从整体上分析，实现化工行业的碳中和，可以从原料端、过程端、产品端三方面入手：一是原料端，我国含有丰富的煤炭资源，导致煤化工具有很强的成本和资源优势，提高能源利用率是减少碳排放的重要举措。二是过程端，化工生产过程中涉及电、煤、天然气等燃料，一个方向是降低能耗，另一个方向是减少生产过程中二氧化碳的排放，如加大碳捕获、利用与封存技术的利用。三是产品端，生物质材料的普及可以减少化石能源的使用，也将使生产过程更加清洁环保。

塑料在社会中应用广泛，而塑料污染问题也是我们这个时代面临的一大挑战。研究表明，针对塑料造成的自然环境损害，最好的恢复策略是将重点放在沿海地区，但仅在欧盟这个世界上回收塑料比例最高的地区之一，这些努力估计每年就可能要花费6.3亿欧元——不会产生盈利或减少未来的经济损失，这使得批准和筹集这些举措所需的资金更具挑战性。在过去的几十年里，塑料不仅变得司空见惯，而且对广泛的经济部门来说也成为必不可少的物质，以至于为了环境而禁止使用塑料的措施是不可行的。因此，在恢复自然环境的同时减少塑料垃圾输入的最有价值的解决方案之一是通过减少源头使用和有效的废物管理来实现更循环的塑料经济。除了新的废物处理方法之外，如何实现不依赖化石燃料生产塑料也是塑料市场急需解决的关键问题。

生物基塑料可以从不同的可再生资源（例如植物、藻类、固废）中获得，并且研究人员通过生命周期评估发现，它们在节约化石资源和减少温室气体排放方面具有普遍的优势。例如，与聚对苯二甲酸乙二醇酯相比，生物基聚呋喃乙烯酯的生产可显著节省化石燃料（40%～50%）和减少温室气体排放（45% ~55%）[1]。尽管具有明显的环境吸引力，生物基塑料目前仍仅占整个塑料市场的1%（约380万吨），预计未来几年会有显著增长，但这需要新材料的发展程度赶上研究、开发时间已有半个多世纪且主导市场地位的成熟行业。多年来，为具备一系列理想的性能，传统石化塑料一直在不断改进。而与此同时，生物基塑料在物理和化学特性方面有时会存在不足，这凸显了对生物基塑料进行进一步研究的必要性，并再次损害了它们的短期生存能力。

生物基聚呋喃乙烯酯与基于化石能源的聚对苯二甲酸乙二醇酯相比，前者提供了更好的性能，例如对氧气和二氧化碳的渗透性强等。尽管如此，如果要实现用生物基塑料更广泛地替代石化塑料，则必须开发具有与其他类型塑料相当的特性的生物基聚合物。为此，需要通过立法和监管行动来提高这些新兴市场的吸引力，从而激励研究和投资。

近年来，国际社会缓慢地意识到推动塑料行业向减少对化石燃料的依赖方向转型的重要性。法国政府于2016年发布了一项关于能源转型和绿色增长的法令，要求在某些包装中使用生物基塑料，比如家庭堆肥必须使用生物基聚合物包装。欧盟尽管目前还缺乏全面监管生物基塑料、可生物降解塑料和可堆肥塑料的具体立法，但其在“European Green Deal”(2019年）和“Circular Economy Action Plan”（2020年）中引入了一个关于购物包装和标签材料等主要问题的政策框架。英国声称将致力于解决塑料污染问题，对塑料生产和废物管理提出了相关关切，并强调要进行更多研究以进一步探讨这一问题。如果这些举措取得成功并被越来越多的政府部门采用，与传统塑料相比，未来生物基塑料行业的监管形势将更加有利。

---

① Eerhart A. J.，Faaij A. P.，Patel M. K.，“Replacing fossil based PET with biobased PEF; process analysis，energy and GHG balance”，*Energy and Environmental Science* 5（4），2012，pp. 6407 -22.

五 以总量控制协同减排实现碳达峰、碳中和的政策建议

（一）总量控制

为实现碳达峰、碳中和的“双碳”目标，制定相应政策和行动方案对碳排放进行总量控制尤为重要。2020 年，我国有关部门透露正在编制《国家适应气候变化战略 2035》，其中包括加快做好碳达峰、碳中和工作的内容，并将推动构建绿色低碳循环发展的经济体系，大力推进经济结构、能源结构、产业结构转型升级。《国家适应气候变化战略 2035》的编制将有助于明确实现碳达峰、碳中和“双碳”目标的具体路径。我国 2010 年，尤其是 2015 年后，碳排放的增速有了明显的减缓，所以应在政策上继续推动经济低碳绿色转型，严格控制新增高排放工业，并鼓励扩大新兴碳汇行业，以如期在 2030 年前实现碳达峰的目标。

（二）协同减排

总量控制是实现碳达峰、碳中和“双碳”目标的必要前提，而协同减排才是实现“双碳”目标尤其是碳中和目标的关键所在。现阶段我国虽然减少了高能耗高排放工业的扩张，加快了低碳经济转型，但是许多行业（如煤电、石油等）仍是国家发展的重要支柱，短期无法替代。在政策的支持下，低碳或无碳的新能源有着较好的发展势头，但是要有竞争力地代替化石能源还需要较长的过程。当前我国的政策主要为减少高排放工业、鼓励低碳经济的政策，以及增加天然碳汇的政策，但很少有鼓励发展碳捕获和封存技术的政策，甚至很少在重要场合提及碳捕获和封存技术。碳捕获和封存主要是从发电厂或工业过程中分离、浓缩二氧化碳并通过化学反应固定二氧化碳的过程，非常适合在我国煤电工厂中应用，可以使煤电厂继续运行而不产生二氧化碳排放。目前碳捕获和封存技术主要还处于科研阶段，无大规模工业化应用。2021 年是我国“十四五”的开局之年，应

在政策上支持碳捕获和封存技术的发展，并且在科研上加大投入，促成“减碳”、“碳汇”和“碳捕获和封存”三种方法共同发展的局面，实现协同减排。

参考文献

[1] Treffers D. J., Faaij A. P. C., Spakman J., et al., "Exploring the possibilities for setting up sustainable energy systems for the long term: two visions for the Dutch energy system in 2050", *Energy Policy* 33 (13), 2005.

[2] 杜友、姚海、张园:《保护性耕作推广应用现状及对策分析》,《中国农机化学报》2020 年第 9 期。

[3] 邓祥宏、穆月英、钱加荣:《我国农业技术补贴政策及其实施效果分析——以测土配方施肥补贴为例》,《经济问题》2011 年第 5 期。

[4] 张田野:《化肥零增长行动实施效果及问题研究》，中国农业科学院硕士学位论文，2020。

[5] Regufe M. J., Pereira A., Ferreira A. F. P., et al., "Current developments of carbon capture storage and/or utilization-looking for net-zero emissions defined in the Paris Agreement", *Energies* 14 (9), 2021.

[6] Jatoi A. S., Abbasi S. A., Hashmi Z., et al., "Recent trends and future perspectives of lignocellulose biomass for biofuel production: a comprehensive review", *Biomass Conversion and Biorefinery*, 2021.

[7] Sankaran R., Cruz R. A. P., Pakalapati H., et al., "Recent advances in the pretreatment of microalgal and lignocellulosic biomass: a comprehensive review", *Bioresour Technol* 298, 2020.

[8] Wu Y., Ge S., Xia C., et al., "Application of intermittent ball milling to enzymatic hydrolysis for efficient conversion of lignocellulosic biomass into glucose", *Renewable & Sustainable Energy Reviews* 136, 2021.

[9] Eerhart A. J., Faaij A. P., Patel M. K., "Replacing fossil based PET with biobased PEF; process analysis, energy and GHG balance", *Energy and Environmental Science* 5 (4), 2012.

G.4
碳中和背景下林业碳汇经营管理模式优化路径

葛之葳*

摘　要： 面对多变的环境气候挑战、迫近的净零排放目标，传统的造林营林模式、停滞不前的监测管理技术已经无法满足当前我国推动实现碳达峰、碳中和目标的要求，如何从旧有形式中探索形成能突破当下掣肘的新型林业碳汇经营管理模式是我国在碳汇建设方面的当务之急。目前，在我国全力推进实现碳达峰、碳中和工作过程当中，暴露出一系列森林生态系统碳汇功能相关问题，如森林碳汇价值化渠道缺失阻碍碳汇造林营林工作进程、传统造林方式严重干扰土壤使森林反成碳源、忽视森林经营性碳汇功能制约新造林行使碳汇职能、缺乏明确的碳汇计量基线情景标准导致森林生态系统碳汇能力难以量化等。面对上述情景，我们需要加强森林碳汇计量与监测并建立科学评估体系、制定区域碳汇交易市场森林碳汇准入机制并完善林业生态产品价值转化体系、建立地方林业部门常态化培训制度并树立全生态系统固碳意识。在建立碳市场交易体系和搭建碳产品价值实现平台的过程中，我们要及时更新营林主体观念、扩宽碳汇林业融资渠道，并加强政府的政策引导和提高过程监督效用，尽快建立健全碳汇市场，以完善的市

* 葛之葳，南京林业大学生物与环境学院副教授、硕士生导师，南京林业大学碳中和研究中心主任、特聘研究员，江苏省生态学会秘书长，民盟江苏省委青年工作委员会副主任，《中国林业百科全书·自然保护区卷》编委，中国林学会水土保持专业委员会常务委员，2021 年入选国家林草局首批“最美科技推广员”，主要研究方向为生态化学计量、生物多样性与生产力协同机制、生态系统碳循环。

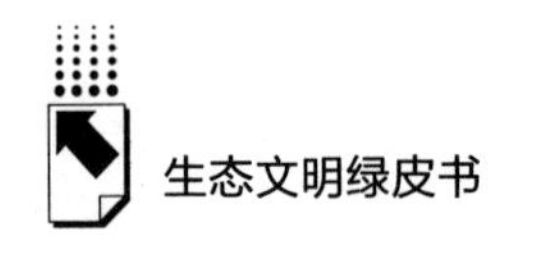

场体系在国际市场中争取经营主动权。

关键词： 森林碳汇　土壤碳库　森林经营　碳汇计量　生态产品价值转化

一　前言

纵观人类发展史，每一次变革都伴随着技术、能源的突破，尤其是能源，它已成为推动人类社会不断向前发展且不可或缺的引擎动力。但伴随着大量化石能源消耗，各种生态问题和资源紧缺问题接踵而来：相较于1850～1900年，2020年全球气温上升1.2±0.1℃，大气中二氧化碳浓度为1750年的148%，超过410ppm[①]，全球变暖对于气候系统各圈层影响显著，如冰雪消融、冰川融化、海洋热容量增加及海水热膨胀等因素造成海平面上升，由于海水吸收大气中滞留的过多的二氧化碳而导致的海洋酸化对海洋生物造成严重影响[②]，高温天气显著增加，生物生长季延长[③]等，类似生态问题不胜枚举。

1979年，300多位气候相关领域的科学家在于日内瓦召开的第一次世界气候大会上提出"二氧化碳浓度上升将导致地球升温"，人们开始关注温室气体与气候变化的联系，随后联合国于1988年成立政府间气候变化专门委员会（IPCC），开始持续监控人类活动对于气候变化造成的影响。在过去的几十年间，IPCC陆续发布相关评估报告，欧洲理事会率先于1995年首次提出控制全球升温在2℃内的目标[④]，经过后续《京都议定书》、坎昆气候大

① WMO，WMO report on the state of the global climate 2020，Geneva，2021.

② Pörtner H. O.，Roberts D. C.，Masson-Delmotte V.，*et al.*，*IPCC Special Report on the Ocean and Cryosphere in a Changing Climate*（Cambridge：Cambridge University Press，2019），p. 702.

③ 赵宗慈、罗勇、黄建斌：《全球变暖在5个圈层的证据》，《气候变化研究进展》，2021年9月7日，http：//kns. cnki. net/kcms/detail/11. 5368. p. 20210707. 1102. 004. html。

④ 高云、高翔、张晓华：《全球2℃温升目标与应对气候变化长期目标的演进——从〈联合国气候变化框架公约〉到〈巴黎协定〉》，2021年5月20日，https：//dx. doi. org/10. 1016/j. eng. 2017. 01. 022。

会的不断研讨，最终于2015年在《巴黎协定》中正式将1.5℃的目标写入协议并以国际条约的形式确立了国际社会的共同目标①。控制温度上升在1.5℃以内可以减缓生物灭绝速度，使超过一半数量的动植物、昆虫等逃离灭绝风险；但根据IPCC发布的报告，想要完成“增温1.5℃”的目标，各国必须在2050年实现二氧化碳净零排放②，这份特别报告的提出为我国制订碳中和阶段性战略计划提供了重要参考，而随着各项战略计划的制订，“碳中和”也逐步进入公众视野。

碳中和（Carbon neutrality）最早出现在《IPCC全球升温1.5℃特别报告——术语表》中，其含义与二氧化碳净零排放相同③，即进入大气中的二氧化碳和被吸收、固定的二氧化碳之间平衡。虽然《京都议定书》中确定的温室气体包括二氧化碳（CO_2）、甲烷（CH_3）、氧化亚氮（N_2O）、氢氟碳化物（HFC_s）、全氟化碳（PFC_S）和六氟化硫（SF_6）6种，其中氟化物升温效应最强，但由于CO_2对温室效应的影响最大且大气中含量最高④，故而将CO_2的净零排放放在碳中和实现途径的首位。同时，IPCC指出CO_2的人为排放主要是由化石能源使用和土地利用方式改变导致的，其中大气圈留有43.2%，海洋系统吸收27.9%，陆地系统可吸收28.9%⑤。通过自然生态系统吸收大气中CO_2的过程即碳汇，根据吸收主体的不同碳汇分为海洋碳汇和陆地碳汇，而一般通过绿色植物光合作用吸收大气中CO_2的陆地碳汇也称为绿碳，绿碳可解决国内同时期CO_2人为排放量的45%⑥。其中森林碳汇是陆地碳汇的重要组成部分，由森林碳汇引申而出的林业碳汇，在以森林生态系统为主体的基础上，进一步丰富了森林碳汇的内涵，即在实施造林、再

---

① 韩立群：《碳中和的历史源起、各方立场及发展前景》，《国际研究参考》2021年第7期。

② IPCC，“AR5 Synthesis Report：Climate Change 2014”，2021年5月20日，https：//www.ipcc.ch/report/ar5/syr/。

③ IPCC，“Global Warming of 1.5℃”，2021年5月21日，https：//www.ipcc.ch/sr15/。

④ IPCC，“AR5 Synthesis Report：Climate Change 2014”，2021年5月20日，https：//www.ipcc.ch/report/ar5/syr/。

⑤ IPCC，“Climate change 2013：the physical science basis”，2013.

⑥ Wang Jing，Feng Liang，Palmer P. I.，et al.，“Large chinese land carbon sink estimated from atmospheric carbon dioxide data”，*Nature* 586（7831），2020，pp. 720－723.

造林、森林管理和减少毁林等活动的基础上，将森林吸收 CO_2 的能力与森林固碳增汇相结合的机制、过程[①]。碳中和的应对措施主要包括二氧化碳捕集、利用与封存（CCUS）和生物碳捕捉。根据我国 CO_2 排放量所构建的预测公式和模型，再结合我国目前碳中和的具体情况可得到 9 种不同情景的 CO_2 排放总量和碳排放强度，在保证 2060 年实现碳中和的前提下，有 8 个情景需使用 CCUS 技术，且技术贡献度最高可达 55.1%（但一般建议贡献度约为 10%）[②]，故而在化石能源消费占据我国能源消费约 30% 的当下，CCUS 技术将成为我国尽快实现碳中和的首要、必要选择。但是由于我国 CCUS 技术尚不成熟，存在成本、耗能偏高和 CO_2 封存安全性欠缺等技术壁垒，加快 CCUS 技术创新和产业化建设也将是未来尽快实现碳中和的必要途径[③]。

依据 IPCC 评估报告，国际社会普遍将实现净零排放分化为两个阶段，即“碳达峰”和“碳中和”。根据英国石油公司数据，欧盟、美国、日本已分别于 1979 年、2007 年、2008 年实现碳达峰[④]，而习近平总书记在第七十五届联合国大会一般性辩论上宣布我国将争取在 2030 年前达到碳排放峰值，2060 年前实现碳中和。新时代建设低碳经济，我们要秉承习近平生态文明建设思想，将实现“双碳”目标纳入生态文明建设战略布局。《“十四五”循环经济发展规划》强调，为解决我国目前主要资源对外依赖度高、供需矛盾尖锐、能源利用率尚低、大量生产消耗及排放[⑤]等问题，我们需要利用人才技术创新，优化能源生态建设，改进产业结构布局[⑥]；计划至 2025 年，我国主要资源产出率较 2020 年提升约 20%、单位 GDP 能源消耗降低约 13.5%、水资源消耗降低约 16%。除资源、产能优化外，据《“十四五”林

---

① 李怒云、杨炎朝、何宇：《气候变化与碳汇林业概述》，《开发研究》2009 年第 3 期。

② 张全斌、周琼芳：《“双碳”目标下中国能源 CO_2 减排路径研究》，《中国国土资源经济》，2021 年 5 月 21 日，https://doi.org/10.19676/j.cnki.1672-6995.000655。

③ 高虎：《“双碳”目标下中国能源转型路径思考》，《国际石油经济》2021 年第 3 期。

④ 丛建辉、王晓培、刘婷等：《CO_2 排放峰值问题探究：国别比较、历史经验与研究进展》，《资源开发与市场》2018 年第 6 期。

⑤ 《〈“十四五”循环经济发展规划〉出台》，《印染》2021 年第 8 期。

⑥ 徐佳、崔静波：《低碳城市和企业绿色技术创新》，《中国工业经济》2020 年第 12 期。

业草原保护发展规划》相关报告，我国将在“十四五”期间完成全国范围内共计5亿亩国土绿化任务，包含造林绿化5400万亩、种草改良4600万亩，以年均1亿亩的绿化速度推进，至2025年我国将达到24.1%的森林覆盖率（目前约为23.04%）、190亿立方米的森林积蓄量、57%的草原综合植被盖度、55%的湿地保护率[①]。同时，根据“绿水青山就是金山银山”的生态理念，我国现阶段将重点实现生态系统经济价值转化和服务增值，化生态优势为经济优势[②]：构建生态产品价值实现制度保障体系，包含价值核算、生态补偿、生态金融、资源产权、法律保障等方面的一系列制度体系[③]；创新生态农业、生态旅游业、生态产品加工销售等价值实现模式[④]，为我国较快、较好地实现碳中和目标积蓄优良经济力量。

但由于目前我国发展对于石油、煤炭等一次化石能源的依赖性仍然较强，要在未来二十年内实现碳达峰，在减排总量和过渡期压缩幅度上面临的压力都远高于前述发达国家和地区[⑤]，面对这个巨大挑战，尽快建立一个体系严密、科学兼容、平稳运行的碳市场交易体系迫在眉睫。在2005～2011年清洁发展机制项目（CDM）和自愿减排项目（CCER）交易体系建立、2011～2013年碳市场试点建设基础上，自2014年起，我国已全面进入统一碳市场建设阶段；目前，我国即将建成全球规模最大的国家统一碳市场，可覆盖约33亿吨的二氧化碳排放，预计为全球总量的14%[⑥]。

减少排放和增加碳汇是实现碳达峰目标和碳中和愿景的两个重要抓手。直接减排所带来的损失是我们必须承受的发展代价，但是充分发挥森林生态

---

① 李如意：《“十四五”期间我国将绿化国土5亿亩》，《北京日报》，2021年8月21日。

② 王金南、马国霞、於方等：《2015年中国经济—生态生产总值核算研究》，《中国人口·资源与环境》2018年第2期。

③ 孙博文、彭绪庶：《生态产品价值实现模式、关键问题及制度保障体系》，《生态经济》2021年第6期。

④ 苏杨、魏钰：《“两山论”的实践关键是生态产品的价值实现——浙江开化的率先探索历程》，《中国发展观察》2018年第21期。

⑤ 樊大磊、李富兵、王宗礼、苗琦、白羽、刘青云：《碳达峰、碳中和目标下中国能源矿产发展现状及前景展望》，《中国矿业》2021年第6期。

⑥ 王紫星：《全球及我国碳市场发展现状及展望》，《当代石油石化》2020年第6期。

系统碳汇功能将会大大减少直接减排所带来的损失。然而，过去由于林业部门统计方法上的片面性，社会各方面对于森林碳汇功能的理解主要局限在以树干直径推算出来的乔木层碳储量和碳汇功能上。实际上，森林生态系统碳库储量占全球地上碳储量的 80%①，且具有 1.5×10^{12} t 碳储量②的全球土壤碳库更达到陆地植被碳库的 2~4 倍③，随着我们认知程度的不断提升，森林碳汇必将在我国实现碳达峰和碳中和目标过程中扮演越来越重要的角色。但传统造林方法中全面翻耕和过度抚育等措施造成的土壤碳泄露会使得森林碳汇功能大大下降，部分林地甚至会成为碳源。因此，如何在现有碳市场交易体系之外，通过科学计量的森林碳汇，实现林业生态产品的价值化，充分发挥林业碳汇功能，运用森林生态系统碳汇功能助力“碳达峰、碳中和”，将是“十四五”时期完成生态文明建设历史性任务的关键举措。

二 发挥森林生态系统碳汇功能助力“碳达峰碳中和”存在的问题

（一）尚缺森林碳汇价值化渠道，碳汇造林、营林工作推进缓慢

我国碳汇林业发展晚、基础弱、技术渠道尚缺、交易体系不完善，尤其是前期投入成本巨大但回本和收益时间跨度较长导致碳汇交易风险增大，企业及个人参与意愿不高④⑤，无法形成良性闭环。我国碳市场交易体系存在

① Cao M., Woodward F. I., “Net primary and ecosystem production and carbon stocks of terrestrial ecosystems and their responses to climate change”, *Global Change Biology* 4 (2), 1998, pp. 185-198.

② Batjes N. H., “Management options for reducing CO_2 - concentrations in the atmosphere by increasing carbon sequestration in the soil”, *Wageningen*: *International Soil Reference and Information Centre*, 1999.

③ Canadell J., Noble I., “Challenges of a changing Earth”, *Trends in Ecology & Evolution* 16 (12), 2001, pp. 664-666.

④ 季然、宋烨：《我国碳汇市场发展的问题及建议》，《中国林业经济》2020 年第 5 期。

⑤ 李韫玮、贝淑华：《对我国碳汇林业发展之思考》，《中国林业经济》2020 年第 3 期。

薄弱环节，尤其是缺乏市场动力，注入资金短缺，由此将导致后续技术研发存在壁垒、碳汇林营造维护困难等一系列问题，继而使得碳汇市场逐渐陷入“洼地”。想要脱离这种恶性循环就必须尽快发掘相较于碳汇林业投资回本时间更短、收效更快的林业经济渠道，实现可持续的碳汇林业发展，持续加强市场导向效应。

目前我国从国家到地方层面“碳达峰、碳中和”工作的重心都放在了建立碳排放监测评估体系上，初步建设构想是走污染物排放权交易的老路。这样的思路固然能够实现企业之间碳排放额度的自由交易，但是却违背了“碳达峰、碳中和”工作实现区域生态补偿、生态产品价值化的初衷。目前我国森林植被总碳储量已达 92 亿吨[①]，这其中即便是 10% 的增量（9.2 亿吨）也相当于中国年碳排放量的 30%，而已有研究表明森林抚育工作可使森林碳储量显著上升，以亚热带东部地区的樟树人工林为例，经人工抚育后其植被碳储量增幅达到 48.87%[②]。然而，目前这部分工作由于受人力和物力资源限制，并未在森林经营过程中得到广泛开展。以往我国在开展跨区域生态协调、生态脆弱地区环境保障工作时，主要以基于财政转移支付的政府补偿模式为主，包含中央对地方、各地上下级政府间的纵向生态补偿和各同级政府间的横向生态补偿。在初期阶段两种由政府主导的生态补偿手段相结合使得政府补偿模式在调整各地生态系统关联关系和平衡由其产生的区域利益方面具有更强的目的性、精确性和导向性，但长期的政府资金内循环使得生态补偿在某种程度上缺乏灵活性和高效性。故而近几年我国开始注重市场补偿手段，通过构建“精准补偿”机制、建立多元化的财政转移支付体系来不断填充生态补偿手段，同时加强完善自然资源可资产化的核算机制和针对不同地区生态差异而制定差异化生态绩效评估机制。如鄂州市在进行生态补偿优化时，在三区间先按照 20% 的权重进行横向生态

---

① 寇江泽：《我国森林植被总碳储量已达 92 亿吨 实现碳中和 森林作用大（美丽中国·降碳减排在行动）》，《人民日报》2021 年 1 月 14 日，第 14 版。

② 吴亚丛、李正才、程彩芳、刘荣杰、王斌、格日乐图：《林下植被抚育对樟人工林生态系统碳储量的影响》，《植物生态学报》2013 年第 2 期。

补偿，再逐年增大权重，使市财政的纵向生态补偿慢慢退出。自2009年起，为推进生态补偿机制改良，我国共投入超700亿元资金，试点范围扩大至800余个县级行政单位[①][②]。在不断地优化建设中，我国在生态补偿方面的资金投入由2011年的约1100亿元上升至2016年的约1800亿元，但中央政府的资金投入却从96.9%开始逐年下降[③]，推动了生态补偿资金良性循环。开展建设生态农业、生态工业、生态旅游业等生态产品价值实现模式，加强各地自我造血、资金循环能力和提升政府资金使用效率，有助于更快推进我国碳汇林业的发展[④]。因此，通过生态碳产品的科学评估，让造林、营林方作为生态碳产品价值实现过程的"卖方"，推动以碳汇为目的的造林、营林工作开展，是实现碳达峰、碳中和工作生态补偿目的以及减排、固碳双管齐下的关键举措。对森林生态系统碳汇能力的科学评估也是区域生态产品价值实现的前置条件，排放端与碳汇端的协作权衡，是区域生态—经济双赢的必经之路。

（二）传统造林方式对土壤干扰严重，会使森林成为碳源

森林生态系统维系着86%以上的陆地生态系统植被碳库及约73%的土壤碳库，并保证了每年2/3的固碳量[⑤][⑥]；土壤碳循环则由碳输入、碳输出、碳库稳定三部分共同决定，其中碳输入主要包含植被枯死物、凋落物和动物、微生物残体及植物根系输入，碳输出则由与土壤相关联的植被有机互作、凋落物和土壤有机碳分解及土壤呼吸释放等组成，尤其凋落物和土壤有

---

① 徐鸿翔、张文彬：《国家重点生态功能区转移支付的生态保护效应研究——基于陕西省数据的实证研究》《中国人口·资源与环境》2017年第11期。

② 刘慧明、高吉喜、刘晓、张海燕、徐新良：《国家重点生态功能区2010—2015年生态系统服务价值变化评估》，《生态学报》2020年第6期。

③ 靳乐山、吴乐：《我国生态补偿的成就、挑战与转型》，《环境保护》2018年第24期。

④ 陈妍：《完善生态补偿机制　促进区域协调发展》，《科技中国》2020年第12期。

⑤ 刘国华、傅伯杰、方精云：《中国森林碳动态及其对全球碳平衡的贡献》，《生态学报》2000年第5期。

⑥ 周玉荣、于振良、赵士洞：《我国主要森林生态系统碳贮量和碳平衡》，《植物生态学报》2000第5期。

机碳分解年均可释放 50 PgC 的 CO_2，约占全球土壤呼吸年均释放量的 74%[①]，而整个土壤生态系统呼吸量占全球生态系统的 60% ~90%[②]，CO_2 年均释放量约为（98 ±12）PgC，为化石燃料的 10 倍以上[③④]；且不同植被类型土壤，其有机碳循环过程也各不相同，因此如何提高不同植被类型土壤的碳汇功能，使其对植被发挥正面效应，保证植被碳汇功能最大化是极为重要的课题。

过去我们在造林过程中最常使用的传统造林模式是以人工方式对幼苗进行培育再移栽至造林地的模式[⑤]，主要为裸根造林，该手段极易受到外界环境因素影响，如不适宜的气候、不适生的土壤环境等，并且在移栽后由于树苗抵抗力较低，易遭病虫害侵袭，移栽苗容易生长发育不良甚至难以成材，继而造成进一步的生态系统干扰，最终导致碳损失。通常我们在进行管理活动时主要是影响表层土壤（0 ~30cm）[⑥]，相关研究表明改变土地利用形式或毁坏林地将会使该片土壤损失 20% ~50% 的有机碳[⑦]。因此如何提高造林效率、确保造林质量、稳定碳汇林与土壤间的良性交互也成为需要关注的重点内容。

IPCC 定义的森林碳汇涵盖五大碳库：地上生物量、地下生物量、枯落物、枯死木和森林土壤碳库。然而当前有关部门估算的森林碳汇基本上

---

① Raich J. W. , Schlesinger W. H. , "The global carbon dioxide flux in soil respiration and its relationship to vegetation and climate", *Tellus* 44, 1992, pp. 81 –99.

② Davidson E. A. , Savage K. , Verchot L. V. , Navarro R. , "Minimizing artifacts and biases in chamber-based meas-urements of soil respiration", *Agricultural and Forest Me-teorology* 113, 2002, pp. 21 –37.

③ Canadell J. G. , Raupach M. R. , "Managing forests for climate change mitigation", *Science* 320, 2008, pp. 1456 - 1457.

④ Bond-Lamberty B. , Thomson A. , "Temperature-associated increases in the global soil respiration record", *Nature* 464, 2020, pp. 579 - 582.

⑤ 刘才、张海峰、李春明、周志军、李正华：《浅析现代造林技术与营林措施》，《广东蚕业》2021 年第 7 期。

⑥ 鲍显诚：《热带和亚热带土壤中碳的含量、动态及贮存》，《人类环境杂志》1993 年第 7 期。

⑦ Eswaran H. , Van Den Berg E. V. , Reich P. , "Organic carbon in soils of the world", *Soil Science Society of America Journal* 57, 1993, pp. 192 –194.

忽略了占陆地生态系统碳储量56%的森林土壤碳库。这会使得森林生态系统固碳能力被低估，同时对造林过程中产生的土壤扰动无法形成约束，使得大规模的炼山、过度抚育等行为被认可，甚至导致部分人工林生态系统成为碳源而不是碳汇，因此对于兼具碳汇与碳源双重特性的森林生态系统而言，如何通过经营管理来保证其稳定行使碳汇功能是重中之重。笔者在针对盐城市东台林场杨树人工林新造林碳汇进行计量的过程中发现，利用传统造林方法造林的过程中造成的土壤扰动会导致土壤碳库大量减少，甚至会使得某些地块造林完成后10年的生态系统碳汇量仍然是负值。森林全生态系统碳汇能力维护与提升目标是新形势下各有关部门急需明确的工作任务。

值得一提的是，目前国内针对土壤碳储量测量并未出台统一的标准[①]，在使用传统手段进行测量的过程中需要根据样地土壤质地来决定采样深度，如魏文俊等学者对山西省大岗山的土层研究深度在60cm以下，贾平宇等学者对黄土高原的土层研究深度则是200cm，而其他较为精确的新兴测量手段如GIS估算法虽然可以精确划分土壤种类，具备精准、宏观、无干扰破坏等优点，但需要结合其他技术手段且运作过程极为复杂[②]，对于计量人员有较高的技术要求。由前述可以看出对于土壤碳储量的测定较为复杂，需要因地制宜选择合适的土壤厚度；同时，人为干扰活动会使得林下层植物和凋落物被带走，减少向土壤输入有机碳的含量[③]，使土壤处于不利的动态变化中。种种繁复情景令我国在进一步明确森林全生态系统碳汇能力的工作上面临更大挑战，也对我国专业人员的梯队培养提出了更高要求。

① 李晓龙、张雨鉴、宋娅丽：《区域尺度森林土壤碳储量估算方法及人为影响因素研究进展》，《绿色科技》2019年第18期。

② 程鹏飞、王金亮、王雪梅：《森林生态系统碳储量估算方法研究进展》，《林业调查规划》2009年第6期。

③ 李晓龙、张雨鉴、宋娅丽：《区域尺度森林土壤碳储量估算方法及人为影响因素研究进展》，《绿色科技》2019年第18期。

（三）忽视森林经营性碳汇功能，新造林面积制约森林碳汇量增长

森林碳汇计量类型并不止造林/再造林一种，森林经营性碳汇也符合IPCC碳汇计量要求。我国人工林面积由改革开放初期的3.3亿亩扩大到现在的11.8亿亩，在森林面积中的占比从19%上升到37.8%[①]，贡献了大部分的森林增量，也为植被碳汇作出了巨大贡献。但是，这巨大的成就也意味着在国土面积总量不变的情况下，造林再造林的空间潜力将受到限制。同时，我国人工林发展年份短，经营管理模式相对粗放，导致平均蓄积质量不高。我国天然林每公顷木材蓄积量约104.6立方米，与世界平均水平相差不大，而每公顷仅52.76立方米[②③]的人工林蓄积量则是我们需要重点关注的对象，也是森林经营性碳汇量提升的主要发力点。笔者在对浙江省泰顺县9000多亩森林经营性碳汇进行计量时发现，进行林下抚育之后的第二年森林生态系统地上部分碳储量增量就能达到4000多吨二氧化碳当量，这与一般的造林/新造林项目初始5～7年碳汇量都是负值相比具有更大的固碳优势。

想要突破有限植林空间瓶颈并进一步提升植被碳汇能力，就必须完善现有营林模式。在进行林下抚育时，应考虑到植物功能性状会通过影响碳输入的形式、数量和留存时间[④]以及枯落物的理化特征来控制碳输出的速度[⑤]从而影响土壤碳库的储量。如可通过改变群落的郁闭度来调节光照、

① 《“十三五”期间，我国完成造林5.45亿亩——人工林，为大地添绿》，《人民日报》2021年4月5日第5版。

② 国家林业局：《第八次全国森林资源清查主要结果（2009～2013年）》2014年。

③ 盛炜彤：《关于我国人工林长期生产力的保持》，《林业科学研究》2018年第1期。

④ Lavorel S., Diaz S., Cornelissen J. H. C., Gamier E., Harrison S. P., McIntyre S., “Plant functional types: are we getting any closer to the Holy Grail?”, Canadell J., Pitelka L. F., Pataki D., ed., *Terrestrial Ecosystems in a Changing World* (Berlin: Springer, 2007), pp. 171–186.

⑤ Cornelissen J. H. C., Thompson K., “Functional leaf attributes predict litter decomposition rate in herbaceous plants”, *New Phytologist* 135, 1997, pp. 109–114.

温度和湿度，从而影响碳输入环节中最重要的植物光合作用①或调节土壤有机碳分解的碳输出过程②；通过森林经营形成深广的根系分布使土壤碳素稳定性提高③。同时还可利用一些木质素、单宁、多酚含量高而难以分解的枯落物保持土壤碳储备量④，在保护植物的同时减少经食物链流失的碳素氧化释放⑤。经研究表明“疏伐+割灌除草”是最有效的抚育方法，虽然生物群落在自身演替过程中存在自疏行为，但枯死树木数量的积累会不断增加碳源，故而及时伐除过熟木、病腐木、枯立木可以稳定植被碳汇能力；同时，考虑到人工造林对土壤的破坏，我们应尽可能采用“近自然育林”⑥，降低人为因素干扰，并采用深、浅根系植物混合种植方式，最大限度地利用不同深度的土壤资源，通过加强根系活动增强土壤固碳能力。如何探索并建立一套科学高效、稳定适生的森林经营性碳汇提升模式有待我们进一步探讨。

（四）未能明确碳汇计量的基线情境标准，难以实现森林生态系统碳汇能力科学评估

所谓基线情境，是指在没有碳汇造林项目活动时，在项目所在地的技术条件、融资能力、资源条件和政策法规下，最能合理地代表项目边界内土地利用和管理的未来情境。IPCC 颁布的造林碳汇计量方法中有非常明确

---

① Striker G. G., Insausti P., Grimoldi A. A., Vega A. S., "Trade-off between root porosity and mechanical strength in species with different types of aerenchyma", *Plant Cell and Environment* 30, 2007, pp. 580-589.

② Chapin F. S., "Effects of plant traits on ecosystem and regional processes: a conceptual framework for predicting the consequences of global change", *Annals of Botany* 91, 2003, pp. 455-463.

③ Lorenz K., Lal R., "The depth distribution of soil organic carbon in relation to land use and management and the potential of carbon sequestration in subsoil horizons", *Advances in Agronomy* 88, 2005, pp. 35-66.

④ Zak D. R., Blackwood C. B., Waldrop M. P., "A molecular dawn for biogeochemistry", *Trends in Ecology & Evolution* 21, 2006, pp. 288-295.

⑤ 王平、盛连喜、燕红、周道玮、宋彦涛：《植物功能性状与湿地生态系统土壤碳汇功能》，《生态学报》2010 年第 24 期。

⑥ 梅梦媛、雷一东：《我国人工林新时代发展形势分析》，《世界林业研究》2019 年第 3 期。

的规定：作为碳中和主要手段的造林/再造林项目碳汇计量是对项目产生的净碳汇量进行预估，即必须用现状碳储量减去基线情境碳储量之后的碳储量作为固碳量，并作为进一步的抵扣排放额度。我们现在很多地方为了响应国家号召，开展了大量应对全球气候变化，实现双碳目标的具体林业工作。但是，传统造林方法忽略基线情境的保存和测量，这就导致大量的造林行为产生的碳汇量将不被国际组织认可，我国森林生态系统碳汇能力无法得到科学计量和评估，大大降低我国碳达峰碳中和工作结果的国际认可度。

三　应对策略

（一）加强森林碳汇计量与监测，建立科学评估体系

我们在建立林业碳汇监测体系时首先应考虑到我国的自然地理条件，如森林分布、地形地貌等，需要统筹兼顾各区域森林资源变化状况、现存林场林业碳汇储备量、速生林和生态林分布范围、林业碳汇及气候变化之间的关联关系等，并将上述要素纳入考虑范围，保证其综合性、科学性、有效性；同时为确保计量监测体系精确化运行，还应注意各层级间的层次化管理和审核编制。

以地方政府主导的林业碳汇产品价值实现机制建立为抓手，建立第三方全过程监督机制，从造林前的基线调查到营林过程中的监测和计量，全周期参与，督促各造林、营林单位形成专门的台账制度，明确各个工作环节的固碳或泄露情况。督促各级林业主管部门加快碳汇林造林技术标准的实施，构建各地方森林生态系统可核查、可报告、可计量的全生命周期碳汇计量和监测体系，强调新造林碳汇功能，建立第三方监督的碳汇造林、营林地方标准与碳汇能力计量与监测常态化制度。

据经验可知，在构建碳市场交易体系时，进行生态价值核算是关键。如湖北省鄂州市在开展生态价值核算工作时，首先明确当地自然资源归属、面积、质量等关键信息，构建自然资源存量及变化统计台账，在进行生态价值

核算时采用当量因子法，依据当地 8 类自然生态系统建立符合当地特征的当量因子表，并囊括 11 种不同的生态系统服务；在实现生态补偿时，严格按照生态服务功能强度自高向低溢出的原则进行核算与支付。概括来说，鄂州市政府根据价值实现方式将具体工作分为四步：以自然资源调查与确认权责为基础、以生态价值计量和货币化为齿轮、以价值实现运用于生态补偿为手段、以生态责任制度化为保障，设计并实现环环相扣的生态产品供给和价值实现长效机制。资料显示，在实行该机制后，2017 ~ 2019 年鄂州市财政、鄂城区、华容区共同向治理点梁子湖区分别给予 5031 万元、8286 万元、10531 万元的生态补偿，使该地区累计造林近 8 万亩，通道绿化近 700 公里，森林覆盖率较 2013 年上升近 10%，同时各种还湖措施使还湖面积高达 4.1 万亩，多种空气污染物如二氧化硫、PM_{10}、$PM_{2.5}$指标相较于 2013 年分别下降了 20%、21%、23%。目前鄂州市自然资源资产负债表编制、领导干部自然资源离任审计、生态服务价值年度目标考核等机制已实现常态化并取得卓越成效，为我们在建立生态产品价值计量、实现长效机制等科学评估体系方面贡献了重要经验。

（二）制定碳汇交易与价值转化市场森林碳汇准入机制，完善林业生态产品价值转化体系

目前国内碳产品价值实现主要包含两大重要部分：一是确立全国范围内统一的价值核算体系，在生态产品与社会体系之间建立可量化的经济关系①。但由于体系过于庞大、复杂，测量估算工作繁重，且目前我国学者对于生态产品价值实现的研究尚位于探索阶段，着重于生态价值补偿、补偿主体及保障体系的关系研究②，价值核算体系在内容纬度、方法纬度、对象纬度等方面仍需要进一步扩展。二是在各级地方搭建起生态产品价值化平台，

① 张兴：《生态产品价值实现发展趋势研究》，《国土资源情报》，2021 年 9 月 7 日，http://kns.cnki.net/kcms/detail/11.4479.n.20210831.1328.012.html。

② 马永欢、吴初国、曹庭语等：《对我国生态产品机制实现机制的基本思考》，《环境保护》2020 年第 1 期。

根据生态产品的物质、文化属性及资源产权①，构建合理便捷的交易方式，制定严谨完善的保护制度。2021 年 2 月 19 日中央全面深化改革委员会第十八次会议审议通过的《关于建立健全生态产品价值实现机制的意见》要求我们“通过体制机制改革创新，率先走出一条生态环境保护和经济发展相互促进、相得益彰的中国道路”，据此各地加快创新生态产品价值化平台。但由于碳汇林业项目时间跨度长、投入成本高、收效慢②，企业和个人缺乏购买意愿，整个碳汇市场缺乏可以形成良性循环的资金③，故而我们在发展林业碳汇的同时还应最大化发掘林地的其他效益，如通过开展林下经济、生态旅游项目等，形成可持续发展的生态效应和经济效应。

福建省南平市光泽县通过建设“水美经济”在发展碳汇林业的同时充分发掘了当地的经济潜力，在取得明显的生态效益的同时大力促进了生态产品化。光泽县位于福建省武夷山脉北段，全县具有总量大约为 42.99 亿立方米的丰富水资源，但受限于传统技术，水生态系统开发局限于农业灌溉和小水电开发等传统领域。得益于林业碳汇管理优化，通过绘制水生态产品的“基础地图”，光泽县开展了优质水源涵养、水资源要素配置优化行动，引入社会资本并建设了“水生态银行”。依托后端水生态全产业链打造，开展前端资产商业运作，集成制度创新，并打造品牌效应，形成健全长效保障机制。经过长期生态改造，光泽县已实现全年空气质量优良天数比例达 100%，森林覆盖率由 78.2% 上升至 81.77%，林木蓄积量由 1117 万立方米上升至 1366 万立方米，每年可以为下游保证约 29 亿立方米的优质水源，同时县内保护树种及陆生野生生物种类也均有提高。除了高质量的生态效益，“水美经济”还促进了当地的生态产业化发展，并依托优质水源，将生态价值附加于具现化的商品之上：光泽县酒、饮料、精制

---

① 蒋金荷、马露露、张建红：《我国生态产品价值实现路径的选择》，《价格理论与实践》，2021 年 9 月 7 日，https://doi.org/10.19851/j.cnki.CN11-1010/F.2021.07.127。

② 邹晓君、薛立：《林下经济经营模式对土壤理化性质和碳储量的影响研究进展》，《广东农业科学》2019 年第 2 期。

③ 佟帆：《破解林业碳汇试点难题的几点思考》，《北方经济》2021 年第 3 期。

茶等相关制造业增长14.1%；带动当地生态旅游业发展，全年共接待游客124.62万人次，同比增长26.1%，旅游总收入13.17万亿元，同比增长35.2%；形成的水生态产品产业集群总产值约139亿元，带动就业人口2.1万人，约为全县人口总数的15.2%。

面对生态资源价值实现问题，除了可开展生态旅游建设和生态产品开发，还可建设“森林生态银行”，这一概念其实与美国湿地缓解银行有异曲同工之处。1988年，美国联邦政府为减少由土地开发造成的湿地损失和尽早达成净零排放的目标，提出将湿地以“信用”方式，通过合理市场定价出售给湿地开发商（也就是占用、破坏湿地的一方），要求其以开发或恢复的方式对被占用的湿地数量加以补偿，从而保证可以实现生态功能的湿地总量不变甚至上升①，并在未来开发建设中保持可持续发展。之后，美国政府通过立法形式规范了这一举措，并设立了严格的三方监管制度和科学的补偿比率。放眼国内，福建省南平市面对“碎片化”山林产权、资源变现缓慢和社会化资本引进困难等问题，建立了“森林生态银行”模式。

首先在设计运行机制时，坚持“政府主导、市场运作、企业主体”的原则，由大型国有林场控股、其余8个基层国有林场参股，成立林业资源运营有限公司，并将其作为“森林生态银行”的运作主体，同时完善旗下数据信息管理、资产评估收储及林木经营、托管、金融服务，形成“两中心+三公司”的结构，依托前者的技术、数据支撑，通过后者进行资源整合、托管、经营、提升，形成完整的林业金融服务产业链。在营林同时全面掌控森林资源储量，对林业相关资源进行动态监管和数字化管理，从而将破碎的林权集成优质的“资产包”，并充分考虑到市场的多变性，依据潜在客户的个性设定灵活化的产品服务。根据调查，在森林生态银行的运作下，担保后贷款利率比一般项目利率下降近50%，尽可能地降低了买方市场风险，增加了其入市意愿，相较于传统经营模式，更是大大降低了卖方市

① US. EPA，“Compensatory mitigation mechanisms”，2017年6月5日，https：//www. epa. gov/cwa－404/ compensatory－mitigation－mechanisms。

场的被动性。除了林业金融的创新模式，南平市也同时开展了生态产品建设，以医药、家具用材等产业项目，推动生态产业化建设。目前，顺昌“森林生态银行”已导入林业面积6.36万亩，其中1.26万亩为租赁经营面积，5万亩为赎买商品林面积，且林木蓄积量以年均1.2立方米/亩以上的速度不断增长，通过集约经营，该地出材量较传统分散经营增加约25%，部分林区单位产值增加超过2000元，为普通山林的4倍以上；最为成功的一点在于其自主创新并策划实践了福建省第一个竹林碳汇项目，同时积极与国际接轨，将27.2万亩林地、1.5万亩毛竹林纳入FSC国际森林认证范围，并以首期15.55万吨碳汇量成交金额288.3万元达成福建省第一笔林业碳汇项目，实现了品质、效益等多重提升。

目前仍处于建设中的全国首个县级“国家绿色生态城区”龙游县通过充分利用其地理位置、自然植被优势，活用经济杠杆，形成自然资源、企业经济效益、造林营林收益“多赢”，实现真正意义上的生态补偿，并获得2020年度绿色中国特别贡献奖。在亚热带东部常绿阔叶林、主要植被类型丰富且以竹林为主、林地面积97.1615万亩、活立木总蓄积量135.5958万立方米的自然基础上，通过掌握生态碳捕集规律和林业碳汇监测计量方法，龙游县结合自身生态环境、经济发展特点，搭建了以政府为依托平台并由政府实施监督，排放单位（企业）节能减排、购买额度，林业单位固碳增汇、经营维护，第三方评价机构监测计量的区域生态碳产品价值实现平台组织架构。整体工作推进计划暂时性地分为两个阶段：第一阶段是2021年9~12月对龙游县内碳汇造林和营林区域可行性与基线情境条件进行评估审核并初步建立试点、示范区域和价值转化平台的卖方体系，并逐步调研当地企业参与意愿、探索建立生态产品价值转化平台企业获利路径。第二阶段预计为2022年1~3月，完成龙游县生态碳产品价值转化平台运行工作，并在初期“底价+竞价”的浮动价格制定机制上尝试交易，在试交易中进一步完善企业、林业单位和企业之间的监督机制，通过企业联动形成品牌效应，进而在此基础上促进该生态碳产品价值转化平台平稳高效运营。

所以在推动碳汇林业建设时，我们应尽快构建全国范围内以国家林业局为主导、第三方机构为技术支撑的森林生态系统碳汇评估体系，通过排放额度测算（买方）和森林碳汇量估计（卖方）两方面工作的共同推进，尽快完成碳汇量单价的确定工作，建立并完善以政府为主导、第三方机构监督、排放方补偿造林和营林单位的区域碳汇交易市场，实现经济高质量、可持续发展。在碳汇林业建设工作中，推动地方林业部门与政府间合作，坚持科学的规划引导布局，明晰权责归属，同时，在生态碳产品价值实现机制的引导下，建立灵活多变、严谨规范、科学稳定的国家碳市场交易体系，搭建、完善生态产品价值转化平台，激发潜在的市场活力，加快碳汇市场经济循环，使中国碳汇林业有机融入整体生态系统并形成更高的经济、生态效益。

（三）建立地方林业部门常态化培训制度，树立全生态系统固碳意识

通过深入学习宣讲，提高各级林业主管部门和地方造林、营林单位及其他相关部门对于全生态系统固碳概念的认识水平和重视程度。明确森林经营性碳汇功能，建立以提升生态系统生物量为目标的森林管理技术体系，将森林经营性碳汇纳入林业碳汇监测与计量体系中。要求各林业管理部门明确营林目标，将充分发挥现有森林的固碳潜力等作为营林的主要目标，将林业管理从单纯的“蓄积量”思路转变为“生物量”思路。改变传统林业建设和维持方式，着力促进全生态系统固碳能力提升和维持，是充分发挥森林生态系统碳汇作用的关键举措。

同时提高相关部门应对自然灾害与气候突变[①]等对于碳汇林业有巨大威胁甚至造成温室效应上升的突发状况的能力，林业人员对于林地营造和维护的专业能力，测量人员对于相关数据准确性和时效性的把控能力，有关部门对于碳汇林业工作推进和碳市场交易公平性、透明度的督促、监管能力以及面向公众的宣传能力[②]，不断借鉴优秀案例、完善经营模式、加强技术应

① 李韫玮、贝淑华：《对我国碳汇林业发展之思考》，《中国林业经济》2020 年第 3 期。

② 佟帆：《破解林业碳汇试点难题的几点思考》，《北方经济》2021 年第 3 期。

用、提高林业质量、降低突发风险，充分发挥林业科学在碳中和推进工作中的奠基效应和先导作用。

传统造林方式对于森林固碳能力的削弱以及造林、营林的碳汇目标不明确限制了我国森林生态系统在碳达峰、碳中和工作中的贡献。应建立可核查、可报告、可计量的森林生态系统碳汇评估体系，把握森林碳汇的周转规律，引导森林碳汇提质增效，提升价值转化效能，做到优化森林碳汇供给，提升森林生态系统碳汇能力，为实现碳达峰、碳中和赋能。这将有助于探索生态产品价值提升机制，为各地方、各部门生态文明建设工作推进提供有效的评估手段。森林生态系统碳汇评估体系的建立不仅有助于生态碳产品价值实现机制引导下的有效生态补偿机制的形成，还有助于真实反映我国森林碳汇在减缓气候变化中的重要作用和突出贡献，提升我国在应对气候变化过程中的国际话语权。

参考文献

[1] WMO, WMO report on the state of the global climate 2020, Geneva, 2021.

[2] Pörtner H. O., Roberts D. C., Masson-Delmotte V., *et al.*, *IPCC Special Report on the Ocean and Cryosphere in a Changing Climate* (Cambridge: Cambridge University Press, 2019).

[3] 赵宗慈、罗勇、黄建斌：《全球变暖在5个圈层的证据》，《气候变化研究进展》，2021年9月7日，http://kns.cnki.net/kcms/detail/11.5368.p.20210707.1102.004.html。

[4] 高云、高翔、张晓华：《全球2℃温升目标与应对气候变化长期目标的演进——从〈联合国气候变化框架公约〉到〈巴黎协定〉》，2021年5月20日，https://dx.doi.org/10.1016/j.eng.2017.01.022。

[5] 韩立群：《碳中和的历史源起、各方立场及发展前景》，《国际研究参考》2021年第7期。

[6] IPCC,"AR5 synthesis report: climate change 2014"，2021年5月20日，https://www.ipcc.ch/report/ar5/syr/。

[7] IPCC,"Global warming of 1.5℃"，2021年5月21日，https://www.ipcc.

ch/sr15/。
[8] IPCC，“Climate change 2013：the physical science basis”，2013.
[9] Wang Jing，Feng Liang，Palmer P. I.，et al.，“Large chinese land carbon sink estimated from atmospheric carbon dioxide data”，*Nature* 586（7831），2020.
[10] 李怒云、杨炎朝、何宇：《气候变化与碳汇林业概述》，《开发研究》2009 年第 3 期。
[11] 张全斌、周琼芳：《“双碳”目标下中国能源 CO_2 减排路径研究》，《中国国土资源经济》2021 年 5 月 21 日，https：//doi. org/10. 19676/j. cnki. 1672－6995. 000655。
[12] 高虎：《“双碳”目标下中国能源转型路径思考》，《国际石油经济》2021 年第 3 期。
[13] 丛建辉、王晓培、刘婷等：《CO_2 排放峰值问题探究：国别比较、历史经验与研究进展》，《资源开发与市场》2018 年第 6 期。
[14] 《〈“十四五”循环经济发展规划〉出台》，《印染》2021 年第 8 期。
[15] 徐佳、崔静波：《低碳城市和企业绿色技术创新》，《中国工业经济》2020 年第 12 期。
[16] 李如意：《“十四五”期间我国将绿化国土 5 亿亩》，《北京日报》2021 年 8 月 21 日。
[17] 王金南、马国霞、於方等：《2015 年中国经济—生态生产总值核算研究》，《中国人口·资源与环境》2018 年第 2 期。
[18] 孙博文、彭绪庶：《生态产品价值实现模式、关键问题及制度保障体系》，《生态经济》2021 年第 6 期。
[19] 苏杨、魏钰：《“两山论”的实践关键是生态产品的价值实现——浙江开化的率先探索历程》，《中国发展观察》2018 年第 21 期。
[20] 樊大磊、李富兵、王宗礼、苗琦、白羽、刘青云：《碳达峰、碳中和目标下中国能源矿产发展现状及前景展望》，《中国矿业》2021 年第 6 期。
[21] 王紫星：《全球及我国碳市场发展现状及展望》，《当代石油石化》2020 年第 6 期。
[22] 季然、宋烨：《我国碳汇市场发展的问题及建议》，《中国林业经济》2020 年第 5 期。
[23] 李韫玮、贝淑华：《对我国碳汇林业发展之思考》，《中国林业经济》2020 年第 3 期。
[24] 徐鸿翔、张文彬：《国家重点生态功能区转移支付的生态保护效应研究——基于陕西省数据的实证研究》《中国人口·资源与环境》，2017 年第 11 期。
[25] 刘慧明、高吉喜、刘晓、张海燕、徐新良：《国家重点生态功能区 2010—2015 年生态系统服务价值变化评估》，《生态学报》2020 年第 6 期。

[26] 靳乐山、吴乐：《我国生态补偿的成就、挑战与转型》，《环境保护》2018 年第 24 期。

[27] 陈妍：《完善生态补偿机制，促进区域协调发展》，《科技中国》2020 年第 12 期。

[28] 刘国华、傅伯杰、方精云：《中国森林碳动态及其对全球碳平衡的贡献》，《生态学报》2000 年第 5 期。

[29] 周玉荣、于振良、赵士洞：《我国主要森林生态系统碳贮量和碳平衡》，《植物生态学报》2000 第 5 期。

[30] Raich J. W., Schlesinger W. H., "The global carbon dioxide flux in soil respiration and its relationship to vegetation and climate", *Tellus* 44, 1992.

[31] Davidson E. A., Savage K., Verchot L. V., Navarro R., "Minimizing artifacts and biases in chamber-based meas- urements of soil respiration", *Agricultural and Forest Me-teorology* 113, 2002.

[32] Canadell J. G., Raupach M. R., "Managing forests for climate change mitigation", *Science* 320, 2008.

[33] Bond-Lamberty B., Thomson A., "Temperature-associated increases in the global soil respiration record", *Nature* 464, 2020.

[34] 刘才、张海峰、李春明、周志军、李正华：《浅析现代造林技术与营林措施》，《广东蚕业》2021 年第 7 期。

[35] 鲍显诚：《热带和亚热带土壤中碳的含量、动态及贮存》，《人类环境杂志》，1993 年第 7 期。

[36] Eswaran H., Van Den Berg E. V., Reich P., "Organic carbon in soils of the world", *Soil Science Society of America Journal* 57, 1993.

[37] 李晓龙、张雨鉴、宋娅丽：《区域尺度森林土壤碳储量估算方法及人为影响因素研究进展》，《绿色科技》2019 年第 18 期。

[38] 魏文俊、王兵、白秀兰：《杉木人工林碳密度特征与分配规律研究》，《江西农业大学学报》2008 年第 1 期。

[39] 贾宇平、马义娟：《黄土高原小流域土壤总碳分布与储量研究》，《水土保持通报》2005 年第 5 期。

[40] 程鹏飞、王金亮、王雪梅：《森林生态系统碳储量估算方法研究进展》，《林业调查规划》2009 年第 6 期。

[41] Lavorel S., Diaz S., Cornelissen J. H. C., Gamier E., Harrison S. P., McIntyre S., "Plant functional types: are we getting any closer to the Holy Grail?", Canadell J., Pitelka L. F., Pataki D., ed., *Terrestrial Ecosystems in a Changing World* (Berlin: Springer, 2007).

[42] Cornelissen J. H. C., Thompson K., "Functional leaf attributes predict litter

decomposition rate in herbaceous plants", *New Phytologist* 135, 1997.

[43] Striker G. G., Insausti P., Grimoldi A. A., Vega A. S., "Trade-off between root porosity and mechanical strength in species with different types of aerenchyma", *Plant Cell and Environment* 30, 2007.

[44] Chapin F. S., "Effects of plant traits on ecosystem and regional processes: a conceptual framework for predicting the consequences of global change", *Annals of Botany* 91, 2003.

[45] Lorenz K., Lal R., "The depth distribution of soil organic carbon in relation to land use and management and the potential of carbon sequestration in subsoil horizons", *Advances in Agronomy* 88, 2005.

[46] Zak D. R., Blackwood C. B., Waldrop M. P., "A molecular dawn for biogeochemistry", *Trends in Ecology & Evolution* 21, 2006.

[47] 王平、盛连喜、燕红、周道玮、宋彦涛：《植物功能性状与湿地生态系统土壤碳汇功能》，《生态学报》2010 年第 24 期。

[48] 梅梦媛、雷一东：《我国人工林新时代发展形势分析》，《世界林业研究》2019 年第 3 期。

[49] 张兴：《生态产品价值实现发展趋势研究》，《国土资源情报》，2021 年 9 月 7 日，http://kns.cnki.net/kcms/detail/11.4479.n.20210831.1328.012.html。

[50] 马永欢、吴初国、曹庭语等：《对我国生态产品机制实现机制的基本思考》，《环境保护》2020 年第 1 期。

[51] 蒋金荷、马露露、张建红：《我国生态产品价值实现路径的选择》，《价格理论与实践》，2021 年 9 月 7 日，https://doi.org/10.19851/j.cnki.CN11-1010/F.2021.07.127。

[52] 邹晓君、薛立：《林下经济经营模式对土壤理化性质和碳储量的影响研究进展》，《广东农业科学》2019 年第 2 期。

[53] 佟帆：《破解林业碳汇试点难题的几点思考》，《北方经济》2021 年第 3 期。

[54] US. EPA, "Compensatory Mitigation Mechanisms", 2017 年 6 月 5 日, https://www.epa.gov/cwa-404/compensatory-mitigation-mechanisms。

G.5
发展木结构建筑与“3060”目标实现

阙泽利　徐　伟　张鑫锐*

摘　要： 在2021年全国“两会”上，碳达峰和碳中和被首次写入政府工作报告，报告提出二氧化碳排放力争于2030年前达到峰值，力争2060年前实现碳中和。“碳达峰”是指二氧化碳排放总量在某段时间内达到历史峰值，其间碳排放总量依然会有波动，但总体趋势平缓，之后碳排放总量会稳步回落。“碳中和”是零和概念，不是完全杜绝排放，而是碳的排放和吸收互相抵消。林业产业在碳中和实现过程中可以发挥巨大作用，而其中的木结构建筑行业更是重中之重。本文总结了木结构建筑对实现碳中和的积极作用，结合数据，阐述我国木结构建筑实现的条件，并针对我国木结构建筑行业的发展给出相应建议。

关键词： 碳中和　林业行业　木结构建筑

一　前言

气候变暖已严重威胁到人类可持续发展，应对气候变化成了全球共同面临的重大挑战。2009年11月26日，国务院总理温家宝在哥本哈根联合国

---

* 阙泽利，博士，南京林业大学教授、博士生导师，全国木材标准化技术委员会结构用木材分技术委员会委员，中国木材保护工业协会胶合木分会副主任委员，江苏省建筑产业现代化创新联盟专家委员会常委等；徐伟，博士，南京林业大学教授、博士生导师，南京林业大学家居与工业设计学院院长；张鑫锐，南京林业大学在读硕士研究生。

气候大会上代表中国政府承诺到2020年单位国内生产总值二氧化碳排放比2005年下降40%～45%。2020年9月22日，习近平主席在第七十五届联合国大会一般性辩论上提出："中国将提高国家自主贡献力度，采取更加有力的政策和措施，二氧化碳排放力争于2030年前达到峰值，努力争取2060年前实现碳中和。"① 党的十九届五中全会公报提到"碳排放达峰后稳中有降"，即碳排放达到最高点后再平稳下降。碳排放与GDP密切相关，GDP的产生会消耗能源、排放温室气体，我国的GDP每年都在增长，碳排放的总量也在增长。单位GDP的碳排放量下降的幅度比GDP增长的幅度大，碳排放的总量就不会再增加，这个拐点即为峰值。碳中和即在碳排放减少的同时，通过植树造林固碳等方式吸收排放出来的温室气体，实现排放和吸收相抵消。

森林中的植物能够吸收大气中的CO_2并将其固定在植被或土壤当中，1立方米的森林可储存约1吨CO_2释放0.73吨O_2，供1000人使用1天，从而有效减少CO_2在大气中的浓度，在降低全球温室气体、减缓气候变暖中发挥着十分重要的作用。全球森林平均每年吸收约88亿吨CO_2，约相当于从1990年到2007年化石燃料年排放的1/3。1990～2007年，每年大约有24亿吨固态碳被封存在木纤维中。根据全球能源巨头BP的统计数据，2019年全球碳排放总量为341.69亿吨，其中中国碳排放量为98.26亿吨，占比约29%，位居全球首位，且几乎达到同期美国的两倍。2018年我国建筑全过程CO_2排放总量为49.3亿吨，占全国CO_2排放总量的51%，占全球CO_2排放总量的15%。

木材具有自然界再生、吸碳、节能等环境友好特征。钢铁和混凝土消耗的能源与木材相比，分别多12%和20%，排放的温室气体分别多15%和29%，向空气中释放的污染物分别多10%和12%，产生的水污染物分别多300%和225%。因此，推广木结构建筑将有助于实现"到2030年单位国内

① 《习近平在第七十五届联合国大会一般性辩论上发表重要讲话》，《人民日报》2020年9月23日。

生产总值二氧化碳排放比2005年下降60%～65%”的目标，同时可降低经济发展对环境、气候的影响，创造美好的居住环境，也对我国本身的可持续发展具有推动作用。

二　木结构建筑的发展意义与自身优势

（一）木材是天然的绿色建材

木材是天然绿色的建筑材料，具有可再生、可循环、可降解的特性，能够吸收和固定二氧化碳。过去一段时间，由于中国木材短缺，中国形成了使用木材会破坏环境的思想，导致建筑业在材料选择上存在误区，过度依赖水泥和钢材。

木结构建筑能够节能降耗。在生产阶段，能耗主要来自木材的采伐、运输、加工、干燥和包装等工序；在施工阶段，木结构建筑基本不需要大、重型器械设备，施工能耗也较低；在使用阶段，木材隔热性能好、热阻值高，相同墙体厚度下，木结构墙体的保温性能是混凝土的7倍以上，相同环境条件下，木结构建筑的运营能耗相比混凝土建筑能降低20%以上。在制造、运输、安装环节，钢结构建筑能耗是木结构建筑的2.4倍，在整个生命周期则是木结构建筑的3.07倍。

利用加工后的木材来建造房屋，能够保证相关环节产生的CO_2永久地被固定在木材里。日本三泽房屋综合研究所对一栋集太阳能利用、高性能保温隔热设计、合理的屋檐设计、通风设计、遮光窗帘设计等技术于一体的预制装配式木结构建筑房屋进行了碳排放研究，测算结果显示，房屋搭载的太阳能板所产生的能源每年可节省3.9吨CO_2排放量，建筑寿命达到80年时，全生命周期碳排放收支为零，如果建筑寿命超过80年，则该房屋为负碳房屋。

另外，木材也是天然的绿色建筑材料，在木结构建筑达到生命周期终点被拆除后，其90%的建筑材料可以被用作其他建筑材料或者燃料而被循环再利用，对环境负担较小。建筑垃圾会吞噬大量良田和土地，而木材的合理利用，有利于建筑垃圾的减少。

（二）推广木结构建筑是绿色发展的重要路径

21 世纪对建筑业产生影响的因素与人口变化、环境问题（主要是气候变化）以及在数字化和全球化的推动下日益复杂的全球经济有关。根据《巴黎协定》和联合国可持续发展目标（SDG）中的气候目标，未来推动实现碳中和将需要可持续的生物经济。为了实现可持续生产和消费这一可持续发展目标，建筑部门应被视为提高自然资源有效利用率和减少废物产生的关键部门。随着建筑物在使用阶段的能源效率不断提高，隐含能源和自然资源对于提高建筑物的资源效率将变得越来越重要。而循环策略旨在首先延长产品和组件的使用寿命，然后在产品和组件使用寿命结束时关闭物料流。这有可能随着时间的推移保持资源质量，并减少资源开采和废物的产生。

木材本质上是可再生的，它使用低能耗工艺，产生的废物很少，提供了一种无成本的碳捕获解决方案。木材所吸收的碳还可用于抵消无法实现碳中和的经济部门所排放的碳，因此使用这种天然和可再生材料代替其他材料是有益的。而以木材建造的建筑物可以获得绿色建筑认证，可带来更高的入住率或更高的租户满意度，从而形成更长的租期、更高的需求或租金溢价。研究还表明，绿色建筑具有溢价、较低的违约风险、较低的波动性和较小的折旧率等优点。

在经济、社会和环境方面，木结构建筑为城市地区的可持续再致密化提供了快速、高质量，特别是与现有方案兼容的解决方案，施工时间短，预制化程度高，减少了工地交通，生态平衡性能良好。

（三）木结构建筑的发展有利于传统文化的传承和现阶段文化自信的展现

习近平总书记指出，中国有坚定的道路自信、理论自信、制度自信，其本质是建立在 5000 多年文明传承基础上的文化自信，同时强调，文化自信，是更基础、更广泛、更深厚的自信。木结构建筑是文化自信的一种体现。

我国木结构建筑发展具有悠久的历史，如北京故宫，构思缜密，令人震撼、叹为观止，其相关教材始终是国外建筑类院校必修的典范教材，也是国外相关企业宣传的重要资料；木构架的榫卯可拆卸搬迁，充分体现了中华民族“不把事做绝，不把路堵死”的优良品质。以斗拱承梁载重，象征着中华民族超常凝聚力、忍辱负重以及和衷共济的可贵精神，因此斗拱也无可替代地成为中国建筑学会的会徽。早在宋代，李诫就在其所著的《营造法式》中将木结构建筑体系从建筑形式、结构到施工系统全面地展示了出来，《营造法式》成为我国古代最完整的建筑技术书籍。

中式木结构建筑的灵魂和根本是文化，是中华文化区别于西方文化的主要见证，也是我们从建筑大国走向建筑强国的必然选择；在我们引入国外钢结构建筑并加以广泛应用的同时，欧美 90%、日本 85% 以上的人早已把木结构建筑作为居住首选，他们已经充分认识到了木结构建筑的负碳环保将是人类可持续发展的必然选择。

相比大量铁矿石冶炼造成的污染，炸山掘地造成的破坏，进口国外木材为我所用，建立有序采伐机制，为林户提供市场，增加收入，激发全民种树热情，也是保证绿水青山的必然选择。

理念引领是开端，祖传工艺是支撑，创新发展是关键。人工林面积的扩大，BIM 技术的推广使用，复合集成木材的技术成熟，榫卯加工设备的更新迭代，都为木结构建筑的发展提供了必备的可靠条件，发展木结构建筑必将成为我国建筑行业在国际上树立文化自信的必然趋势。

（四）木结构建筑有利于提供良好的居住体验

大量报告表明，平静和放松的环境，尤其是反映自然的环境，会对我们的情绪和身体健康产生积极影响。特别是木材对人类健康有积极影响，因为它降低了交感神经系统（SNS）的激活可能。SNS 会引起压力反应；增加血压和心率，抑制消化、恢复和修复等功能。当被大自然和木制品包围时，这些症状会减少。研究还表明，木结构建筑具有良好的宜居表现。木材具有调温调湿作用，木屋能够让人有冬暖夏凉的舒适感，木质材料还具有良好的声学特性，能降低噪音；木材是多孔性材料，还能够吸附室内环境中的有害物质，保护人体健康；木材还能散发出独特的气味，起到杀菌防虫的作用，增强环境的舒适性。

（五）木材的合理应用有利于促进林业发展

长远来看，木材的利用与木材资源的发展是相互促进、相辅相成的，从目前森林资源的情况及国外的发展情况可以得到印证。

一是森林面积、蓄积量持续增长。根据第九次全国森林资源普查结果[①]，全国森林覆盖率 22.96%，森林面积 2.2 亿公顷，森林蓄积量 175.6 亿立方米，其中人工林面积 8003.1 万公顷，继续保持世界首位。森林植被总生物量 188.02 亿吨，总碳储量 91.86 亿吨。年涵养水源量 6289.50 亿立方米，年固土量 87.48 亿吨，年滞尘量 61.58 亿吨，年吸收大气污染物量 0.40 亿吨，年固碳量 4.34 亿吨，年释氧量 10.29 亿吨。

二是木材应用促进了人工林的快速发展。20 世纪 80 年代以前，苏北森林覆盖率不到 2%。90 年代，人造板工业的发展促进了林业发展，现在森林覆盖率超过 30%，泗阳甚至已达到 48.5%。

从国外看，德国《森林宪章》要求多应用木材，10 年内将木材消费量提高 20%。美国森林资源蓄积量逐年增多，50 年间，采伐量增长 34.8%，蓄积量增长 39%。全球森林资源是充裕的，可以持续满足人类需求。全球有充足的针叶木资源，生长量超过消耗量，大量进口针叶木材有资源保障。同时，非热带林区森林增加。联合国最新报告指出，原始森林遭破坏的速度降至 20 年来最低。20 世纪 90 年代，每年损失原始森林 830 万公顷。2000 ~ 2010 年，每年损失降至 500 万公顷。

世界森林分布极不均匀，针叶树种绝大部分集中在北半球。在北半球居

① 国家林业和草原局：《中国森林资源报告（2014 ~ 2018）》，中国林业出版社，2019。

住着全球75%的人口，集中了95%以上的针叶林、90%的温带阔叶林和90%以上的工业用材林。北半球森林管理水平高，一直保持着生长量大于采伐量的态势。

2017年中国进口木材1.08亿立方米[①]。其中，进口针叶木材7393.35万立方米，占进口木材总量的68%。进口的针叶木材均来自可持续发展的林区，70%以上是森林认证的木材。中国进口的针叶木材大部分用于建筑口料等次要部分，用于木结构建筑主体部分的很少。

由于世界经济一体化趋势逐步加强，利用他国资源发展经济、实现双赢已属常态。同时我国发展木结构建筑所需的木材、竹材资源充裕。木材是可再生资源，如果加以科学规划管理，会越用越多，促进生态发展。

（六）木结构建筑具有良好的抗震效果

“抗震性”是建设住宅时的一个重要考虑因素，因为住宅是未来几十年家庭将居住的地方。与其他施工方法相比，木结构的抗震能力如何？是否存在木材比混凝土和钢筋等建筑结构材料稍弱的现象？

其实木材很强壮！树木被砍伐后，用作建筑材料时总是需要对木材进行干燥处理，干燥后木材的耐久性会逐渐增加，这是其他材料所不具备的特性。木材坚固而灵活，是一种比其表面看起来要坚固得多的材料。例如，我国和日本均是地震多发国家。即便这样，传统木屋在日本仍然受到喜爱也是有充分的理由的。2016年熊本发生地震，其中最大震度为7级的两次主震发生了两次，随后又发生了一次烈度超过6级的余震。据调查，熊本地震中仅有297座木屋倒塌，且其中大部分倒塌在第二次主震中。

三　木结构建筑对实现碳中和的积极作用

通过植树造林增加林业碳汇，将大量碳固定在林业中，随后利用林业行

① 刘能文、毛传伟、胡帆：《我国木材市场供需情况与展望》，《中国人造板》2019年第26期。

业中“内含碳”排放中的木材资源来建造木结构建筑，用“碳”盖房子，可实现“运营碳”排放。木结构建筑中涉及碳的有两部分：一是材料本身固碳，且加工碳排放少；二是由于木结构的节能性能好，建筑使用中能耗低。目前建筑行业在减碳过程中只重视“运营碳”忽视“内含碳”，在建筑建造过程中忽视材料选择这一环节，甚至直接把“内含碳”排除在建筑减排的边界之外，这与发达国家基于全寿命周期进行决策是有差距的。而林业部门应加强在建筑方面的材料利用以及决策的选择，联合建设部门充分发挥林业的减碳作用。[①]

据2020年11月发布的《中国建筑能耗研究报告（2020）》的有关数据[②]，2018年全国建筑全过程碳排放量占全国碳排放总量的比重为51.3%。预计到2040年我国的建筑碳排放将达到顶峰。所以降低建筑能耗和碳排放量、大力发展低碳建筑刻不容缓。具体措施有：加大绿色新材料、新工艺的研发投入，开发更加低碳、绿色、环保的建筑材料，从源头上减少材料的消耗，结合我国近几年的发展木结构建筑的政策，推动木结构建筑的发展即能有效减少碳排放量，发展绿色建筑，促进人与自然和谐共生。[③]

我国目前的民用建筑碳排放达16亿吨，民用建筑加上基础设施建造的相关碳排放高达43亿吨。其中减排的有效途径之一就是研究发展新型低碳结构体系，例如木结构建筑，通过结构优化减少碳排放。木结构建筑是建筑减碳、中和的重要方向之一。根据实验数据，与使用同样面积的混凝土的屋顶相比，使用木结构屋顶减排量可达65%以上。此外，木质建材还可以用于固碳，研究表明，平均以1立方米木材代替同体积水泥结构，可直接减少1.1吨CO_2排放，同时还可长期在被使用的木材里存储

---

① 李俊峰：《关于统筹实现碳达峰目标与碳中和愿景的几点建议》，《环境与可持续发展》2021年第2期。

② 中国建筑节能协会：《中国建筑能耗研究报告（2020）》，2020。

③ 铁铮、武曙红、周晓然、张志华：《碳达峰和碳中和林业发展迎来新机遇》，《绿化与生活》2021年第5期。

0.9 吨 CO_2，减碳、固碳效果惊人。①② 而关于木材的生产，每吨木材只需453 千瓦电力，一吨钢则需要 3780 千瓦。因此，木材的使用是“唯一真正天然和可再生的建筑材料”。

以2020 年我国新建建筑为例，新建建筑面积为 18 亿平方米，其中，新开工装配式建筑面积达 6.3 亿平方米，从结构形式看，新开工装配式混凝土结构建筑 4.3 亿平方米，占新开工装配式建筑的比例为 68.3%；装配式钢结构建筑 1.9 亿平方米，占新开工装配式建筑的比例为 30.2%。2018 年，全国建筑全过程碳排放总量为 49.3 亿吨 CO_2，预计 2020 年全国建筑全过程碳排放总量达到 60 亿吨，其中装配式建筑占 20%。建筑在运行阶段碳排放比例较大，为 82.8% ~95.4%。其他阶段碳排放：建筑材料碳排放 0.8% ~12.1%、运输碳排放 0.1% ~0.3%、建造以及拆除碳排放 1.9% ~2.4%。

假设装配式建筑中有 1 亿平方米使用了木结构建筑，木材的使用可以使建材生产阶段碳排放降低 48.9% ~94.7%。从生命周期的视角看，与基准建筑的碳排放量相较，可节省 8.6% ~13.7% 的 CO_2 排放，即在建筑材料上可以降低 CO_2 排放 0.86 亿吨；从全周期相比较看，可降低 CO_2 排放 1.06 亿吨，当新建木结构建筑占比达到全国新建建筑的 1% 时，建筑全过程碳排放量可降低 2.23%。

从加工环节来看，相比其他一些建筑材料，木材具有耗能低、碳排放量少的特点。从原木到板材的过程中消耗的能源大多是来自木材自身生产过程中的副产品。在采伐、运输和使用过程中，排放的 CO_2 也远远少于木材中的固碳量。

得益于木结构装配式技术的发展，预制构件在运送到现场后便可以直接进行安装，木构件的有序排列不仅可以避免混乱的施工现场，提高施工效

① IRNEA，“Renewable Power Generation Costs in 2019”，Abu Dhabi：International Renewable Energy Agency，2020.

② Frank S.，Havlik P.，Stehfest E.，et al.，“Agricultural non-CO2 emission reduction potential in the context of the 1.5℃ target”，*Nature Climate Change* 9，2019，pp. 66 – 72.

率，还可以降低施工过程中的各种损耗，同时干式作业没有扬尘污染，不会产生额外的建筑垃圾，施工过程中真正做到了低碳环保。使用木材建造相当于将树木捕获到的碳固存在建筑物当中。合理的设计和围护，使得木结构建筑寿命可以轻易到达百年以上，这也就延长了树木固碳的周期。[①][②]

四　我国的木结构建筑现状及不足

目前木结构建筑在我国的发展还存在很多问题，这些问题主要源于现有的木结构建筑相关管理体制不健全、监管机制不完善，通过制定相关的规划、政策、监管体系，可以使这些问题得到解决。

（一）木结构建筑建设管理制度问题

一是木结构尚未被纳入规范性工程建设项目管理规范和程序，无论是在工程招标投标、开工许可，还是在工程监理、工程验收等环节都缺乏规范性的管理政策和监管手段。二是木结构建筑还缺少设计图纸审查、工程预算定额等相关制度。由于木结构建筑的设计、审图、施工、监理、质量控制、验收等管理体系和制度不健全，也缺少木结构建筑相关的认证、检测机构，木结构从业企业及建筑质量参差不齐。三是木结构行业缺乏相关的权威施工资质，国内目前仍然没有相应政策让施工企业获得木结构专业施工资质，从而导致有些小施工单位的建筑质量得不到保证，对木结构建筑行业未来的持续发展产生了影响。

（二）建造成本问题

1. 成本问题产生的主要原因

成本是开发商、建造商和消费者最关心的问题，一方面木结构建筑

---

① 杨解君：《实现碳中和的多元化路径》，《南京工业大学学报》（社会科学版）2021 年第 2 期。

② 王有为：《谈“碳”——碳达峰与碳中和愿景下的中国建筑节能工作思考》，《建筑节能（中英文）》2021 年第 1 期。

本身的造价比混凝土建筑的造价要高得多，另一方面是与木结构生产企业的制造能力能否充分发挥有关。例如，国内许多木结构企业不一定可以整年满负荷运行，这样全年的运行成本就会被推高并平摊到所承接的项目中，从而促使价格居高不下。此外，木结构企业相对来说数量较少，竞争也没那么激烈。这些因素综合起来会使木结构建筑的造价稍高一些，当然在使用过程中，还需要进行维护，也提高了成本，会使大多数人望而却步。

此外，木结构建筑建造成本还与地区、档次、材料、装饰等相关。假如在村镇和地震多发地区的乡村，造价过高肯定是无法推广的。一是现有木结构建筑项目主要为别墅类，配置较高因而造价偏高。人们一般认为木结构房屋造价高、太贵，主要有两个原因：一是现在的木结构房屋定位为“别墅”，配置太高，因此造价高；二是木结构建筑相关配套构配件大多采用国外技术，推高了成本。如果配置降低，造价一定会降下来。

2. 解决成本问题的主要措施

①要使用价格合理的国产材代替进口材，当然这需要在材料分级分选、标准制定方面予以配套支持，通过使用蓄积量丰富的人工速生林制造国产高品质的结构材。②使用国内生产加工的构件，并且尽可能模数化、标准化，而不是百厂百品。③非关键的零部件尽可能因地制宜、就地取材，节约运输成本。④在设计构造上降低成本，如在一层可采用木框架、砖隔墙，在竹材丰富的地方，可采用木竹混合结构。

（三）设计与技术有待提升

当前国内木结构建筑企业木结构设计方面的专业人才缺口较大，同时相关的生产、施工技术人才稀缺，严重制约了企业的发展空间和长期规划。

因此加大专业人才的培养力度尤为重要。和钢结构、混凝土结构不一样，木结构起步稍晚，研究人员也相对较少。不过，目前木结构领域已形成一个非常好的团体，成员主要来自国内土木工程类、林业类高校和设计部门，团体内部交流密切。

（四）木材的防护技术有待提升

我国许多地方高温多湿，冬天易有强劲的季风，白天阳光直射温度高达40～50度，夜晚又降温，在这样的循环下，紫外线、气温变化、水气渗透与蒸散、霉菌腐朽的作用，容易使木材收缩膨胀、被降解、老化，或使木材的力学性能下降，反映在外观上是会出现翘曲、龟裂或木材蜕色，发灰变乌。然而老化的速度难以量化，和木材本身的特性、暴露在阳光下的时间长短、光照强度、季节、湿度等都有关。这一过程不可逆，所以不能等木材老化较严重了以后再进行处理。

木质结构房屋的维护和保养主要需要考虑以下几方面：防腐、防虫、防火、防老化与开裂、日常维护。但是在维护过程中还需要结合实际情况加以考虑，如地点和地理位置、对木材有害的非生物和生物媒介、当地建筑法规和规范、成功的当地惯例以及特殊情况。同时维护过程中要特别注意每一步处理必须跟之前的兼容。例如清洁剂必须跟保护漆和防腐剂兼容，而保护漆和防腐剂必须与密封胶和密封条兼容。

另外木屋开裂是正常的现象，就算硬木家具摆放在室内也需设置收缩缝并定期进行维护，这是避免不了的。但护木油能渗入木材内，起到滋养木材的作用，并且有优异的耐候性和防水性，使木材在相同情况下老化速度大大延缓，应在竣工后立即用来涂刷木材表面。此后一般半年到一年重新加以养护使效果达到最佳。但老化速度较快的部位可视具体情况而加大涂刷护木油频率。

（五）标准体系存在的问题

我国现行的木结构建筑的相关标准、规范与发达国家相比还有相当大的差距，木结构建筑在应用范围、可使用的木产品及建造规模方面面临诸多限制。

分布不均衡、覆盖面窄、标准当中的术语不统一是现行标准存在的比较突出的问题，有关标准主管部门之间相互割裂，标准的制定缺乏系统性、主动性、前瞻性，标准数量不少，但重复性建设也不少，市场急需的标准少，基于科研成果标准的建设不足，基础性研究偏弱，没有体现标准化的优势和作用，难以使标准形成科学的有机整体等，未来还需要进一步完善，逐步解决标准体系中存在的一系列问题。

一是现行防火规范过于保守，限制了木结构建筑的建设规模和适用范围。二是木结构部品、部件标准化工作欠缺较多，标准化程度亟待提升。三是由于缺乏大型木构件的技术标准，在公共建筑中使用木结构也阻力重重。四是缺少木结构消防验收的专门标准，现有木结构建筑普遍面临无法验收的窘境，因此多数木结构建筑是无手续的小产权房。

（六）产业能力和基础薄弱

依据中国木材保护协会 2018 年的调查，在木结构建筑设计的受访单位中，有 3 年以上的木结构建筑设计经验的约占 95%，但有 10 年以上经验的仅占1/3,入行 10 年以上的木结构施工企业中进入成熟期的企业仅占 10%，可以说产业基础根浅，急需夯实产业基础。目前木结构建筑企业在技术上过于依赖国外技术的引入，设计、材料、设备、制造、施工、管理、维护等技术水平和硬件配置水平总体偏低，还存在规模小、产学研联动差、资源无法合理整合、产业链各个环节容易出现脱节的问题。

五　建议

实现 2030 年前碳达峰、2060 年前碳中和目标，将对中国的经济系统、能源系统等产生革命性重塑作用。因此，我们要锚定目标，努力争取 2060 年前实现碳中和，并在政策设计、科技创新、体制机制改革、国际合作等方面采取更加有力的举措，坚定不移地朝着既定目标前进。

我国拥有悠久的传统木结构建筑技术和文化，近年来，在习近平总书记“绿水青山就是金山银山”理念指导下，绿色发展理念深入人心。结合我国资源特点，木结构建筑发展已逐步形成有政策框架指导、技术体系支撑和标准不断完善的局面。通过为木材提供更高价值的应用环境，增加森林经济效益以达到鼓励种植和保护的效果，是对森林资源最好的保护，是助力实现碳中和目标的必经之路。正是基于木结构在降低碳排放上的诸多优势，世界各国都在积极推动鼓励木材在建筑中的使用：一方面鼓励技术创新，促进大跨度、高层木结构建筑技术的研发和应用；另一方面推行“木材优先”的相关政策法案，鼓励在政府投资的建筑项目中优先使用木材。具体来说，推广现代木结构建筑，助力实现碳中和目标，建议做好以下几个方面工作。

（一）政府出台导向性政策

发展现代木结构建筑符合我国建筑节能减排的战略，也是助力实现碳中和目标的一个必要途径。然而，木结构建筑技术的广泛应用需要政府的政策引导，一方面政府应全面、明确地出台促进“碳中和”的政策法规，以及其他相关的经济、财政、金融和自愿标识政策法规，以推进木结构材料在建筑领域的使用；另一方面政府应整合完善建筑节能减排等方面的相应标准。

在维持现有的推动绿色建筑发展的政策下，明确木结构建筑与绿色建筑的关系，制定国家发展装配式木结构建筑的中长期产业发展规划。适宜发展木结构建筑的省或市可以编制适宜当地条件和解决当地实际问题的区域木结构建筑发展规划。在有条件的城乡结合地区、乡镇地区、乡村地区优先推广和鼓励木结构建筑的发展，对全部或者部分选择木结构用作建筑主体的开发项目优先纳入土地利用规划。同时，加快研究制定推进木结构产业发展的指导意见和财税优惠政策，从政策规划的层面促进中国的木结构产业发展与振兴。

（二）做好木结构建筑的科普宣传工作

目前现代木结构建筑在国内市场认可度与接受程度仍然较低，因此，政府应担负起更多的“科普”责任，加大木结构建筑的市场推广和宣传，组织培训项目，提高公众对木结构及碳中和重要性的认识，使公众更多地了解木结构的优点，鼓励公众养成环保习惯，共同为木结构建筑的发展创造一个良好的环境。

（三）因地制宜发展不同类型的木结构建筑

木结构建筑具有良好的保温性能和抗震性能，尤其适合于在气温较低以及地震多发地区建造。可根据不同地域特点发展不同形式的木结构建筑，推动绿色低碳的木结构对高碳排放钢混结构的替代。例如在华东和东南部的沿海经济发达地区的农村、乡镇住宅建设中可率先发展轻型木结构建筑以及新型木基材料建筑；在西南地区地震多发带优先发展低层抗震木结构建筑等。

在地震区、地质灾害多发频发等地区和以木结构建筑为特色的地区、旅游度假区重点推广木结构建筑。在经济发达地区农村自建住宅、新农村居民点建设中推进木结构农房建设。推动木结构建筑在平改坡、棚户区改造等既有建筑改造工程中使用，逐步延伸木结构建筑技术在我国主流建筑市场的应用。

（四）实现木结构建筑的本土化

目前国内市场上新建木结构建筑多定位高端，整体复制西方设计理念，采用进口设备及材料配件，导致成本造价普遍较高。如果在国内推广木结构建筑，建筑设计、材料、配件、技术标准和规范以及配套安装技术都应该逐步实现本土化，为木结构建筑进入大众生活铺平道路。另外，国内由于木材短缺，不一定适合走欧美纯木建筑的技术路线，可以尝试探索竹材、夯土等因地制宜的绿色、低碳、可回收的建筑材料，并加强传统工艺的现代化发展。

借鉴国际先进经验，尊重林业发展客观规律，制定可持续发展的林业政策，建立林业资源良性循环发展体系。加强国有和私有林区建设，制定长远法规，参考瑞典、加拿大等国家建立类似伐一棵种两棵的森林管理制度，尊重林业发展客观规律，形成越伐越有的良性循环体系。

（五）大力培养本土专业技术人才

国内木结构建筑企业普遍面临人力资源要素的约束短板，特别是缺乏木

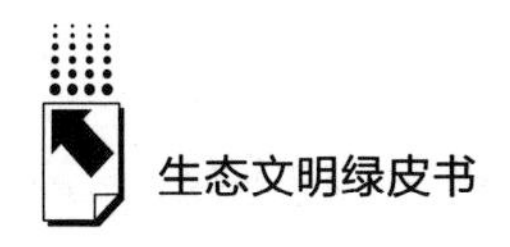

结构建筑设计和材料制造方面的专业人才和技术，严重制约了行业发展。因此，应做好本土木结构专业技术人才的培养工作，在一些具有相关专业的高校招收培养本科专业人才，以及与其他协会、社会团队协同开展相关培训。鼓励高校、科研机构、企业之间进行产学研合作，共同参与木结构建筑的研发工作，共同突破技术难题。

（六）加大木结构使用政策鼓励力度

国内木结构建筑技术的推广需要补充和完善各类绿色建筑和绿色建材的标准规范，积极推进在当前相关部门的发展计划，尤其是财政激励机制框架内纳入木结构建筑技术。同时，积极推进绿色低碳建材，主要是高强度结构木材及辅料构件，进入绿色建材认定标准和体系。积极推进实施研究木结构产业发展的财政、金融、税收等优惠政策，通过建立科学合理的投融资机制，增加担保机构对木结构建筑企业的发展信心和支持力度。

积极推进我国木结构建筑发展的指导意见的落地和实施，运用财政、金融、税收等经济手段助力木结构产业的稳步发展。如对建设和购买木结构建筑的单位和个人实行资金激励、税收优惠政策。鼓励各地加大对木结构建筑的科研资金投入，推动科技创新。积极探索和发现当前木结构产业发展的瓶颈，针对建安成本相对较高、层高受限制、竣工验收、消防验收中没有形成有效机制、行业缺乏施工资质、施工没有预算定额等问题，出台促进产业发展的利好政策，扶持和引导市场主体开发、建设和消费装配式木结构建筑产品，使木结构建筑所具有的低碳、节能、环保等属性转化为实际的社会效益、环境效益，更多地惠及民生。

参考文献

[1]《习近平在第七十五届联合国大会一般性辩论上发表重要讲话》，《人民日报》

2020 年 9 月 23 日。
[2] 国家林业和草原局:《中国森林资源报告（2014 ~ 2018)》，中国林业出版社，2019。
[3] 刘能文，毛传伟，胡帆:《我国木材市场供需情况与展望》，《中国人造板》2019 年第 26 期。
[4] 李俊峰:《关于统筹实现碳达峰目标与碳中和愿景的几点建议》,《环境与可持续发展》2021 年第 2 期。
[5] 中国建筑节能协会:《中国建筑能耗研究报告（2020)》，2020。
[6] 铁铮、武曙红、周晓然、张志华:《碳达峰和碳中和林业发展迎来新机遇》,《绿化与生活》2021 年第 5 期。
[7] IRNEA,“Renewable power generation costs in 2019”, Abu Dhabi: International Renewable Energy Agency, 2020.
[8] Frank S., Havlik P., Stehfest E., et al.,“Agricultural non-CO2emission reduction potential in the context of the 1. 5℃ target”, *Nature Climate Change* 9, 2019.
[9] 杨解君:《实现碳中和的多元化路径》,《南京工业大学学报》（社会科学版）2021 年第 2 期。
[10] 王有为:《谈“碳”——碳达峰与碳中和愿景下的中国建筑节能工作思考》,《建筑节能（中英文)》2021 年第 1 期。

政策布局篇

Policy Reports

G.6
主体功能区战略与优化国土空间开发格局研究

李红举*

摘　要： 主体功能区战略是生态文明建设的重要组成部分，也是生态文明建设的必然选择，对中华民族永续发展具有重大意义。构建平衡适宜的城乡建设空间体系，编制“多规合一”的国土空间规划，是推动实施主体功能区战略的核心举措。本文总结了当前我国生态文明建设的成就，重点梳理了主体功能区战略与国土空间开发格局政策发展脉络，从国家对主体功能区战略的要求出发，明晰主体功能区与优化国土空间规划、统筹“三区三线”划定等之间的关系和工作内容，指出规划实施的保障措施。

关键词： 主体功能区　国土空间开发　“三区三线”

* 李红举，自然资源部国土资源整治中心研究员，主要研究方向为水资源利用、土地整治技术标准等。

一 实施主体功能区战略

主体功能是指一定区域所具有的、区别于周边区域的核心功能。这个核心功能是由区域自身资源环境条件、社会经济基础所决定的。主体功能区是由资源环境承载能力、国土空间开发适宜性以及发展要素空间配置能力等多因素共同塑造的国土空间单元。实施主体功能区战略，协调经济社会发展与人口、资源、环境之间的关系，建立和落实统一的国土空间规划是我国生态文明建设的重要内容，也是建设美丽中国、推进高质量发展的主要路径。

（一）主体功能区战略的提出

主体功能区刻画了我国未来国土空间开发保护格局的发展蓝图，主体功能区战略的提出具有鲜明的时代背景。我国自然资源分布不均衡，人均占有量普遍低于世界平均水平，而长期以来“重经济，轻环境”的发展方式，使得环境污染愈发严重，加之自然生态系统脆弱、退化，经济社会发展与人口资源环境的矛盾日益突出，已经严重制约了新时期我国经济社会的可持续发展。2010 年 12 月 21 日国务院印发《全国主体功能区规划》，将国土空间划分为优化开发、重点开发、限制开发和禁止开发四类主体功能区，明确了开发方向、强度、时序和政策要求等。2015 年 4 月 25 日，中共中央、国务院印发《关于加快推进生态文明建设的意见》，明确提出要全面落实主体功能区规划，推动经济社会发展、城乡、土地利用、生态环境保护等规划“多规合一”。伴随各项区域发展战略的制定和“三区三线”的划定，我国主体功能区布局基本形成，经济发展质量和效益显著提高，生态文明主流价值观在全社会得到推行。

将主体功能区提升到国家战略高度，推进形成稳定的国土空间格局，是适应我国国土空间开发特点的必然要求，是实现经济社会科学发展的重大举措，是进行国土空间格局优化的重要基础，是生态文明建设的必然选择，对中华民族永续发展具有重大意义。

（二）构建主体功能区战略格局

建立主体功能区，需要采取差异化的手段，根据各地资源禀赋差异，统筹谋划区域内的人口分布、经济布局、国土开发利用和城市化格局，确定不同区域的主体功能，并据此明确开发方向，控制开发强度，规范开发时序，形成人口、经济、资源环境相协调的国土空间开发格局。我国主体功能区建设经过了从规划到战略再到制度的认识过程，在《全国主体功能区规划》和《全国国土规划纲要（2016～2030年)》中得到体现，在已编制的各级国土空间规划中得到落实。

《全国主体功能区规划》从国家层面明确了主体功能的具体定位，确立了城市化、农业、生态等不同区域的战略格局和发展目标。在全国规划的指导下，各省编制了省级主体功能区规划，细化了各地的主体功能和发展目标；各部门按照任务分工和要求，完善了相关规划和政策法规。《全国国土规划纲要（2016～2030年)》提出，"落实区域发展总体战略、主体功能区战略，统筹推进形成国土集聚开发、分类保护与综合整治'三位一体'总体格局"，要加强国土空间的用途管制，建立完善的国土空间开发保护制度，切实提升国土空间治理能力。该规划将落实主体功能区战略与提升国土空间治理能力结合起来，共同推进生态文明建设。为实施"多规合一"，发挥国土空间规划在国家规划体系中的基础性作用，2019年5月23日中共中央、国务院印发了《关于建立国土空间规划体系并监督实施的若干意见》，明确了构建"多规合一"的国土空间规划的基本要求，强调要科学布局生产、生活和生态空间，加快形成绿色的生产方式和生活方式，有效推进生态文明建设。

《全国主体功能区规划》是我国第一个国土空间开发规划，提出构建三大战略格局，即"两横三纵"城市化战略格局、"七区二十三带"农业战略格局、"两屏三带"生态安全战略格局，通过细化功能分区，明确发展方向和管控规则，实现我国经济社会的全面、科学发展。按照开发内容的不同，该规划将我国国土空间划分为三种类型：以提供工业品和服务产品为主体功能的城市化地区，以提供农产品为主体功能的农业地区，以提供生态产品为主体功能的生态地区等。针对不同的城市化地区、农业地区、生态地区，分别提出了优化开发、重点开发、限制开发和禁止开发等管制措施。《全国国土规划纲要（2016～2030年）》进一步细化了功能空间，提出构建多中心网络型开发格局和“五类三级”国土全域保护格局，形成“四区一带”国土综合整治格局，全面提高国土开发的质量和效率。

我国区域之间的资源环境承载能力和发展潜力差异较大，特别是相当一部分国土的生态环境十分脆弱，并不适合大规模地集聚经济，大规模地推进工业化和城镇化。结合生态文明建设，党中央多次提出加快构建国家生态安全战略格局。在《全国主体功能区规划》提出构建“两屏三带”国家生态安全屏障的基础上，2020年6月国家发展改革委、自然资源部联合印发了《全国重要生态系统保护和修复重大工程总体规划（2021～2035年）》，提出实施以“三区四带”为核心的全国生态系统保护和修复重大工程，范围涉及青藏高原生态屏障区、黄河重点生态区（含黄土高原生态屏障）、长江重点生态区（含川滇生态屏障）、东北森林带、北方防沙带、南方丘陵山地带、海岸带等。

（三）加快主体功能区战略实施

当前，主体功能区规划已上升为主体功能区战略和制度的安排，并在国土空间规划中得到落实和细化。随着“多规合一”步伐的加快，推动主体功能区战略积极融入国土空间用途管制，是加快生态文明建设的重要方面。党的十八大以来，在习近平生态文明思想的指导下，人们对实施主体功能区战略的认识进一步增强。主体功能区与生态文明建设一脉相承，相互促进发展。生态文明建设引领主体功能区发展，主体功能区推动生态文明建设。主体功能区提出的城市空间、农业空间、生态空间，为生态文明建设提供了空间载体，并影响生态文明建设的质量；生态文明建设的理念方法，为主体功能区规划提供了技术遵循，并影响主体功能区战略实施的效果。

确定不同区域的主体功能，优化国土空间开发格局，明确开发方向，完善国土空间开发利用保护修复政策，控制开发强度，规范开发秩序，逐步形成人口、经济、资源环境相协调的国土空间格局，是当前我国实施主体功能区战略的重要路径。推动主体功能区战略的实施，还应重点关注以下方面：坚持人口、经济与资源环境相协调的绿色发展理念，坚持因地制宜地践行绿色发展，坚持全国“一盘棋”的布局总要求，坚持以人民为中心的全面发展，坚持开发与保护的协调统一。

二　优化国土空间开发格局

国土空间是指国家主权与主权权利管辖下的地域空间，是国民生存的场所和环境，包括陆地、陆上水域、内水、领海、领空等。国土空间开发格局是指一定地理空间内经济、社会、自然等要素的分布状况。不同生产力水平决定了国土空间开发的格局和强度，大规模、无序的开发活动会带来一系列生态环境问题。实施主体功能区战略，优化国土空间开发格局，编制国土空间规划，实施国土整治与生态修复，严格国土空间用途管制，是生态文明建设的重要内容。

（一）编制国土空间规划

推进“多规合一”规划编制。多年以来，行政管理体制的分设，形成了主体功能区规划、土地利用规划、城乡规划等空间规划分开编制、分头管理的局面。2014 年 8 月，国家发展改革委、国土资源部、环境保护部、住房城乡建设部联合下发《关于开展市县“多规合一”试点工作的通知》，部署开展市县空间规划改革试点，探索市县“多规合一”的具体思路和试点方案，形成一个市县一本规划、一张蓝图。在市县“多规合一”试点基础上，2016 年 12 月，中共中央、国务院印发《省级空间规划试点方案》，部署开展省级空间规划试点工作。在试点基础上，2019 年 5 月 23 日，中共中央、国务院印发的《关于建立国土空间规划体系并监督实施的若干意见》提出，要建立全国统一、责权清晰、科学高效的国土空间规划体系。

建立并完善国土空间规划体系。《关于建立国土空间规划体系并监督实施的若干意见》提出，我国要构建“五级三类”的国土空间规划体系，“五级”指国家、省、市、县、乡镇级，“三类”指总体规划、详细规划和相关专项规划，各级各类国土空间规划要求不同，国家规划重战略、省级规划重协调、市县及乡镇规划重实施。目前，我国已经建立了新的“多规合一”国土空间规划体系，省、市、县三级国土空间总体规划编制基本完成，全国国土空间总体规划纲要已形成初稿，并正在按照新的国土三调成果进行调整，构建“多规合一”的规划编制审批体系、实施监督体系、法规政策体系和技术标准体系。

提升国土空间规划的科学性。《关于建立国土空间规划体系并监督实施的若干意见》明确了国土空间规划编制的科学性要求。一是尊重科学规律，国土空间规划编制要坚持因地制宜的原则，切实考虑资源禀赋和经济发展基础，落实生态优先、绿色发展，尊重自然、经济、社会和城乡发展的基本规律。二是坚持统筹发展，加强陆海统筹、区域协调和城乡融合，优化国土空间结构和布局，科学谋划布局“三区三线”，既为可持续发展预留空间，又可满足经济社会发展需求。三是发挥多方力量，国土空间规划涉及领域广泛，要发挥多学科、多技术的效力，借助公众参与、专家咨询的力量，切实提高编制的水平。

（二）整治和调整生产生活空间

整治低效、无序的生产、生活空间，推动国土空间开发格局优化调整。我国从 2000 年开始大规模实施国家投资土地整治项目，到 2005 年开展“增减挂钩”试点，再到 2010 年实施土地整治重大工程和示范省建设项目，推动土地整治从项目到区域，再到综合政策运用，不断实现多目标多功能，一方面拓展了土地整治功能，实现了城乡用地布局优化，提高了土地资源利用效率；另一方面推动了城乡之间土地要素的流动，盘活了农村资产，为乡村发展注入了新的活力和动力。2019 年 12 月，自然资源部印发《关于开展全域土地综合整治试点工作的通知》，部署开展全域土地综合整治试点工作，整体推进农用地整理、建设用地整理和乡村生态保护修复，优化生产、生活、生态空间格局，促进耕地保护和土地集约节约利用。至2020年12月，全国有446个项目开展国家级全域土地综合整治试点。与此同时，多个省份部署开展了省级试点。

通过试点政策引导，将试点工作纳入全面推进乡村振兴总体安排，并与加快乡村产业发展、加强农村生态文明建设、实施乡村建设行动、推进城乡融合发展等工作紧密结合，切实改善农村生态环境，助力乡村全面发展。国土整治是经济社会发展过程中解决土地资源配置的重要手段，能够通过项目实施，调整优化农用地、建设用地和生态用地布局，提升国土空间的生产、生活和生态功能，实现经济、社会、环境效益的协调统一。加快推进国土整治，构建平衡适宜的城乡建设空间体系，适当增加生活空间、生态用地，保护和扩大绿地、水域、湿地等生态空间，更是生态文明建设的本质要求和重要实践。

（三）保护和修复自然生态空间

保护和修复自然生态空间，稳定生态系统功能，提升生态产品价值。《关于加快推进生态文明建设的意见》明确提出，加快生态安全屏障建设，实施重大生态修复工程。“实施重要生态系统保护和修复重大工程，优化生态安全屏障体系”被列为落实党的十九大报告重要改革举措和中央全面深化改革委员会2019年工作要点。《全国重要生态系统保护和修复重大工程总体规划（2021～2035年）》发布实施，为新时期我国开展国土空间生态保护修复工作提供了工作遵循，规划提出的重大任务、重大工程，为全面建设国家生态安全屏障提供了方向指引。

自2016年以来，国家组织实施了三个批次共25项山水林田湖草生态保护修复工程项目，项目总投资超过3000亿元；2021年5月通过竞争性评审，财政部批复10个山水林田湖草沙一体化保护和修复工程项目，项目总投资超过500亿元。由自然资源部牵头编制的《山水林田湖草生态保护修复工程指南（试行）》于2020年8月26日印发，该指南提出要统筹考虑自然地理单元的完整性、生态系统的关联性、自然生态要素的综合性，对相互关联的各类自然生态要素进行整体保护、系统修复和综合治理，实现山上山下、地上地下和流域上下游的同治，落实了山水林田湖草是一个生命共同体的理念。

三　划定落实“三区三线”

通过在国土空间规划中布局城镇、生态、农业三大空间，划定生态保护红线、永久基本农田、城镇开发边界三条控制线，推动主体功能区战略实施，从根本上优化国土空间开发布局，落实了国土空间用途管制职责，推动了生态文明建设战略的落实。

（一）“三区三线”发展形成

我国对于“三区三线”的认识，随“多规合一”规划的开展而逐步深入。党的十八届三中全会提出的“建立空间规划体系，划定生产、生活、生态空间开发管制界限”，成为国土空间“三区三线”的最早提法。2013 年 12 月，中央城镇化工作会议提出，按照促进生产空间集约高效、生活空间宜居适度、生态空间山清水秀的总体要求，形成生产、生活、生态空间的合理结构。2014 年 8 月，国家发展改革委、国土资源部、生态环境部、住建部联合开展市县“多规合一”试点工作，提出在规划中落实国土空间管制分区要求，划定城市开发边界、永久基本农田红线和生态保护红线，形成合理的城镇、农业、生态空间布局。2016 年 12 月，《省级空间规划试点方案》首次将三类空间和三条控制线合并称为“三区三线”。

划定“三区三线”，形成对主体功能区和国土空间用途管制制度的支撑。2019 年 5 月，中共中央、国务院印发《关于建立国土空间规划体系并监督实施的若干意见》，要求健全用途管制制度，依托国土空间规划，加强国土空间分区分类用途管制。2019 年 11 月，中共中央、国务院印发的《关于在国土空间规划中统筹划定落实三条控制线的指导意见》再次强调，将三条控制线作为调整经济结构、规划产业发展、推进城镇化不可逾越的红线。该指导意见进一步明确，结合国土空间规划编制，完成三条控制线的划定和落地，建立全国统一的国土空间基础信息平台，形成一张底图，实行严格管控。“三区三线”成为国土空间用途管制的制度抓手。

（二）“三区三线”主要内容

在国土空间规划中划定“三区三线”，实施国土空间用途管制措施，是我国国土空间规划的一次创新。一般来讲，“三区”是指生态、农业、城镇三类功能空间，“三线”是指生态保护红线、永久基本农田、城镇开发边界三条控制线。《市级国土空间总体规划编制指南（试行）》指出，划分生态保护区、生态控制区、农田保护区、乡村发展区、城镇发展区，是对“三区”的延续和发展。不同层级国土空间规划对“三区三线”有着不同的管制要求。“三区三线”对应于城市建设部门的控制性规划，在详细规划中较容易实现，但在总体规划中较难完成，需要进一步研究。

生态保护红线是指在生态空间范围内具有特殊重要生态功能的区域。《关于在国土空间规划中统筹划定落实三条控制线的指导意见》对“三条控制线”范围进行了细化，提出将生态功能极重要区域和生态极敏感脆弱区域划入生态保护红线，进行强制性严格保护；在严守耕地红线的基础上，将优质耕地划为永久基本农田，实施永久特殊保护；以城镇开发建设现状为基础，结合资源承载能力、人口分布、经济布局、城乡统筹、城镇发展阶段和发展潜力，框定总量、科学留白，划定城镇开发边界，防止城镇无序蔓延。

（三）协调处理有关问题

在国土空间规划中统筹划定“三区三线”，核心是“三区”的划定。在不同层级的国土空间规划中，如何协调“三区”划定，如何实现“三区”在各级规划之间的传导，成为当前“三线”划定面临的主要困境。为此，《关于在国土空间规划中统筹划定落实三条控制线的指导意见》提出，市、县组织统一划定三条控制线和乡村建设等各类空间实体边界，并要求相关部门协调解决实际中产生的冲突。具体而言，当三条控制线出现矛盾时，生态保护红线要保证生态功能的系统性和完整性，确保生态功能不降低、面积不减少、性质不改变；永久基本农田要保证适度合理的规模和稳定性，确保数量不减少、质量不降低；城镇开发边界要避让重要生态功能，不占或少占永久基本农田。

主体功能区是国家宏观治理的手段，其通过部署城镇、生态、农业三大战略格局，并推动各地按照主体功能定位发展，可在宏观层面对国土空间与经济发展进行战略统筹，客观上起到了发展规划与空间规划“旋转门”的作用。“三区”与三大战略格局相对应，并进一步在中观尺度上进行传导，如重点生态功能区的县（区）生态空间占比要大于农业和城镇空间。市县一级规划分区与“三区”可以建立基本对应关系，其中，生态空间对应生态保护区和生态控制区，农业空间对应农田保护区和乡村发展区，城镇空间对应城镇发展区，矿产能源发展区为点状分布。“三线”是底线，属于用途管制区，“三区”突出不同空间主体功能，属于功能区，“三区”大于或等于“三线”，生态空间大于生态保护红线，农业空间大于永久基本农田，城镇空间等同于城镇开发边界。主体功能区、“三区三线”、市县规划分区之间应形成相对清晰的对应和传导关系。

四　加强规划实施管理

编制国土空间规划，统一行使国土空间用途管制职责，是生态文明建设的主要成果内容。应健全用途管制制度，建立统一的国土空间基础信息平台，严格三条控制线监测监管，推动建立耕地保护和生态保护补偿制度，在国家层面实现区域之间的利益转换。

（一）健全用途管制制度

坚持最严格的耕地保护制度和节约集约用地制度，是我国用途管制制度的基本内容。早在 2013 年 11 月 16 日中共中央印发的《关于全面深化改革若干重大问题的决定》中，就明确提出要建立空间规划体系，完善自然资源监管体制，加强国土空间用途管制。2015 年 9 月 11 日，《生态文明体制改革总体方案》发布实施，提出要以用途管制为主要手段，着力解决因无序开发、过度开发、分散开发导致的优质耕地和生态空间占用过多、生态破坏、环境污染等问题。2019 年 5 月，中共中央、国务院印发的《关于建立国土空间规划体系并监督实施的若干意见》再次强调要对所有国土空间分区分类实施用途管制。

实施最严格的用途管制，分类管理国土空间。中共中央、国务院印发的《关于划定并严守生态保护红线的若干意见》要求划定并严守生态保护红线，实施生态空间用途管制。《生态文明体制改革总体方案》进一步明确将用途管制范围扩大到所有自然生态空间，逐步实现由一个部门统一开展所有国土空间的用途管制。《关于建立国土空间规划体系并监督实施的若干意见》提出，在城镇开发边界内的建设，实行“详细规划 + 规划许可”的管制方式；在城镇开发边界外的建设，按照主导用途分区，实行“详细规划 + 规划许可”和“约束指标 + 分区准入”的管制方式。

（二）加强规划实施监管

建立统一的国土空间基础信息平台，严格三条控制线监测监管。中共中央、国务院《关于建立国土空间规划体系并监督实施的若干意见》提出，涉及生态保护红线、永久基本农田占用的，报国务院审批；对于生态保护红线内允许的对生态功能不造成破坏的有限人为活动，由省级政府制定具体监管办法；城镇开发边界调整报国土空间规划原审批机关审批。同时，依托国土空间基础信息平台，加强上级对下级的监督检查，并将国土空间规划执行情况纳入自然资源执法督察内容。2019 年 7 月 18 日，自然资源部办公厅印发《关于开展国土空间规划“一张图”建设和现状评估工作的通知》，明确国土空间规划“一张图”的建设标准，并对开展市县国土空间开发保护评估工作进行科学部署。

根据主体功能定位，实行差别化的考核制度。落实《关于加快推进生态文明建设的意见》，将三条控制线划定和国土空间用途管控情况作为地方党政领导班子和领导干部政绩考核内容。国家自然资源督察机构、生态环境部按照职责，会同有关部门开展督察和监管，将结果移交相关部门，作为领导干部考核、奖惩的重要参考依据，并实现责任“终身追究”。

（三）建立保护补偿机制

根据中共中央、国务院《关于加强耕地保护和改进占补平衡的意见》和《关于深化生态保护补偿制度改革的意见》的要求，应建立和完善补充耕地收益转化、生态保护补偿等工作机制，加强对耕地保护、生态保护等责任主体的补偿激励，完善主体功能区战略配套政策。这是继国土空间规划编制完成后的又一工作重点，实现了国土空间规划由“强制”向不同区域之间的“收益”的转移。

建立耕地保护补偿机制。耕地保护事关国家粮食安全、生态安全和社会稳定，各地区必须落实最严格的耕地保护制度，坚守耕地数量和质量两条红线。《关于加强耕地保护和改进占补平衡的意见》针对当前耕地保护面临的多重压力，提出要加强对耕地保护责任主体的补偿激励，实行跨地区补充耕地利益调节机制，运用经济手段调动农村集体经济组织和农民保护耕地的积极性。具体而言，从中央到地方，要有序推进涉农资金的整合，按照“谁保护、谁受益”的原则，加大对耕地保护的补偿力度，并确保奖补资金发放与耕地保护责任落实情况挂钩。同时，在生态条件允许的前提下，支持耕地后备资源丰富的地区将补充耕地指标向省域内经济发达地区调剂，并通过支付调剂费、加强对口产业扶持等措施，调动补充耕地地区保护耕地的积极性。

健全生态保护补偿机制。生态环境问题是关系党的使命宗旨的重大政治问题，也是关系民生的重大社会问题。《关于深化生态保护补偿制度改革的意见》结合长期实践，对生态保护补偿制度进行全局谋划和系统设计，提出要推动构建政府主导、社会参与、市场调节的生态保护补偿体制机制，形成市场化、多元化生态保护补偿格局。具体而言，要科学界定生态保护和受益者的权利义务，加快构建生态损害者赔偿、受益者付费、保护者得到合理补偿的运行机制。同时，要统筹兼顾分类补偿和综合补偿，协调推进纵向补偿与横向补偿，构建与经济社会发展状况相适应的生态保护补偿制度。

参考文献

[1]《全国主体功能区规划》(国发〔2010〕46号)，2011年6月8日。

[2]《全国国土规划纲要（2016~2030年)》(国发〔2017〕3号)，2017年2月4日。

[3]《全国重要生态系统保护和修复重大工程总体规划（2021~2035年)》(发改农经〔2020〕837号)。

[4] 樊杰:《中国主体功能区划方案》,《地理学报》2015年第2期。

[5] 樊杰:《地域功能—结构的空间组织途径——对国土空间规划实施主体功能区战略的讨论》,《地理研究》2019年第10期。

[6] 王亚飞、樊杰:《中国主体功能区核心—边缘结构解析》,《地理学报》2019第4期。

[7] 樊杰、王亚飞、梁博:《中国区域发展格局演变过程与调控》,《地理学报》2019年第12期。

[8] 贾克敬、陈宇琛、祁帆:《新时期建立健全国土空间用途管制制度的建议》,《规划师》2020年第11期。

[9] 郝庆、彭建、魏冶等:《“国土空间”内涵辨析与国土空间规划编制建议》,《自然资源学报》, 2021年第9期。

[10] 白中科:《国土空间生态修复若干重大问题研究》,《地学前缘》2021年第4期。

G.7

中国特色生态文明法治建设研究

杨博文*

摘　要： 生态文明法治体系就是要实现环境的公平正义，保护公民的环境权益，防止人类赖以生存的环境遭到破坏，以法律的手段维护生态环境保护的秩序价值。中国特色生态文明建设需要依托于健全的法制体系，为了实现绿色、低碳、循环、可持续发展的目标，我国应当逐步建立生态文明法律体系，将生态文明法治化建设纳入法治顶层设计之中。我国已经将生态文明写入宪法，初步形成了以宪法为统领，以各部门法为支撑的生态环境保护法律体系，但是为了不断提升立法质量、执法效率和司法效果，应当从立法上，不断健全和完善我国生态损害赔偿制度、环境产权制度；从执法上，加大对环境违法行为惩处的力度，对环境违法主体进行惩罚性赔偿；从司法上，应当创新和提升对受损害的生态环境进行救济的司法手段。

关键词： 生态文明法治体系　环境产权　生态损害赔偿　环境司法

生态文明，法治先行。生态文明法治建设是保障环境法律关系中主体权利和义务的顶层设计，同时也是实现“绿水青山就是金山银山”生态文明理念的制度基础。我国《环境保护法》第五条明确了“保护优先、预防为

* 杨博文，法学博士，经济学博士后，南京农业大学人文与社会发展学院法律系讲师，主要研究方向为环境与资源保护法、生态文明法治建设。

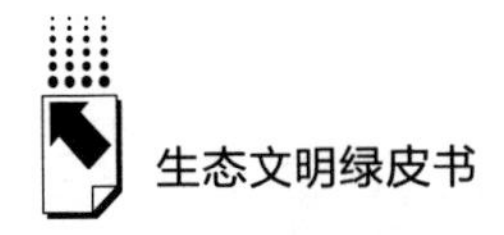

主、综合治理、公众参与、损害担责”的基本原则，并将其作为指导生态环境保护的法律、行政法规和部门规章的总则。

中国特色生态文明法治建设就是要处理好生态环境保护和经济发展之间的关系，既不能为了经济发展而牺牲环境，破坏代际公平和代内公平的价值体系而发展“褐色经济”，也不能为了环境保护而抑制经济发展，“一刀切”式地关停排放企业，使得正常的经济运行处于停滞状态。生态文明法治建设就是要从根本上改变传统的观念，对基本确定的环境风险或可能发生的环境风险进行预防，使对环境损害造成破坏的主体进行损害赔偿，承担应有的环境责任。生态文明法治建设要树立社会公众环境守法的理念，这就要求社会公众参与到生态环境治理中，切实保障社会公众的环境权益。

一　中国特色生态文明法治建设的基本思想

中国特色生态文明法治建设要坚持“绿水青山就是金山银山”理念，“绿水青山”向“金山银山”的转化不仅需要依托于科学的方法论，同时还需要以法律为准绳，保证环境公平、正义的实现。中国特色生态文明法治建设要实现可持续发展，贯彻落实新发展理念。

（一）坚持“绿水青山就是金山银山”的生态文明理念

“绿水青山就是金山银山”是习近平总书记提出的科学论断。法治建设是实现生态文明有序发展的基础，也是让“绿水青山”变成“金山银山”的顶层设计。“绿水青山就是金山银山”理论的思想内涵，是要求经济发展与环境发展相互协调。生态文明法治建设需要对环境要素的各个方面进行保护，我国制定了《大气污染防治法》《水污染防治法》等环境保护单行法，旨在对破坏综合生态系统的行为予以规制，以此保证“绿水青山”向“金山银山”的转化。习近平总书记强调，只有实行最严格的制度、最严密的法治，才能为生态文明建设提供可靠保障。法治建设是中国特色生态文明建设的基石，法治供给能够使得生态红线成为经济社会可持续发展中不可触碰的底线，维护环境保护的基本秩序和生态安全的总体格局。

习近平总书记在十九大报告中指出，坚持人与自然和谐共生。中国古代传统文化中“天人合一”的思想，就是“绿水青山就是金山银山”理念的源泉。为了制定更严格的环境保护制度，我国对《环境保护法》进行了修改，实行了“按日计罚”等制度，对环境保护提出了更高的要求。“绿水青山就是金山银山”的生态文明理念指导着各部门法的运行和实施，让生态文明法治思维在立法、执法和司法层面融为一体。[①] “绿水青山就是金山银山”的理念对生态文明法治建设的指导意义还在于，明确了不断贯彻落实“环境有价，损害担责”的基本原则。我国一方面提出要发挥环境自然资源资产的经济价值，并将生态环境自然资产货币化，实现通过发展绿色经济、绿色金融促进企业履行环境责任，维护环境产权交易的正当性和合法性；另一方面，提出了损害生态环境的主体要对其造成的损害进行赔偿，明确了环境污染损害数额计算方法及适用范围，真正地落实了污染主体的责任，对损害事实已经发生，且无法进行恢复的生态环境采取经济赔偿，或采取替代措施减少环境违法带来的损失。

“绿水青山就是金山银山”生态文明理念，是我国生态文明法治建设的灵魂，从立法上，体现了生态损害赔偿制度、环境产权制度建立的必要性；从执法上，要求加大对环境违法行为惩处的力度，对环境违法主体进行经济性惩罚；从司法上，指导我国在生态文明法治实践中不断创新和提升对受损害的生态环境进行救济的司法手段。

（二）以可持续发展为核心的价值观念

“绿水青山就是金山银山”的生态文明理念是环境保护法治建设的基石，也反映了我国生态文明法治建设坚持以可持续发展为核心的价值观。可持续发展就是要求兼顾代际和代内公平。可持续发展作为国际环境法的一项

---

① 黄瑾、高雷：《习近平谈新时代坚持和发展中国特色社会主义的基本方略》，新华网，2017年10月18日。

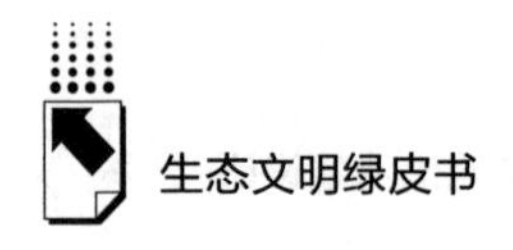

原则，被逐渐转化为各国的国内法，要求我们将“褐色”经济发展模式逐步转化为“绿色”经济发展模式。因此，可持续发展也是我国生态文明法治建设的核心价值观，它包含了代际公平和代内公平的理念，强调环境资源分配、利用的公平、正义。

生态文明法治体系就是要实现环境的公平正义，保护公民的环境权益，防止人类赖以生存的环境遭到破坏，以法律的手段维护生态环境保护的秩序价值。代际公平是指，当代人有为后代人保护美好环境的责任和义务，当代人不能无限制地使用环境资源、破坏环境资源而不为后代人考虑，应当通过法制设计保证后代人也享有同样的环境权利。代内公平是指，一代之内，全球之中，发达国家和发展中国家都有共同维护美好环境的责任和义务。发达国家不应当以先发展为理由而过多地利用自然资源，导致环境问题的产生。发达国家在全球环境治理中具有先污染后治理的责任和义务。因而，为了保证环境保护的公平正义，很多国际公约确立了共同但有区别责任原则，即发达国家在环境保护中具有历史责任，理应对环境进行治理，而发展中国家的首要任务是发展，但这并非免去了发展中国家环境保护的义务，而是要求它们承担与其相适应的环境保护责任。这也是我国在面对全球环境法治思维表达时应当坚持的基本立场。

可持续发展强调要对发展进行限制，以法律的手段来维护发展的公平、正义和秩序价值。我国制定了《循环经济促进法》等发展绿色经济、循环经济的法律法规，这就要求在经济社会不断发展过程中保证环境利益的实现，保证环境资源的合理配置。我国《环境保护法》中提出的保护优先、预防为主的基本原则，也体现了可持续发展的核心观念。环境保护规划应当被纳入国民经济规划之中，在建设规划项目时，应当根据《环境影响评价法》做好建设项目的环境影响评价，避免产生环境“邻避效应”的风险，这些均是对经济社会发展的合法限定，同时，也是保证我国经济社会发展绿色循环、可持续的法治手段。因此，只有坚持可持续发展的价值观念，才能够发挥生态文明法治建设顶层设计的重要作用。

二 中国特色生态文明法治建设的现状和问题

中国在不断推进生态文明体制改革。我国《生态文明体制改革总体方案》提出："生态文明体制改革的目标。到2020年，构建起由自然资源资产产权制度、国土空间开发保护制度、空间规划体系、资源总量管理和全面节约制度、资源有偿使用和生态补偿制度、环境治理体系、环境治理和生态保护市场体系、生态文明绩效评价考核和责任追究制度等八项制度构成的产权清晰、多元参与、激励约束并重、系统完整的生态文明制度体系，推进生态文明领域国家治理体系和治理能力现代化，努力走向社会主义生态文明新时代。"从我国目前生态文明法治建设的总体进程看，立法方面，已经对《环境保护法》《大气污染防治法》等法律法规进行了修订，同时也出台了很多配套支持政策，但仍然存在法律碎片化的问题；执法方面，我国提升了环境执法的效率，但是在环境保护执法不作为、滥作为等问题上仍需提升治理手段；在司法上，我国已经成立了多个环境法庭，但是环境司法专门化仍需要进一步加强。

（一）生态环境保护立法现状及其存在的主要问题

我国生态环境保护的立法由宪法、法律、行政法规、地方性法规、部门规章、国际环境保护公约等组成。十三届全国人大一次会议第三次全体会议经投票表决，通过了《宪法修正案》，将"生态文明"写入宪法。其他部门法也将有关生态环境保护的内容写入其中，《民法典》将生态环境保护写入，在第九条中明确了"绿色原则"，提出民事主体从事民事活动，应当有利于节约资源、保护生态环境。现阶段，我国生态环境保护的立法情况较为复杂，包含了5部生态环境保护类单行法、9部自然资源类保护单行法以及34项环境保护行政法规、90多项环境保护部门规章、900多个地方性法规和地方政府规章，325项环境标准（共有76项为强制性标准），其中310项为国际标准、15 项为行业标准，37 项国际环境与资源保护公约。我国现行环境保护与自然资源法律法规数量分布如图 1 所示。

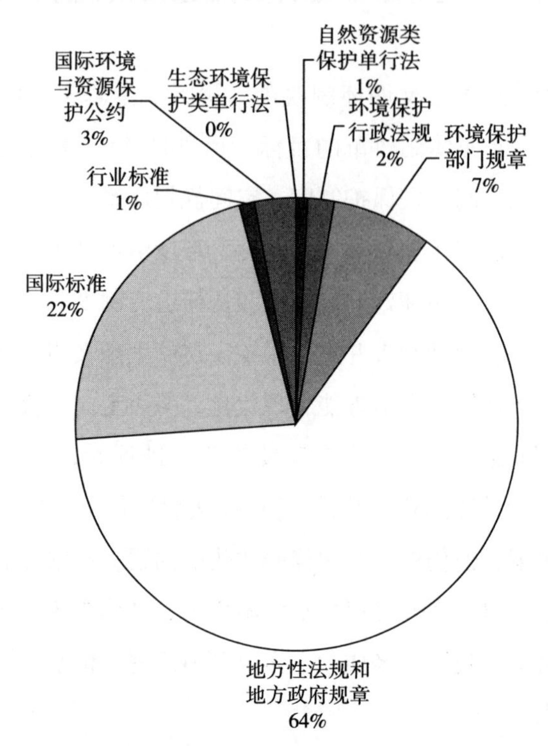

图 1　我国现行环境保护与自然资源法律法规数量分布

资料来源：笔者整理。

从我国生态环境立法统计数据来看，地方性法规和地方政府规章占比最大，但其法律效力位阶却较低。除此之外，我国现有环境保护法律法规数量庞大，环境标准制度也有诸多交叉重叠之处。因而，从立法的现实情况来看，主要存在以下几个方面的问题。

首先，我国生态环境保护的立法技术尚待提升。立法技术包括立法程序的规范化、立法结构的完整化和立法表达的精准化。我国目前针对环境与资源保护立法的文件名称还应当进一步规范和明确，例如通过解决生态、自然与环境是否应当厘清，三者之间的关系如何，以及如何界定自然资源的范畴等问题，来对立法文件中的名称进行规范。同时，现有的法律法规中的概念表述、文体的选择技术也需要进一步提升，目前的法律法规并没有实现对生态环境要素的协同保护目的。

其次，我国现阶段生态文明法治尚未形成完善的体系结构。各单行法与行政法规、部门规章之间没有能够形成联动效应。生态环境的损害具有复杂性，也就是说某种行为在破坏某一个环境要素的同时，也会对其他环境要素带来损害。同时，建设项目规划与环境影响评价、企业排污许可规制等之间均存在互动关联性。然而目前的法律法规相互之间脱节，导致法律碎片化趋势明显，并未能够实现环境保护法律规范的协同共治效果。

最后，我国目前还尚未形成环境法典。我国亟待加快环境法典化进程。我国有关环境保护的法律制度呈现了碎片化的特征，这使得不同环境要素法律制度之间无法形成协同效应，同时也造成了生态环境监管部门职能分工方面的交叉重叠。因此，环境法典的缺乏，将严重制约我国环境保护执法和司法的效果。

（二）生态环境执法现状及其存在的主要问题

《环境保护法》修订以后，我国环境保护执法效率有了明显提升，修订以后的环境保护制度，提升了环境保护监管力度，降低了惩罚环境违法主体的门槛，使得拟进行环境违法的主体真正对《环境保护法》产生敬畏之心。我国环境法治的不断进步，也推动形成了很多新的环境违法惩罚模式，例如“按日计罚”的规则。同时，很多地方也在探索构建生态环境损害惩罚性赔偿制度体系。生态环境主管部门通过对违法主体进行综合执法、多元惩罚，实现对违法主体的威慑作用，这也体现了风险预防的基本原则。

表1　2021年1~6月环保法配套办法执行情况区域分布

<table>
<tr><th rowspan="3">省区市</th><th colspan="6">处罚类型</th><th rowspan="3">五类案件数(件)</th></tr>
<tr><th colspan="2">按日连续计罚</th><th rowspan="2">查封、扣押(件)</th><th rowspan="2">限产、停产(件)</th><th rowspan="2">移送拘留(件)</th><th rowspan="2">涉嫌污染犯罪移送(件)</th></tr>
<tr><th>案件数(件)</th><th>金额(万元)</th></tr>
<tr><td>北京</td><td>0</td><td>0</td><td>268</td><td>1</td><td>8</td><td>5</td><td>282</td></tr>
</table>

续表

省区市	处罚类型						五类案件数(件)
	按日连续计罚		查封、扣押(件)	限产、停产(件)	移送拘留(件)	涉嫌污染犯罪移送(件)	
	案件数(件)	金额(万元)					
天津	1	210	6	0	2	6	15
河北	50	3705.7	451	40	133	32	706
山西	1	2.2	82	4	19	2	108
内蒙古	1	11	15	1	7	1	25
辽宁	0	0	31	8	30	71	140
吉林	1	180	8	4	6	2	21
黑龙江	1	13.8	4	5	7	0	17
上海	0	0	18	2	3	1	24
江苏	9	1901	796	96	191	176	1268
浙江	0	0	107	7	71	53	238
安徽	0	0	545	97	61	10	713
福建	0	0	174	7	56	16	253
江西	0	0	43	18	41	9	111
山东	0	0	226	26	123	74	449
河南	0	0	243	22	19	13	297
湖北	1	50	37	2	28	7	75
湖南	0	0	12	8	90	20	130
广东	6	119.9	548	40	129	171	894
广西	2	119.9	53	23	9	9	96
海南	0	0	3	1	12	0	16
重庆	0	0	13	6	15	22	56
四川	1	2	41	5	18	3	68
贵州	2	520	8	2	24	4	40
云南	0	0	18	35	30	4	87
西藏	0	0	4	0	0	0	4
陕西	6	194	99	18	31	1	155
甘肃	4	2604.5	9	1	16	1	31
青海	0	0	1	1	5	0	7
宁夏	0	0	7	3	6	1	17
新疆	1	124.1	14	3	6	0	24
兵团	0	0	11	1	2	0	14
总计	87	9758.1	3895	487	1198	714	6381

资料来源：生态环境部网站。

但是，随着我国生态文明体制改革的不断深入，我国环境保护执法仍然有很多突出的问题。首先，环境保护执法的自由裁量权亟待规范。环境执法机构根据我国环境保护法律规范的内容对不履行环境保护义务的企业进行行政处罚，但是，罚款的数额和环境违法的事实、造成生态环境损害的程度，以及产生的违法所得等不相匹配，这就造成了环境执法的自由裁量权过大，无法统一环境执法的尺度，进而造成“名罚实奖”的现象发生。其次，目前缺少跨区域的环境保护执法机制。由于环境违法行为具有隐匿性、不可逆性以及流动性和复杂性的特点，因而，存在很多跨区域环境违法事件，或者在区域的交界处容易出现环境违法事件。这就形成了环境执法监管的真空状态，环境违法主体的行为不易被甄别和发现。最后，我国生态环境监察体系尚未构建。省级生态环境保护督察是我国生态环境保护督察制度的前置环节，但省级生态环境保护督查对中央生态环境保护督察的延伸和补充作用明显不足，未能对省级生态环境保护督察很好地进行定位，同时相关的督察工作机制也亟待规范。生态环境监察体系的不健全会导致环境保护督察工作开展效率受限，因而，加快建立统一的生态环境监察体系是环境保护执法的重中之重。

（三）生态环境司法审判现状及其存在的主要问题

我国正在逐步推进生态环境司法专门化的进程，并且取得了积极的效果。在各类环境资源破坏案件数量均有所增长的情况下，我国环境资源类案件司法主体遵循公平、公正和公开的原则对案件进行审理，同时将案件的社会环境影响程度考虑其中。全国范围内，“省级检察院单独或合并设立公益诉讼检察机构、市县两级检察院按需组建公益诉讼专门机构或专门办案组”的体系基本建成，重庆设立两江地区人民检察院，由其主管长江干流和嘉陵江流域重庆境内跨区域生态环境保护行政公益诉讼案件。① 我国环境资源类司法案件随着生态文明体制改革的不断深化，以及环境立法、执法和司法的不断完善，案件数量逐渐减少。

---

① 最高人民法院：《中国环境资源审判（2020）》。

表 2　第二轮第三批中央生态环境保护督察边督边改情况汇总

被督察省区	收到举报数量（件）			受理举报数量（件）			交办数量（件）	已办结			阶段办结（件）	责令整改（家）	立案处罚（家）	罚款金额（万元）	立案侦查（件）	拘留		约谈	问责
	来电	来信	合计	来电	来信	合计		属实	不属实	合计						行政	刑事		
山西	943	331	1274	862	213	1075	1075	114	13	127	104	42	40	458.2	4	0	0	30	34
辽宁	1616	1294	2910	1107	660	1767	1767	287	69	356	53	50	18	173.82	0	0	0	0	2
安徽	1111	573	1684	980	455	1435	1107	215	54	269	21	556	75	60.67	0	3	2	204	6
江西	1065	612	1677	993	493	1486	1189	152	41	193	277	565	64	469.65	6	3	0	53	4
河南	933	742	1675	909	617	1526	1229	92	18	110	46	130	80	788.75	2	4	0	36	44
湖南	1258	769	2027	1075	604	1679	1383	139	65	204	1	162	42	297.89	6	1	1	7	6
广西	799	288	1087	776	259	1035	844	68	12	80	105	322	39	46.3	6	0	1	10	0
云南	833	311	1144	795	241	1036	1036	80	34	114	81	255	77	285.69	0	0	0	88	0
总计	8558	4920	13478	7497	3542	11039	9630	1147	306	1453	688	2082	435	2580.97	24	11	4	428	96

资料来源：生态环境部网站。

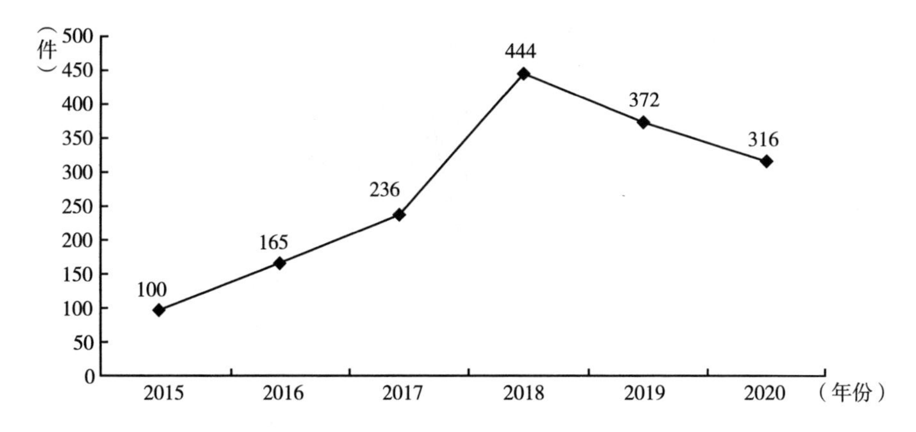

图 2　2015～2020 年环境资源司法案件数量

资料来源：最高人民法院《中国环境资源审判（2020）》。

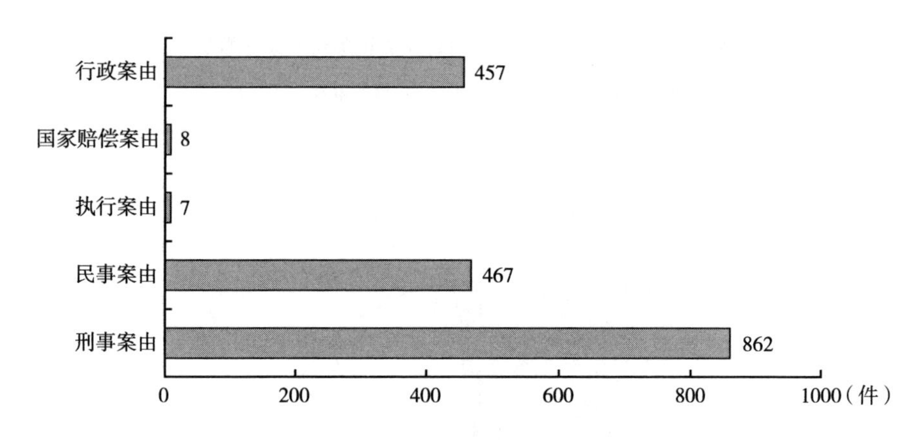

图 3　2020 年不同案由的环境资源司法案件数量

资料来源：最高人民法院《中国环境资源审判（2020）》。

但是，在我国环境司法实践的不断完善中，也存在很多问题。首先，目前的环境司法审判机构和法官队伍的专业化程度不高。环境资源类案件的审判与其他案件相比具有更高的专业性，这是由于环境资源违法案件所涉及的污染物种类、污染程度判别、生态损害赔偿数额等问题专业性较强。长期以来，环境资源审判在我国一直呈点状分布，即除少数地区设有专门法院和专门审判机构以外，环境资源案件大多由刑事、民事、行政等传统审判部门

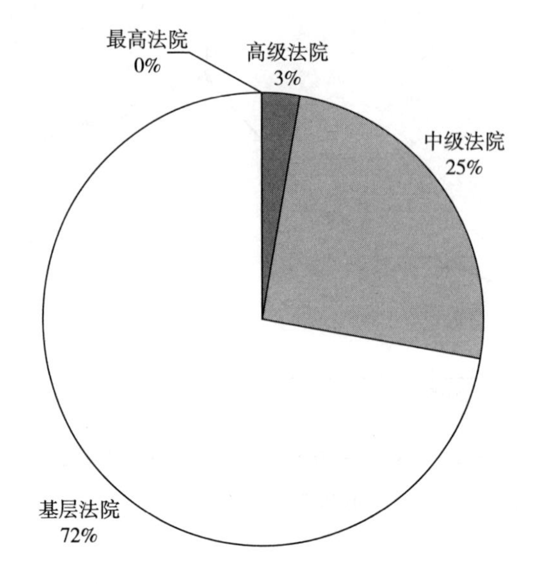

图 4　2020 年不同层级法院的环境资源司法案件数量

资料来源：最高人民法院《中国环境资源审判（2020）》。

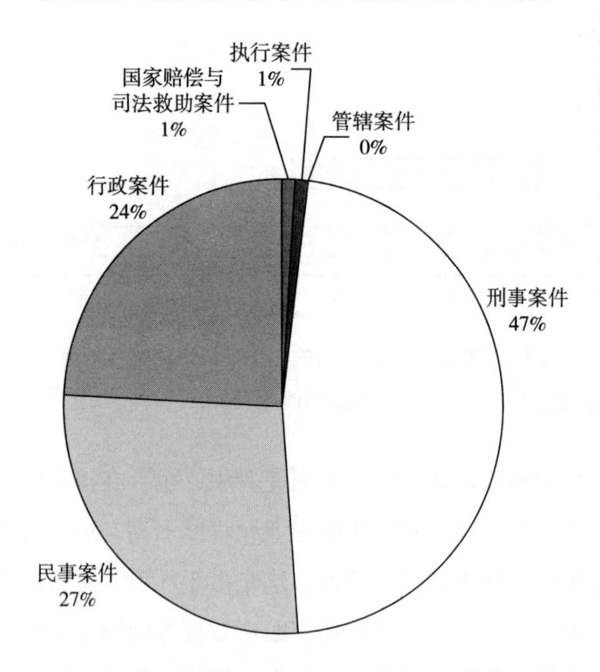

图 5　2020 年不同审判程序下环境资源司法案件数量

资料来源：最高人民法院《中国环境资源审判（2020）》。

分散审理，系统性环境资源审判专门化改革相对滞后，专业化审判组织和人才基础比较薄弱。①

其次，相较于其他类型的审判规则，我国环境司法专门化进程尚在初级阶段，尤其是环境资源类案件司法裁判的运行目前只是有部分省市先试先行，这就对我国环境资源类审判人员如何发挥审判职能作用提出了更高的要求，我国亟待明确环境资源类案件司法裁判的目标和功能。

最后，我国还尚未形成健全的环境资源审判程序规范和体制机制。我国相继出台了有关生态环境损害赔偿诉讼的司法解释、关于审理海洋自然资源生态损害赔偿诉讼的司法解释等，但是，从审判程序上并未建立系统的规则，同时，对环境资源类案件移送执行、调解与和解等程序机制也缺乏相应的制度安排，这无疑减慢了我国环境资源审判专门化的进程。

三　完善中国特色生态文明法治建设的对策建议

中国特色生态文明建设需要依托健全的法制体系，为了实现绿色、低碳、循环、可持续发展的目标，我国应当逐步建立生态文明法律体系，将生态文明法治化建设纳入法治顶层设计之中。我国已经将生态文明写入宪法，初步形成了以宪法为统领，以各部门法为支撑的生态环境保护法律体系，但是为了不断提升立法质量、执法效率和司法效果，应当对立法体系结构进行完善，同时规范环境执法的手段和措施，加快我国环境资源司法审判专门化进程。

（一）生态文明法治体系的立法体系建构

生态环境保护立法是生态文明法治建设的基础，从完善生态环境保护立法看，应当不断提升立法技术，构建完善的生态文明法治体系，推进环境法

① 骆锦勇：《推进环境资源审判专门化》，《人民法院报》2017年3月5日。

典化进程。

首先，提升生态文明法治体系的立法技术。鉴于生态文明在立法的规范性上存在一些问题，应当提升立法技术。综合来看，生态环境保护立法技术是制定环境保护法律文件所应当遵照的方法和技巧，是生态环境保护科学立法的重要内容和主要表现形式。各种环境法律规范均要具有规定性、合理性、协调性和系统性，重视立法内容的科学性，遵循立法技术规范，保持立法技术形态统一。环境保护立法技术的提升应当从两个方面着手：一方面，应当对法律文件的名称进行规范，环境法律规范的文本用语要准确。与此同时，环境保护法律规范还要保证其内部结构的完整性，也即要使环境保护法律原则和规则相协调，同时避免与其他环境法律规范相冲突。另一方面，我国已经形成了在以《环境保护法》作为基本法的基础上统筹其他环境要素单行法的形式，那么，我国在推进环境法典化的过程中，应当不断促进法律编纂和汇编技术的提升。

其次，统筹碎片化法律构建生态文明法律制度体系。鉴于我国目前生态环境保护法律碎片化的困境，应当不断加强各单行法之间、单行法与行政法规和部门规章之间的联系，进而整合现有的环境法律规范，发挥环境法律规范共治的效果。生态文明法律制度体系的构建能够更好地保障主体的权利、义务和法律关系。从体系结构上看，应当包含生态环境与自然资源保护的实体法律制度、程序法律制度以及配套的政策，以有效地为主体履行生态环境保护义务和承担相应责任提供法律支撑。

最后，推进形成生态环境法典化的立法模式。中国特色生态文明法治建设，必须坚持“绿水青山就是金山银山”生态文明理念，综合考虑生态文明建设和经济社会发展的良性关系，同时，建立生态文明法治建设的基本原则、规则、体制机制，从生态环境各个要素保护的角度制定环境法典的不同篇章。环境法典的编纂应当提升立法技术，从总则到分篇的设计应当不断将环境污染预防、环境风险防控等理念考虑其中，同时，将我国“碳达峰、碳中和”目标战略，以及对温室气体排放的控制也纳入环境法典。

（二）生态文明法治体系的执法机制设计

首先，应当统一生态环境保护执法。中共中央印发了《深化党和国家机构改革方案》，根据这一方案，国家将“整合环境保护和国土、农业、水利、海洋等部门相关污染防治和生态保护执法职责、队伍，统一实行生态环境保护执法。由生态环境部指导”。环境保护执法工作应当不断发挥执法主体的重要作用，同时对执法权力进行制衡，使环保执法主体正确行使自由裁量权。不断规范生态环境执法行为，坚决防止“一刀切”“懒作为”等现象的发生。

其次，建立跨领域跨部门综合执法机制。根据我国生态文明建设战略总体布局，应当结合生态环境治理的特点开展跨区域执法联动机制建设。通过建立跨区域的执法联动机制，对环境违法主体在行政区划边界处产生的环境违法行为进行惩处，有效防止跨区域环境污染事件的发生。与此同时，跨区域环境保护执法机制还应当重点关注产生环境“邻避效应”的行为。如有一些规划项目将垃圾焚烧厂等建在行政区划边界处，由此产生环境“邻避效应”，执法机构应当有效遏制此类事件的发生，减少由环境“邻避效应”引发的重大舆情传播。

最后，建构明确统一的国家生态环境监察体系。生态环境监察体系能够充分发挥监察主体的作用，对生态环境保护工作进行垂直管理，防止出现环境执法过程中的权力寻租等问题，同时也能够有效限制环境保护执法自由裁量权的行使。[①] 环境保护的监察还应当发挥社会公众的作用。我国新修订的《环境保护法》中明确了“公众参与”的基本原则，要求保障社会公众对环境治理的监督权、知情权和参与权，环境执法信息应当保证公平、公正和共开，随时接受社会公众的监督。只有建立明确统一的国家生态环境监察体系，才能够保障我国生态环境治理提升到更高的水平。

---

① 《统一生态环境保护执法，专家建议设立国家生态环境监察总局》，《第一财经日报》2018年3月22日。

（三）生态文明法治体系的司法保障完善

首先，逐步加强环境资源审判的专业化建设。对于环境资源类案件的司法审判，一方面，要提升环境司法的效率和质量、水平，根据环境资源类案件审判的特点来设置司法审判结构，并对审判的程序进行规定，系统地配置生态环境类案件司法审判资源，同时，按照生态环境保护的目标要求和案件数量、类型特点等实际情况，积极探索设立专门的环境司法审判庭，积极开展先行先试的试点工作，以此提升环境资源审判队伍专业化水平；另一方面，我国已经启动了生态环境损害赔偿诉讼，同时针对气候变化的诉讼在碳达峰、碳中和目标下也即将启动，因而，应当积极发挥检察机关在生态环境保护司法裁判中的核心功能，更好地推进我国生态损害赔偿诉讼、气候变化诉讼的司法进程，同时，对环境犯罪案件行为及时提起公诉。①

其次，明确环境资源审判工作的目标定位。环境资源审判工作就是要保证公民的环境权益得以实现，使损害生态环境的主体承担环境责任，体现我国《环境保护法》中“损害担责”的基本原则。环境资源审判应当逐步推动企事业单位履行环境责任，积极对环境信息进行披露，并根据排污许可证规定的内容依法排污、按证排污。同时，环境资源审判工作要体现生态文明体制改革总体方案的大局观念，对自然资源资产产权纠纷案件、山水林田湖草生态系统要素保护案件以及生态空间确权登记案件进行依法审理，保证环境正义价值的实现。环境资源审判工作还要不断促导我国生态损害赔偿诉讼的开展，突出重点区域生态环境治理，进一步加大流域治理司法审判工作的专业化力度、提升区域规划建设等重点区域领域生态环境司法保护力度，维护生态红线。②

最后，健全完善环境资源审判体制机制。最高人民法院发布的《关于深入学习贯彻习近平生态文明思想为新时代生态环境保护提供司法服务和保

① 党小学：《构建生态文明法律体系 有效推进生态文明建设》，《检察日报》2018 年 4 月3 日。

② 最高人民法院：《关于深入学习贯彻习近平生态文明思想为新时代生态环境保护提供司法服务和保障的意见》，2018 年 6 月 4 日。

障的意见》指出，“要完善环境资源专门化审判机制，继续深化法院组织体系改革，持续推进环境资源管辖制度改革，推进跨区域司法协作、全流域协同治理”。应当不断健全和完善环境资源审判体制机制结构，统筹环境民事、刑事和行政案件的司法审判核心力量。与此同时，要完善环境资源纠纷多元共治体系，推动构建党委领导、政府负责、社会协同、公众参与、法治保障的现代化环境治理体系。要加强环境资源审判国际司法交流合作，推动和引导应对气候变化、节能减排、生物多样性保护等领域的国际司法交流合作。①

参考文献

[1] 黄瑾、高雷：《习近平谈新时代坚持和发展中国特色社会主义的基本方略》，新华网，2017 年 10 月 18 日。

[2] 奚洁人主编《科学发展观百科辞典》，上海辞书出版社，2007 年 10 月。

[3] 骆锦勇：《推进环境资源审判专门化》，《人民法院报》2017 年 3 月 5 日。

[4] 吕忠梅：《用“绿色法典”开启生态文明法治建设新征程》，《光明日报》2018 年 1 月 6 日，第 9 版。

[5]《统一生态环境保护执法，专家建议设立国家生态环境监察总局》，《第一财经日报》2018 年 3 月 22 日。

[6] 党小学：《构建生态文明法律体系　有效推进生态文明建设》，《检察日报》2018 年 4 月 3 日。

[7] 最高人民法院：《关于深入学习贯彻习近平生态文明思想为新时代生态环境保护提供司法服务和保障的意见》2018 年 6 月 4 日。

[8] 罗书臻：《以习近平生态文明思想为指导服务新时代生态文明建设》，《人民法院报》2018 年 6 月 5 日。

① 罗书臻：《以习近平生态文明思想为指导服务新时代生态文明建设》，《人民法院报》2018 年 6 月 5 日。

G.8
新时期我国生产生活方式绿色化转型研究

刘　越*

摘　要： 生产生活方式绿色化转型是生态文明建设的重要抓手，是建设美丽中国的重要途径，关系到中华民族永续发展和“两个一百年”奋斗目标的实现。本文通过对新时期我国生产生活方式绿色化转型背景的分析和困境的识别，明确绿色转型发展的难点和重点，探寻绿色转型的机遇。最后，本文提出推动生产生活方式绿色化转型的6项关键举措，包括制定引领生产生活方式绿色化转型的科学规划，推进工业、农业农村、能源结构和生活方式的绿色化转型，推进绿色转型机制创新等。

关键词： 绿色转型　生产方式　生活方式

一　新时期我国生产生活方式绿色化转型背景

党的十九届五中全会将“广泛形成绿色生产生活方式，碳排放达峰后稳中有降，生态环境根本好转，美丽中国建设目标基本实现”作为到2035年基本实现社会主义现代化的远景目标之一。习近平主席强调推动形成绿色

* 刘越，管理学博士，南京林业大学碳中和研究中心副主任，南京林业大学经济管理学院讲师，主要研究方向为资源环境管理。

发展方式和生活方式是贯彻新发展理念的必然要求[①]，这意味着新时期中国的生产方式和生活方式将发生一场历史性变革，生产方式和生活方式的绿色化转型已经刻不容缓。“十四五”规划更是提出实现单位 GDP 能耗降低 13.5%，单位 GDP 二氧化碳排放降低 18%，主要污染物排放量持续减少的硬性约束指标。这对经济结构以重化工型产业为主、能源结构偏煤、生产方式粗放、生活消费呈高碳化趋势的中国而言，无疑带来了巨大的挑战。而同时生产生活方式绿色化也是我国应对气候变化的重要抓手，其绿色化的程度与我国能否如期实现碳达峰和碳中和的目标休戚相关。这意味着生产生活方式绿色化不仅是我国实现美丽中国建设目标的必经之路，更是我国推动构建人类命运共同体的必然要求，是无法逆转的客观现实和历史潮流。因此，严控化石能源、产业升级、加快绿色转型、开启绿色发展新赛道，实现在生态环境约束下的高质量发展，迫切需要我国在新时期生态文明建设的探索实践中，走出一条非同一般的绿色化转型之路。

生态文明建设事关“两个一百年”奋斗目标的实现和中华民族永续发展，必须紧盯不放，抓紧、紧抓。[②] 绿色转型是一场生产方式与生活方式的深刻革命，是解决经济社会发展中资源与环境约束问题的有效途径，是加快转变经济发展方式的重大战略举措，是贯彻落实科学发展观、实现全面协调可持续发展的必由之路。为了助力实现“两个一百年”奋斗目标，应不断破解绿色发展瓶颈，提升我国绿色发展水平，探索推动生产方式和生活方式转变的高质量发展模式，推动政府相关部门制定绿色转型战略以及加快绿色转型实践。

二　清醒认识生产生活方式绿色化转型的困境

当代中国砥砺奋进的发展征程，不仅产生了惊人的中国速度，更是创造

① 习近平：《推动形成绿色发展方式和生活方式 为人民群众创造良好生产生活环境》，https：//www. ccdi. gov. cn/ldhd/gcsy/201706/t20170602_ 115402. html。

② 中共中央文献研究室编《习近平关于社会主义生态文明建设论述摘编》，中央文献出版社，2017。

了令人瞩目的中国奇迹。2021 年中国实现了全面建成小康社会，消除了绝对贫困，向实现两个“一百年”的发展目标跨进一步。但是奇迹的创造是建立在高能耗、高排放、高污染的粗放式发展方式上，我们要清醒地认识到当前中国发展所面临的生态环境约束日益收紧，生态环境承载力已达到上限等问题。中国一直处在生态赤字的发展状态，这种生态超支带来了严重的环境污染和自然资源短缺的问题，生态环境问题已经成为新时期实现高质量发展最突出的短板。因此，中国已经明确认识到推动绿色发展，促进人与自然和谐共生的必要性，但是当前实现绿色发展，推动生产生活方式绿色化转型仍面临众多不容忽视的难题。

（一）产业结构偏重导致经济发展不协调

经济发展离不开产业的支撑，优化产业结构是促进经济高质量发展的关键[①]。2019 年，我国第一产业、第二产业和第三产业的产值占比分别为 7.1%、39%和 53.9%，与 2000 年相比，第一产业占比下降 7.6 个百分点，第二产业占比下降 6.5 个百分点，第三产业占比增长 14.1 个百分点，其变化符合产业结构变化的配第—克拉克定律。但与发达国家相比，仍有一定差距。以美国 2019 年产业结构为例，美国第一产业、第二产业和第三产业的产值占比分别为 0.9%、18.2%和 81%。可以看出，我国第一、第二产业占比明显高于美国，而第三产业占比则明显低于美国。我国产业结构整体呈现重型化特征，且第二产业的单位 GDP 能耗是第三产业的 3 倍、第一产业的 6.5 倍，第二产业中的重点行业，如化工、建材、钢铁、有色金属等以高能耗高排放为特征的行业所消耗的能源占全社会能源消费的 30%，而钢铁行业中粗钢的产量则占钢铁产量的 25%，产业发展明显出现了产业结构不均衡，农业基础薄弱、工业大而不强、服务业发展滞后，粗放式生产模式仍存在，低端产能过剩等问题。

---

① 渠慎宁、李鹏飞、吕铁：《“两驾马车”驱动延缓了中国产业结构转型？——基于多部门经济增长模型的需求侧核算分析》，《管理世界》2018 年第 34 期。

（二）以煤为主的能源结构和电源结构导致碳排放积重难返

我国已成为世界上最大的能源生产国和消费国。在能源生产领域，2019年，煤炭在全国一次能源生产总量中占68.6%（比2015年下降3.6个百分点），石油占6.9%（比2015年下降1.6个百分点），天然气占5.7%（比2015年提高了0.9个百分点）[①]。在能源消费领域，全年能源消费总量达48.7亿吨标准煤，比上年增长3.39%。煤炭消费量和石油消费量分别占能源消费总量的57.7%（比2015年下降6.1个百分点）和18.9%（比2015年提高了0.5个百分点），天然气、水电、核电、风电等清洁能源消费量占能源消费总量的23.4%（比2015年提高了5.6个百分点），石油对外依存度为71.0%，天然气对外依存度为43.9%。可以看出我国能源结构仍然偏煤，这主要是由我国"富煤、贫油、少气"的资源禀赋特点所导致的，是我国当前能源结构转型的难点。此外，原油及天然气对外依存度不断加大，也给我国的能源安全带来隐患。与发达国家相比，以美国为例，美国煤炭、石油、天然气以及非化石能源消费分别占能源消费总量的15%、41%、28%以及16%[②]。可以看出，我国可再生能源消费明显不足，与美国相比差距较大。以煤炭石油为主的能源结构和可再生能源消费占比低成为我国实现碳达峰的结构性短板。

2019年，我国总发电量高达7.5亿千瓦时（比2015年增长了33%），其中火电占比69.6%（比2015年下降了4.1个百分点），水电占比17.4%（比2015年下降了2个百分点），核电占比4.6%（比2015年增加了1.7个百分点），风电占比5.4%（比2015年增加了2.2个百分点），太阳能占比3%（比2015年增加了2.3个百分点）。可见我国电力结构仍以燃煤发电为主，且我国燃煤发电量占全球总燃煤发电量的46.8%。虽然当前火力发电

① 国家统计局能源统计司：《中国能源统计年鉴2020》，中国统计出版社，2021。

② Khan, I., F. Hou, and H. P. Le, "The impact of natural resources, energy consumption, and population growth on environmental quality: Fresh evidence from the United States of America", *Science of The Total Environment* 754, 2020.

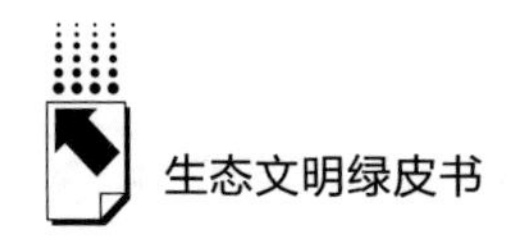

的装机容量已降至50%以下，但想在短时间内改变以煤电为主的电力结构仍存在很大困难。2019年，我国碳排放量为101.7亿吨（占全球碳排放总量的27.9%），其中主要来自发电供热业，占比高达42%，全球碳排放中电力热力行业占比为30.4%。可见，电力部门是当前碳中和的“胜负手”，如何实现煤电清洁化和低碳化无疑是重中之重。

（三）过度消费与高碳消费导致资源浪费和减碳压力加大

我国消费需求对经济的贡献率从1978年的38.3%提高到2019年的57.8%，消费水平和消费总量稳步上升，城镇人均可支配收入已经从2000年的6280元增长到2019年的39244元，消费对于经济发展的促进作用显著。[①] 随着居民消费需求的扩大，我国居民消费逐渐形成了高消费、高浪费、高碳化的模式。消费主义观念盛行，如过度消费、奢侈消费、炫耀消费等。根据益索普的2020年家庭低碳生活与低碳消费行为研究，当前网购的便利化产生了36%的不必要购物，而这些不必要的购物不仅超出了消费者自身的实际需要甚至是消费水平，更带来了资源的浪费和环境的污染。

绿色生活观念较为淡薄，人们对于绿色生活方式的关注度和参与度较低，导致生活方式的高碳化特征日益显著。当前，我国人均温室气体排放二氧化碳当量高达8.2吨，其中由消费所引发的约为4.3吨，占比约为52%，包含住宅碳排放1.4吨、食物碳排放1.1吨、交通出行碳排放1.1吨、生活用品消费碳排放0.3吨、休闲娱乐碳排放0.4吨。而居民尚未形成绿色生活方式，调查显示公众了解低碳消费和低碳生活方式的仅占47%，公众不知如何辨别绿色低碳的生活方式，且配合低碳生活方式的前提是不降低当前生活质量，整体对于生活方式绿色化转型的态度较为消极。

---

① 国家统计局：《中华人民共和国2020年国民经济和社会发展统计公报》，2021。

三　抓住有利于生产生活方式绿色化转型的三个特殊机遇

（一）双碳目标将推动我国形成低碳绿色转型倒逼机制

习近平总书记2020年9月22日在联合国大会一般性辩论上向世界郑重承诺，中国二氧化碳排放将力争于2030年达到峰值，争取2060年前实现碳中和。目前，“十四五”规划明确提出要加快发展方式绿色转型，《关于加快建立健全绿色低碳循环发展经济体系的指导意见》和《环境信息依法披露制度改革方案》等，指出解决当前我国资源紧缺和生态环境问题的基础之策就是建立健全绿色低碳循环发展经济体系，促进生产生活绿色化转型。这必将推动经济社会全面转型，尤其是将推动经济结构、能源结构朝着绿色低碳方向加快转型，加快形成绿色低碳可持续的发展模式，促进人与自然和谐发展的现代化建设不断取得新的成果。

（二）国内国际双循环发展格局畅通了绿色转型的多种途径

十九届五中全会中提出“逐步形成以国内大循环为主体、国内国际双循环相互促进的新发展格局”，这意味着国内大循环是双循环发展格局的基点。当前消费是我国经济增长的压舱石，我国需要把扩大内需，推进绿色消费作为实现发展和转型的出发点，作为解决人民日益增长的美好生活需要和不平衡不充分的发展之间的矛盾的抓手。同时，要进一步推进供给侧结构性改革，打通绿色消费和绿色生产之间的供给障碍，构建绿色低碳供需循环体系，使绿色生产体系与绿色消费需求相适配，形成绿色消费需求引导绿色生产，绿色生产创造绿色需求的绿色循环，为绿色转型提供有效途径。生产方式的绿色化转型有助于打破国际竞争市场上的“绿色贸易壁垒”，有利于我国抢占发展先机。

（三）构建绿色技术创新体系为绿色转型提供核心动力

习近平总书记提出创新是引领发展的第一动力。绿色技术创新是绿色转型的第一驱动力，生产生活方式的绿色化必须依靠绿色技术创新，必须牢牢抓紧绿色技术创新这个“牛鼻子”。绿色技术创新具有经济性和社会性两个特征，经济性上体现为有助于企业提高生产效率进而提升企业竞争力，社会性上则体现为环境友好和节能减排。因此，绿色技术创新是解决经济发展与环境保护矛盾的重要措施。2019 年，我国抓住全球新一轮工业革命和科技竞争的发展机遇，提出构建市场导向的绿色技术创新体系，促进绿色技术创新、绿色成果转化、绿色产品研发，为绿色转型注入强劲科技动能。未来我国要进一步强化绿色技术创新引领，助力双碳目标实现，推动后疫情时代的绿色经济复苏，实现高质量发展。

四　推进生产生活方式绿色化转型的关键举措

要实现 2035 年生产生活方式绿色化转型，必须牢牢坚守生态文明建设的使命，坚定不移贯彻绿色发展理念，紧密结合当前中国的国情，把绿色生产与绿色生活作为生态文明建设的两大抓手，把工业绿色转型和能源结构优化作为必由之路，把体制机制创新作为动力与支撑，把绿色发展和美丽乡村建设作为目的。实践中要聚焦生产生活方式绿色化转型的重点和关键，聚力绿色低碳转型战略目标，着力推进实施以下 6 项措施。

（一）着力制定引领生产生活方式绿色化转型的科学规划

制定引领生产生活方式绿色化转型的科学规划是实现绿色转型的首要前提。要统筹协调生产方式绿色化和生活方式绿色化的关系，高标准制定未来十年的绿色转型规划，前瞻布局和完善工业发展、农业发展、能源系统、绿色生活四方面行动计划，有力有序引领社会主义现代化的远景目标如期实现。

加强工业绿色发展规划引领。深入贯彻《国务院关于加快建立健全绿色低碳循环发展经济体系的指导意见》，完善未来十年化石能源机组零增长目标，推动能源领域技术革命，对标领先产业能耗定额标准。加快产业结构低碳转型。积极发展碳捕捉及碳封存技术，提升碳达峰速度。加强农业绿色发展规划引领。贯彻《国务院关于促进乡村产业振兴的指导意见》，坚持以农业绿色发展引领乡村产业振兴，推动实现乡村全面振兴和农业农村现代化。加强能源系统规划引领。按照清洁低碳、安全高效、成本可控的原则，制定中长期能源战略与行动计划，并制定相应的有约束力的效率指标。优化可再生能源格局，大力提升可再生能源比重。加强绿色生活规划引领。坚决厉行节约、反对浪费。加快生态城市建设，倡导低碳清洁生活方式，弘扬低碳生活良好风尚，推进绿色消费、绿色交通和绿色建筑。引导公民关注生态环境，节约能源资源。

（二）着力推进工业绿色化转型升级

推进工业绿色化转型升级是实现碳达峰的治本之策。以供给侧结构性改革为主线，把绿色技术创新作为根本动力，大力发展绿色循环工业，改造传统产业，推动工业体系向绿色化、循环化、低碳化转变，实现产品全生命周期绿色管理。

以绿色技术创新政策助推工业绿色化转型。充分发挥政策的引领作用，扶持和引导企业绿色技术创新为主，推动产学研深度融合为辅，围绕提升资源循环利用效率，促进传统工业能效提升以及清洁生产、节水治污、循环利用、基础设备绿色升级等共性技术、关键技术的研发。充分发挥企业、高校、科研机构、中介机构和金融资本等各类绿色技术创新主体的作用，开展重点产品研发，攻克一批对提升产业绿色化具有重要影响和对深度脱碳可发挥关键作用的战略性技术。培育绿色技术创新孵化平台，制定绿色技术创新评价标准和认证体系，加快绿色技术创新成果的转化和应用。

从严控制高耗能高污染产业和低端产能过剩行业项目发展，加快淘汰落后产能，突出抓好传统产业绿色改造升级、资源高效循环利用项目。对于高能耗高污染行业，坚持把能源消耗总量作为硬性指标，把产业结构目录、行业相关规范以及准入条件等作为强制性要求，保证将不符合环境标准的生产线或企业依法依规实施关停取缔、整合搬迁、整改提升等。

针对重点行业制定“一行一策”的清洁生产改造提升计划，其中以石化产业、化工产业、钢铁产业和有色金属产业等的绿色化升级最为重要。打造绿色低碳示范工厂和产业园区，实现可循环的生产方式，即在企业内部全生命周期内实现绿色产品设计、绿色采购、绿色生产、绿色消费和绿色再利用的绿色管理全过程，在企业外部实现企业间首尾相连的代谢和共生体系，构建资源循环型产业体系，提高资源利用效率。

完善绿色供应链体系，助力产业链全面绿色升级。以绿色供应链标准和生产者责任延伸制度作为支撑，实现终端产品能源资源消耗最低化、生态环境影响最小化、可再生率最大化的闭环管理。创新绿色供应链管理模式，从单一化向多元化转变。提高中小企业参与度，丰富绿色供应链管理主体。

（三）着力推进农业农村绿色转型

坚持以农业农村绿色转型作为引领支撑是建设美丽乡村的重要途径。应把农业生产方式绿色化作为突出要点，把农业产品绿色优质化作为目标，提高农业资源利用效率，保障农民权益。

以农业生产方式绿色化，构建农业清洁生产体系。运用绿色技术，遵循减量化、再利用、资源化的原则，减少化肥农药使用量，高效利用农业资源，实现农业废弃物资源化，减少农业生产带来的环境污染，实现增产不增污、增产不增碳。以农业生产源头减量作为导向，减少化肥、农药、农用薄膜的使用量，保证减量控害。推进、拓展测土配方施肥范围。

以农业生产方式循环化，建立和完善农业废弃物资源化体系，重点开展农业包装物、废弃农膜、畜禽粪污和秸秆的资源化利用，实施老旧农机替代计划，构建农业循环生产体系，建立农业清洁生产和循环生产示范园区。因地适宜推广循环生产模式，在水稻和小麦种植区推广种养加工复合模式，以种植、养殖和农产品深加工为一体延伸价值链条；在丘陵地区推广以蚕桑业、种植业、养殖业为核心的立体复合循环模式。

大力发展生态农业、低碳农业，保障绿色农产品供给，解决当前居民对绿色农产品日益增长的需求与供给不充分之间的矛盾。以提高农业供给质量为导向，倒逼优化农业种养结构，建立绿色农产品标准化生产体系，鼓励建设一批无公害绿色生态农产品、绿色食品和有机食品基地。完善农产品绿色供应链机制，实现由“绿水青山”到“金山银山”的转变。注重农业资源利用效率。坚守耕地保护红线，杜绝农业资源透支和过度开发，坚持轮作为主、休耕为辅。优化农业投产结构，杜绝高投入、高消耗、高污染的农业资源开发模式。

改善农村人居环境，提高农业农村生态环境质量。加强农村生活污水和垃圾管理体系建设，实施农村清洁工程。推进农村环境综合整治，落实“以奖促治，以奖代补”政策，针对重点区域开展集中整治。以村庄环境整治为重点，积极开展宜居乡村建设。加强农村饮用水水质监测、评估，掌握水质状况，保障农村生活饮用水达到高度卫生标准。积极发展观光农业，推进美丽乡村建设。

（四）着力推进能源结构低碳转型行动

推进能源结构低碳转型是实现碳达峰的必由之路。要积极整合各方面创新资源，充分调动新能源企业的积极性创造性，大力发展和使用可再生能源，确立化石能源零增长目标。

明确将碳排放量作为刚性约束。强化煤电（气电）行业审批及清退。确立煤电机组零增长目标，加强对现有煤电（气电）发电机组的在线监测，将能源消费总量、碳排放强度、节能减排技术水平作为重点监管指标。特别是对石化行业和火力发电行业，实施“对小规模企业进行整合，集中发展大企业，关停工艺落后企业，关停环保考核不达标的企业，大规模提高产业集中程度”的策略。严格执行新建项目的节能评估审查和项目核准程序，特别是针对煤电装机项目，建立相应的项目审批问责机制，形成有利于合理调整能源消费结构的长效约束机制。

推动能源结构优化，提高可再生能源利用比例。大力推动风电、光伏发电发展，因地制宜发展水能、地热能、海洋能、氢能、生物质能、光热发电。实施清洁能源替代工程。坚持规模化发展和内陆分散式应用并举，加快提高海上风电技术，建立海上风电全产业链体系，打造陆上和海上“双千万千瓦级风电基地”。坚持集散并举、以散为主，加强光伏组件新技术创新，推动光伏产业集聚发展和提挡升级。坚持高效安全地发展核能，严格操作规程，确保在役机组安全运行。制定推动新能源与可再生能源发展实施办法及行动计划。

提高能源利用效率，持续推进能源技术全面发展。创新煤炭清洁高效利用技术，加强煤化工与火电、生物质转化、燃料电池等相关能源技术的交叉使用，实现能量循环利用，完成大规模工业化示范。开展有利于能效提升的相关节能技术活动。

加强现代化工业节能技术创新、建筑节能技术创新、运输节能技术创新和能源系统全局优化节能技术创新。建立国家能源技术创新平台，加强能源技术创新基础研究和实施重大研究战略，促进军用技术在能源领域的转化应用，推动企业参与能源技术创新平台建设，鼓励围绕重点和新兴能源技术构建以企业为主导、产学研合作的产业技术创新联盟。

（五）着力推进生活方式绿色化转型

积极推进生活方式绿色化是生态文明建设的重要抓手，并对生产方式绿色化具有倒逼作用。应积极开展绿色生活创建活动，推广绿色消费、绿色交通、绿色建筑，健全绿色低碳循环发展的消费体系。

倡导绿色消费，培育绿色生活方式。加大绿色宣传教育，树立绿色消费理念，把绿色消费教育融入公民道德教育之中，提高消费者保护生态环境和维护公共利益的责任感和自觉性。制定绿色消费政策加强绿色产品认证，鼓励引导绿色消费，加大能效标识产品、节水标识产品、环境标识产品和低碳标识产品的使用推广力度，在其生产、消费和销售过程中给予优惠和政府补贴。鼓励消费者购买使用节能节水产品，减少使用一次性用品。倡导光盘行动，杜绝食物浪费，形成绿色健康的饮食习惯。大力推广生活垃圾分类，引导居民形成绿色生活方式。发挥政府部门引领示范作用，加大绿色采购力度与范围，鼓励绿色办公，出台政府绿色采购实施细则。

打造绿色交通，改善市民出行环境。鼓励居民出行选择公共交通、慢行系统（自行车、步行）和适量新能源与环保型汽车，以高效能、智能的交通管理为依托，利用与城市规划及空间拓展相协调的可持续城市综合交通系统，提高公共交通服务质量。完善城市慢行系统，加强自行车专用道和行人步道等城市慢行系统建设，改善自行车、步行出行条件，建设城市绿道和休闲步道，形成集出行、游览、休息、娱乐为一体的步行系统。大力推广新能源汽车，优先在公交、公务、物流、环卫等领域推广应用节能与新能源汽车，使政府机关、公共机构等领域车辆采购向新能源汽车倾斜，给予新能源汽车销售的财政补贴。

发展绿色建筑，转变城乡建设模式。明确规定绿色建筑土地使用比例、绿色建筑比例，确保大型公共建筑全部按照二星及以上绿色建筑标准设计建造，商业服务和房地产开发项目全面执行绿色建筑标准。鼓励房地产开发企业建设绿色住宅小区，鼓励房地产开发企业在推动当地绿色建筑可持续发展方面加强政企合作和资源共享，在城市规划、生态城市建设、绿色建筑技术推广与应用领域展开深入合作，深化绿色建筑理念的推广和应用。建立合理积极的经济激励体系，调高建设规模大、建设水平高的绿色建筑补助额度，推动相关金融服务中关于绿色建筑项目服务条款的改进和完善，对符合条件的开发商给予贷款利率方面的补贴。

（六）着力推进生产生活绿色转型机制创新

推进生产生活方式绿色转型机制创新是实现碳达峰的坚实保障。实现生产生活方式绿色转型需要制度保障、政策保障、法律保障和管理保障。应聚焦新时期生产生活绿色化转型能力建设，积极构建绿色转型促进机制。

完善生产生活方式绿色转型的制度保障。建立以峰值目标倒逼碳减排责任考核制度，强化绿色转型的制度保障，强化以绿色低碳支撑高质量发展的责任考核，参考河长制和湖长制的管理经验，推动实施碳长制，科学分解绿色转型任务及工作路径，明确各级各部门领导的绿色转型政治责任。完善可再生能源替代考核机制，完善高质量发展考核评价标准，明确各方面可再生能源目标任务，将碳排放强度、可再生能源占比纳入绩效考核体系，与各级

各部门领导干部年度考评奖惩挂钩。完善资源化循环利用机制，优先推动园区循环化改造、废弃物循环利用和污染物处置。建立助力农业绿色化转型的农业补偿机制，明确绿色农业补偿标准。

完善生产生活方式绿色转型的政策保障。制定有利于绿色转型的激励政策，鼓励节能减排及技术的创新，强化对绿色采购和绿色消费行为的奖补政策支持。完善绿色财政，设立绿色转型专项资金，加大工业企业节能减排环保技术开发资金投入，对环境友好型工业企业予以财政补贴。完善现有排污收费制度的有关条款，加强对排污费的征收和管理。利用税收政策和价格政策，强化绿色发展与经济增长综合决策机制，引导企业绿色转型。完善绿色转型的监管政策，制定针对绿色转型相关政策实施的监管政策。完善智能化监管信息平台，加大监督力度与执法力度。

完善生产生活方式绿色化转型的法律保障。在各地建立起保障绿色转型的地方法规体系，制定并出台具有针对性且操作性强的地方性规章制度，对现有已出台的环境保护条例、绿色发展相关法律和政府规章制度进行修改和完善，充分体现生态文明建设的理念，规范相关各方在绿色转型方面的行为。

完善生产生活方式绿色转型的管理保障。建立健全环境信息系统，使这一系统涵盖工业经济社会统计系统、环境保护及监控系统、能源管理系统、固体废弃物管理系统和农业生产系统，定期公布区域绿色转型情况。加强技术咨询服务体系建设，搭建绿色技术创新服务平台，建立绿色技术专利成果转化体系。加强公众参与机制的建设，建立科学的民意调查制度，建立协商谈判制度、听证制度、政府信息公开制度，通过公众参与促进政府依法执政、公众有效监督。

参考文献

[1] 习近平：《推动形成绿色发展方式和生活方式 为人民群众创造良好生产生活环

境》，https：//www.ccdi.gov.cn/ldhd/gcsy/201706/t20170602_115402.html。
[2] 中共中央文献研究室编《习近平关于社会主义生态文明建设论述摘编》，中央文献出版社，2017。
[3] 世界自然基金会：《地球生命力报告2020》。
[4] 渠慎宁、李鹏飞、吕铁：《“两驾马车”驱动延缓了中国产业结构转型？——基于多部门经济增长模型的需求侧核算分析》，《管理世界》2018年第34期。
[5] 国家统计局：《中国统计年鉴2020》，中国统计出版社，2021。
[6] 国家统计局能源统计司：《中国能源统计年鉴2020》，中国统计出版社，2021。
[7] Khan I., F. Hou, and H. P. Le, “The impact of natural resources, energy consumption, and population growth on environmental quality: Fresh evidence from the United States of America”, *Science of The Total Environment* 754, 2020.
[8] 国家统计局：《中华人民共和国2020年国民经济和社会发展统计公报》，2021。

G.9

城市生活垃圾分类的结构性困境及出路

王泗通*

摘　要： 生活垃圾分类已是践行城市社会文明的重要体现，对资源再利用和社会可持续发展具有重大意义。就我国垃圾分类发展历程而言，尽管已历经自由探索阶段、国家政策推进阶段、强制分类阶段三个阶段，但仍然面临末端不通推前端、缺乏有效制约措施、社区力量单一、社区居民参与度低等结构性困境。基于此，本文提出完善末端处置技术和分阶段推进前端源头分类、创新垃圾分类管理手段和应用智能技术强化监督、有序引导物业参与垃圾分类和探索购买垃圾分类社会服务、充分发挥社会文明引领作用和提升居民垃圾分类责任意识等建议。

关键词： 城市生活垃圾分类　末端处置　居民参与

一　问题的提出

随着经济社会的快速发展、人民生活水平的不断提高以及城市化进程的加速推进，城市生活垃圾产生量急剧上升，许多城市面临严重的“垃圾围城”难题。[①] 为了破解这一难题，欧美等发达国家提出推动生活垃圾分类。

* 王泗通，社会学博士，南京林业大学讲师，主要研究方向为环境社会学、社会治理。

① 丁建彪：《政策效能缺失视域下的“垃圾围城”治理研究》，《行政论坛》2016年第5期。

垃圾分类是指按照垃圾的类别和处理方式对垃圾进行分类投放、分类收集和运输、分类处置的行为。与传统的生活垃圾混合投放和处理相比，垃圾分类能从源头上降低垃圾总量和减少垃圾治理成本，也能对生活垃圾中的资源物质进行再生利用，降低环境污染。进入 21 世纪后，在作为世界城市生活垃圾产量大国的中国，原本的混合处置城市生活垃圾方式的弊端逐渐显现，这种处置方式不仅导致城市生活垃圾中可利用资源被严重浪费，而且还增加了生活垃圾的末端处置难度。因此，积极推动城市生活垃圾分类成为我国大多数城市破解“垃圾围城”难题的重要举措。

自 20 世纪 90 年代中期起，我国地方政府和民间团体便开始积极探索城市生活垃圾分类，至今已有近 30 年的城市生活垃圾分类探索经验。[①] 2019 年，习近平总书记对垃圾分类作出重要指示，推行垃圾分类，关键是要加强科学管理、形成长效机制、推动习惯养成；习近平总书记还强调实现垃圾分类是社会文明的重要体现，号召广大人民群众积极参与垃圾分类。但从垃圾分类试点效果而言，垃圾分类获得成功的案例少之又少，多数试点城市陷入难以分类的“铁笼”。基于既有实践，反思我国城市生活垃圾分类屡屡陷入困境的原因显得尤为重要，而厘清城市生活垃圾分类困境需要解决以下三个问题：一是垃圾分类困境是什么，二是为什么垃圾分类会陷入困境，三是如何更为有效地推进垃圾分类。由此，本文以城市生活垃圾分类实践为切入点，在厘清垃圾分类困境的基础上，深入分析困境形成的复杂原因，进而寻求推进垃圾分类的路径。

二　中国城市生活垃圾分类的发展历程

（一）自由探索阶段：垃圾分类艰难挺进城市

我国最早的垃圾分类试点是 1995 年上海普陀区曹杨五村开展的生活垃

① 陈阿江、吴金芳：《城市生活垃圾处置的困境与出路》，中国社会科学出版社，2016，第 13 页。

圾分类试点。应上海生活垃圾无害化、减量化、资源化处置的基本要求，曹杨五村正式拉开城市规模化、体系化的生活垃圾分类序幕。在具体做法上，主要采用有机垃圾、无机垃圾、有害垃圾三分法进行小规模垃圾分类试点，即将原有混合投放的垃圾桶换成不同颜色的分类垃圾桶。统计显示，曹杨五村垃圾分类试点初期取得了一定成效，垃圾分类量从开始 10 天的日均分类倾倒 28 人次，上升到 3 个月后的 289 人次，占日均倾倒垃圾总人数的 75%。[①] 随后上海曹杨五村生活垃圾分类试点经验被推广到其他生活垃圾分类试点小区。与此同时，1996 年北京西城区大乘巷小区开展了垃圾分类试点，但与上海基层政府推动垃圾分类试点不同，大乘巷小区主要由民间 NGO“地球村”引导居民参与垃圾分类。大乘巷小区在具体做法上主要采用厨余垃圾、可回收垃圾以及其他垃圾三分法，这一点与当时国外主要做法相一致。但总体而言，这一阶段不仅开展垃圾分类的试点城市或民间团体较少，而且垃圾分类作为全新事务出现在城市，很多城市政府和普通居民并不理解垃圾分类的重要性，因而垃圾分类处于艰难挺进城市的状态。

（二）国家政策推进阶段：垃圾分类试点效果甚微

基于自由探索阶段积累的垃圾分类试点经验，2000 年，原建设部为了有效降低生活垃圾分类产量增速和提高资源利用效率，选取北京、上海、广州、深圳、杭州、南京、厦门和桂林八个城市开展以城市为单位的垃圾分类试点工作，由此也标志着我国垃圾分类正式进入国家政策推进阶段。按照 2000 年原建设部垃圾分类试点政策要求，各个垃圾分类试点城市陆续选取试点街道和试点社区，自上而下如火如荼地开展垃圾分类试点工作。试点城市政府扮演发起者和推动者的角色，政府出台相关垃圾分类指导政策，并从组织、财政、物力等方面给予支持。在政府的推动下，由社区、物业、居民

---

① 《上海生活垃圾管理变迁史——生活垃圾分类投放历史（中）》，2021 年 1 月 14 日，https：//www. thepaper. cn/newsDetail_ forward_ 10791722。

等主体落实和参与垃圾分类回收工作。2011 年，广州市颁布国内首部城市垃圾分类管理法规——《广州市城市生活垃圾分类管理暂行规定》，垃圾分类进入了“有法可依”时代。随后越来越多的城市参与了垃圾分类试点工作，到 2017 年，垃圾分类试点城市已经增加至 46 个，所有直辖市和大多数省会城市、计划单列市，以及部分重点城市都被纳入国家垃圾分类试点政策体系。然而，虽然垃圾分类试点城市已增加至 46 个，垃圾分类试点也已探索 17 年，但垃圾分类效果甚微，由此凸显我国垃圾分类试点工作仍面临巨大压力和挑战，需要政府和社会重新认识垃圾分类试点工作，探索更为有效的垃圾分类试点方式。①

（三）强制分类阶段：垃圾分类进入全民分类

2017 年《生活垃圾分类制度实施方案》颁布实施后，我国垃圾分类逐步进入强制分类阶段，特别是 2019 年 7 月《上海市生活垃圾管理条例》的正式实施，标志着城市垃圾分类正式被纳入法治框架。随后北京、广州、深圳、杭州、南京等城市也陆续颁布垃圾分类强制分类条例。垃圾分类进入强制分类阶段的最大变化主要体现在两个方面：一是垃圾分类变成单位和个体的基本责任，城市所有单位和个体都需按照条例要求，有序推进和参与垃圾分类；二是垃圾分类不再依靠“以奖促分”的手段，而是使用“以罚促分”的新手段，即由城市综合执法部门对拒绝分类的单位和个体进行依规处罚，从而达成单位和个体自觉推进和参与垃圾分类的根本目的。② 同时，垃圾分类进入强制分类阶段，意味着垃圾分类不再只是城市试点工作，也不再只是一个街道或几个社区的垃圾分类经验探索，而是意味着我国垃圾分类正式进入全民参与、全民分类的时代。

---

① 耿言虎：《城市社区垃圾分类的结构性困境及其突破》，《南京工业大学学报》（社会科学版）2014 年第 3 期。

② 范文宇、薛立强：《历次生活垃圾分类为何收效甚微——兼论强制分类时代下的制度构建》，《探索与争鸣》2019 年第 8 期。

三　中国城市生活垃圾分类的结构性困境

通过近30年的城市生活垃圾分类探索可以发现，我国城市生活垃圾分类任务仍然十分艰巨，尽管自2019年起，我国许多垃圾分类试点城市陆续颁布实施了强制分类条例，其分类效果仍未产生质变，如在上海、北京、广州、杭州、南京等已经颁布实施强制分类条例的城市，很多单位和居民并未有意识地推进和参与垃圾分类，似乎我国城市生活垃圾分类已陷入结构性困境。从已有研究成果看，垃圾分类的结构性困境产生的原因可归纳为三个方面：一是政府没有建立长效的垃圾分类管理机制和制定强有力的法律法规；① 二是现有垃圾分类缺乏对市场机制的使用，导致垃圾分类缺乏长久的驱动力；② 三是居民观念滞后、环境责任意识不强。③ 然而，被大多数学者所忽视的最重要的原因恰恰是至今为止，我国大多数实施垃圾分类的城市仍未建成完善的垃圾分类体系，特别是末端处置技术的不完善致使垃圾分类陷入“重形式、轻效果”的实践窘境。因而，垃圾分类的结构性困境首推体系困境，进而才是政策困境、主体困境以及知行困境。

（一）体系困境：末端不通推前端

城市生活垃圾分类关键在于实现资源化利用，进而达到降低生活垃圾产量的根本目的。故而既有按照厨余垃圾、可回收垃圾、有害垃圾、其他垃圾进行分类的方法就是为了更好地实现资源再利用，其中实现资源再利用的最关键环节就是实现厨余垃圾的资源化利用。国内垃圾分类试点城市厨余垃圾末端处置设计，主要是通过建立专门的厨余垃圾厂，设计综合利

---

① 彭德雷：《城市生活垃圾分类回收的法律规制：基于对澳大利亚城市的考察》，《政法学刊》2011年第3期。

② 许金红：《中国城市生活垃圾分类管理的研究——基于美国厄巴纳城的经验分析》，西北大学硕士学位论文，2011。

③ 王子彦、丁旭、周丹：《中国城市生活垃圾分类回收问题研究——对日本城市垃圾分类经验的借鉴》，《东北大学学报》（社会科学版）2008年第6期。

用项目对厨余垃圾进行综合资源化利用。就当前而言，国内最先进的厨余垃圾处置工艺流程包括预处理、厌氧、沼气净化提纯、污水处理、沼渣堆肥以及除臭六个环节。其中，厨余垃圾资源化利用的关键环节在于通过厌氧降解技术将厨余垃圾转化为沼气、沼渣和沼液，沼气经进一步提纯转变为天然气用于发电和供暖，沼渣经过堆肥技术转变为肥料，沼液则经污水处理达标后排放。然而，厨余垃圾综合处置利用方式存在的最大问题在于对其产生的沼液等需要投入大量的资金进行污水处理，在一定程度上增加了厨余垃圾的处置成本，难以具有可持续性。但是大多数垃圾分类试点城市在末端并不具备有效处置能力的情况下，大力推进前端源头分类，致使被分类的垃圾再混合收运的现象比比皆是。这背后与城市政府官员追求垃圾分类工作政绩有着直接的关系，他们总是希望垃圾分类短时间内就能有所成效，但这恰恰忽视了垃圾分类基本发展规律，致使垃圾分类覆盖率高却难以显现实质成效。

（二）政策困境：缺乏有效制约措施

日本是世界公认的垃圾分类成功典范，日本基于本国居民特点在多年的实践中制定了责任明晰的垃圾分类管理法律体系，在各种法律法规的指导下，国家、各地方政府、企业、非政府组织和公民等各个相关主体，根据明确的责任和义务划分，切实履行各自的职责并相互协作，共同推动垃圾分类政策目标的实现①。但是我国垃圾分类主要以试点的方式在推行，特别是对于不参与垃圾分类的居民没有相应的监督，缺乏有效约制措施，这使得社区居民完全出于自觉进行垃圾分类。如社区在具体推进垃圾分类时，主要采用“以奖代罚”的方式调动社区居民参与垃圾分类的积极性。在这样的情况下，如果社区不能有效监督不参与垃圾分类的居民，那么大多数社区居民便很难遵守社区提出的垃圾分类相关工作要求。这种情况在上海、北京、南京

---

① 吕维霞、杜娟：《日本垃圾分类管理经验及其对中国的启示》，《华中师范大学学报》（人文社会科学版）2016 年第 1 期。

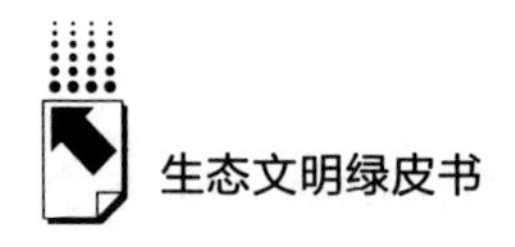

等城市颁布垃圾分类管理条例后仍未有所改观，如上海提出执法重点是“先单位后个人”，并未对社区居民进行有效监督和惩罚；再如南京2020年11月1日颁布垃圾分类管理条例后，仍有很多居民并不知道不参与垃圾分类会被处罚。

（三）主体困境：社区力量单一

由于现有社区垃圾收集与运输管理主要由社区物业的环卫部门完成，因而社区垃圾分类工作需要社区物业公司的积极参与和配合，换言之，物业公司在垃圾分类方面工作的好坏直接影响到垃圾分类效果。物业公司是自负盈亏的经营主体，“投入—产出”是物业公司权衡行为的准则，故物业公司是否配合政府和社区推行垃圾分类据其实行垃圾分类是否可以带来盈利而定。政府和社区需要给予物业足够的“好处”，如各种实物和资金补贴、政策优惠等，只有这样才能有效激励物业公司参与垃圾分类，协助社区做好垃圾收集和运输等方面的工作。但事实是政府和社区都没有额外给予物业足够的补贴和优惠，反而认为收运垃圾本就是物业的基本职责，物业理应无条件配合政府和社区做好垃圾分类工作。再加上物业的主要资金来源于社区居民的物业费，物业与社区居民关系的好坏直接影响物业能否继续在社区从事物业服务，因而社区居民垃圾分类参与积极性不高时，物业也便不会特别重视垃圾分类工作，如果因要求居民做好垃圾分类工作而“得罪”社区居民，其后续物业服务工作便很难开展。因此，在没有强制约束制度的背景下，物业更多的只是象征性地配合政府和社区开展垃圾分类工作，进而使得社区成为推动垃圾分类的单一力量。

（四）知行困境：社区居民参与度低

既有研究表明，居民对于垃圾分类的认知有助于垃圾分类行为的形成。[①]

① 邓俊、徐琬莹、周传斌：《北京市社区生活垃圾分类收集实效调查及其长效管理机制研究》，《环境科学》2013年第1期。

但实际上，认知与行为的关系较为复杂，常常会出现“知难行易”和“知易行难”的“认知—行为”困境。[①] 一方面，城市社区中有一部分居民因较为认可社区集体，对社区提出的相关要求，都会在第一时间采取行动，但是由于垃圾分类知识内容较多，个人认知能力有限，他们有时并不能正确地进行垃圾分类，即这些社区居民十分愿意参与垃圾分类，但是总是难以形成有效的分类行为。另一方面，在文化水平相对较高的城市社区中，大多数社区居民能较为容易地接受垃圾分类知识和理解如何进行垃圾分类。一般来说，只要政府和社区做好垃圾分类宣传工作，社区居民基本上都能有较高的分类意愿。但是社区居民具有较高的分类意愿，并不一定能够形成有效的垃圾分类行为。很多学者基于城市社区的实地调查发现，城市居民垃圾分类意愿与行为之间存在较大的差异，如当愿意参与垃圾分类的居民比例高达82.5%时，实际具有垃圾分类行为的居民比例只有13%，有力地论证了当前社区居民虽有了较高的垃圾分类认知，但在垃圾分类行为上仍表现出较低的参与度。[②]

四　中国城市生活垃圾分类的未来出路

尽管我国大多数人已经意识到垃圾分类对资源回收利用和保护环境具有重要意义，但已有垃圾分类试点城市的垃圾分类实践所表现出的结构性困境，仍致使垃圾分类长期徘徊不前的窘境。即使是最早实施强制分类的上海市，其垃圾分类实效也还有待进一步提升。因此反思既有垃圾分类失败教训，探寻更有效的垃圾分类出路，就成为不可回避的重要现实问题。归根结底，当前很多垃圾分类试点城市过于重视垃圾分类形式而轻视垃圾分类实质，很多垃圾分类试点城市的政府管理部门总是理所当然地认为，垃圾分类需要几十年，是几代人才能完成的公共事务。但是这些垃圾分类试点城市政

① 彭远春：《城市居民环境认知对环境行为的影响分析》，《中南大学学报》（社会科学版）2015年第3期。

② 陈绍军、李如春、马永斌：《意愿与行为的悖离：城市居民生活垃圾分类机制研究》，《中国人口·资源与环境》2015年第9期。

府忽略了自身已经探索了近三十年，投入了大量的人力、物力、财力。因此，以往要求政府提高管理能力、健全法律制度以及加大教育投入等都不能根本解决垃圾分类结构性困境。[①] 归根结底，城市生活垃圾之所以难分是因为分类的垃圾并未得到有效的末端处置。我国城市生活垃圾分类的未来出路，首先需要解决的就是末端处置问题，只有解决末端处置问题后，再通过前端源头分类及创新管理手段、机制和理念才能破解当前垃圾分类结构性困境。

（一）完善末端处置技术，分阶段推进前端源头分类

末端不通推前端，实则无用功。当前很多垃圾分类试点城市在并不具备完善的末端处置技术的前提下，大力推进前端源头分类，收效甚微。即使有个别垃圾分类试点城市基本建成末端处置设施，却因末端处置能力较为有限，无法全部处置被分类的垃圾，导致前端源头分类后的垃圾被重新混合收运处置。[②] 因而当前垃圾分类试点城市应加大对末端处置技术的资金投入，在未探索出完备的末端处置技术之前，应分阶段推进前端源头分类。具体可分三个阶段：第一阶段在具有末端处置技术之前，主要做好宣传教育工作，并适当进行垃圾分类试点，以求探索成熟的分类经验；第二阶段在具备末端处置技术但不具备城市分类垃圾总量处置能力之前，有步骤地推进垃圾分类试点工作，确保分类后的垃圾总量不能超出末端处置能力；第三阶段在具有末端处置技术和城市分类垃圾总量处置能力后，依托强制垃圾分类政策，配合有效的垃圾分类管理手段，稳步推进城市全民参与垃圾分类。

（二）创新垃圾分类管理手段，应用智能技术强化监督

随着越来越多的城市全面推行强制垃圾分类，如何有效落实强制垃圾分类政策逐渐成为各个城市政府面临的首要难题。垃圾分类制度的强制推行在

---

① 刘梅：《发达国家垃圾分类经验及其对中国的启示》，《西南民族大学学报》（人文社会科学版）2011 年第 10 期。

② 张农科：《关于中国垃圾分类模式的反思与再造》，《城市问题》2017 年第 5 期。

很大程度上使得垃圾前端源头分类、收集运输及末端处置等环节，都需要投入大量的劳动力，尤其是对前端源头居民的监督和惩罚，更需要投入大量的劳动力。为此，政府应当创新垃圾分类管理手段，逐步推进垃圾分类智能化，以形式多样的人工智能技术应用替代垃圾分类各个环节的劳动力，以降低垃圾分类的人力成本，提升垃圾分类的效率。[①] 一方面，以推动居民深度参与垃圾分类为目的，应用智能化辅助软件和设备，减少垃圾分类收集、运输等过程中的人力成本；另一方面，以助力政府精细管理和实现社区精准治理为目的，应用“互联网+”大数据平台，实现分类用户、分类设备、社区治理、政府管理之间的无缝连接，推进垃圾分类数字化管理。[②] 与此同时，由于人工智能具有“技术黑箱”“技术主观性”等潜在风险，政府在应用垃圾分类智能技术强化监督时，还应加强风险防范，实现依靠智能化有序推进强制垃圾分类。

（三）有序引导物业参与垃圾分类，探索购买垃圾分类社会服务

20 世纪 80 年代以后的物业制度改革，使得物业逐渐脱离于国家行政政权，变成独立运营核算的市场主体[③]。物业组织主要受市场机制的约束，自发地追求利益最大化，在实际管理过程中，政府对其约束力相对较弱。但在社区垃圾分类推进过程中，物业是垃圾分类的重要参与力量，物业参与垃圾分类的积极性将直接影响社区垃圾分类效果。故而，政府在引导社区推进垃圾分类工作的同时，还应加强对物业的垃圾分类引导，可适当采用奖励和惩罚并举的方式引导物业参与垃圾分类，即对于垃圾分类做得好的物业适当给予奖励，并可提升其物业等级，鼓励地区社区优先选聘这些物业；而对于垃圾分类做得不好的物业可以给予一定处罚，并可降低其物业等级。此外，社

---

① 周冯琦、张文博：《垃圾分类领域人工智能应用的特征及其优化路径研究》，《新疆师范大学学报》（哲学社会科学版）2020 年第 4 期。

② 屈群苹：《市场驱动型治理：城市垃圾“弱前强后”分类的实践逻辑》，《浙江学刊》2021 年第 1 期。

③ 张磊、刘丽敏：《物业运作：从国家中分离出来的新公共空间——国家权力过度化和社会权力不足之间的张力》，《社会》2005 年第 1 期。

会企业已是弥补政府部门社会服务能力不足、改善社会公益水平的新型企业类型，政府可以积极推动购买垃圾分类社会服务，充分调动市场力量辅助社区推动垃圾分类。①

（四）充分发挥社会文明引领作用，提升居民垃圾分类责任意识

既有研究表明，增强居民对社区的价值感和使命感，营造“全民参与”的邻里氛围，有利于引导居民自觉、自愿参与垃圾分类。② 生活垃圾分类已是践行城市社会文明的重要体现，故而当前垃圾分类试点城市在推动居民参与垃圾分类时，可充分发挥城市社会文明引领作用，倡导做好垃圾分类是检验居民城市社会文明水平的重要标准，引领居民以提升城市社会文明水平为基准，积极参与垃圾分类。而且随着强制垃圾分类政策的颁布实施，垃圾分类已不再只是居民选择性参与的公共事务，而是居民必须履行的职责。因而在以城市社会文明引导居民开展垃圾分类的同时，更要强化居民垃圾分类的责任担当，充分发挥居民在垃圾分类中的主体作用，从而以提升居民责任担当使居民垃圾分类实现由“刻意、不自然”到“刻意、自然”，再到“不经意、自然”的“由外到内”的过程转换。③

五　结论与讨论

从我国城市生活垃圾分类的发展历程来看，垃圾分类历经自由探索、国家政策推进、强制分类三个阶段，整体呈现出制度化、体系化的发展趋势。垃圾分类由自由探索阶段逐步转入强制分类阶段，在一定程度上有效地推动了我国城市生活垃圾分类。但就实践效果而言，我国城市生活垃圾分类仍然

① 谢家平、刘鲁浩、梁玲：《社会企业：发展异质性、现状定位及商业模式创新》，《经济管理》2016 年第 4 期。

② 徐林、凌卯亮、卢昱杰：《城市居民垃圾分类的影响因素研究》，《公共管理学报》2017 年第 1 期。

③ 琪若娜：《生活垃圾分类制度的双重属性困境与出路》，《干旱区资源与环境》2021 年第 5 期。

任重道远。很多已探索多年的垃圾分类试点城市仍陷入难以提升分类质效的结构性困境，如很多垃圾分类试点城市在不具备有效的末端处置能力之前，盲目地追求前端源头分类覆盖率，致使城市生活垃圾分类陷入进退两难的境地；再如很多城市已经颁布实施强制垃圾分类政策，但缺乏有效的监督制约措施，致使政策效果大打折扣；政府过于强调“自上而下”的垃圾分类管理体制，导致社区垃圾分类被“行政化”，进而导致物业等主体参与有限，社区陷入单打独斗的状态，与此同时社区居民在垃圾分类上存在明显的“认知—行为”脱节。当前城市生活垃圾分类结构性困境产生的根源在于末端不通推前端，致使强制垃圾分类政策难以有效实施，城市政府无法借助科学的管理手段推进垃圾分类，进而社区、物业、社会企业、居民等主体也无法有序地参与到垃圾分类中。

然而，我国生活垃圾产量的快速增长和“垃圾围城”环境问题的频频发生，致使我国城市生活垃圾分类进入需要实现质变的阶段，故而，政府应不断创新垃圾分类举措。首先，需要不断完善末端处置技术，解决末端不通推前端实则无用功的问题，特别是对于部分垃圾分类试点城市而言，在具备有效末端处置能力之前，应有步骤地适度推进垃圾分类工作。其次，政府在城市生活垃圾分类逐步进入强制分类阶段后，要不断创新垃圾分类管理手段，将智能技术应用到垃圾分类的前端源头分类、收集运输及末端处置等环节，有效提升垃圾分类效率。再次，政府要重视物业在社区垃圾分类中的重要作用，采用奖励和惩罚并举的方式引导物业积极参与社区垃圾分类，并探索购买垃圾分类社会服务，激发社会企业参与垃圾分类的主观能动性。最后，结合国家城市社会文明建设要求，以城市社会文明为引领，提升居民垃圾分类意识，推动居民自觉参与垃圾分类。总而言之，既要不断完善末端处置技术和重视技术应用，又要关注政府管理手段创新和居民垃圾分类行为，进而建构完善的城市生活垃圾分类推进体系，最终实现城市生活垃圾分类质效的提升。

参考文献

[1] 陈阿江、吴金芳：《城市生活垃圾处置的困境与出路》，中国社会科学出版社，2016。

[2] 陈绍军、李如春、马永斌：《意愿与行为的悖离：城市居民生活垃圾分类机制研究》，《中国人口·资源与环境》2015 年第 9 期。

[3] 邓俊、徐琬莹、周传斌：《北京市社区生活垃圾分类收集实效调查及其长效管理机制研究》，《环境科学》2013 年第 1 期。

[4] 丁建彪：《政策效能缺失视域下的“垃圾围城”治理研究》，《行政论坛》2016 年第 5 期。

[5] 范文宇、薛立强：《历次生活垃圾分类为何收效甚微——兼论强制分类时代下的制度构建》，《探索与争鸣》2019 年第 8 期。

[6] 耿言虎：《城市社区垃圾分类的结构性困境及其突破》，《南京工业大学学报》（社会科学版）2014 年第 3 期。

[7] 许金红：《中国城市生活垃圾分类管理的研究——基于美国厄巴纳城的经验分析》，西北大学硕士学位论文，2011。

[8] 刘梅：《发达国家垃圾分类经验及其对中国的启示》，《西南民族大学学报》（人文社会科学版）2011 年第 10 期。

[9] 吕维霞、杜娟：《日本垃圾分类管理经验及其对中国的启示》，《华中师范大学学报》（人文社会科学版）2016 年第 1 期。

[10] 彭德雷：《城市生活垃圾分类回收的法律规制：基于对澳大利亚城市的考察》，《政法学刊》2011 年第 3 期。

[11] 彭远春：《城市居民环境认知对环境行为的影响分析》，《中南大学学报》（社会科学版）2015 年第 3 期。

[12] 琪若娜：《生活垃圾分类制度的双重属性困境与出路》，《干旱区资源与环境》2021 年第 5 期。

[13] 屈群苹：《市场驱动型治理：城市垃圾“弱前强后”分类的实践逻辑》，《浙江学刊》2021 年第 1 期。

[14] 王子彦、丁旭、周丹：《中国城市生活垃圾分类回收问题研究——对日本城市垃圾分类经验的借鉴》，《东北大学学报》（社会科学版）2008 年第 6 期。

[15] 谢家平、刘鲁浩、梁玲：《社会企业：发展异质性、现状定位及商业模式创新》，《经济管理》2016 年第 4 期。

[16] 徐林、凌卯亮、卢昱杰：《城市居民垃圾分类的影响因素研究》，《公共管理学报》2017 年第 1 期。

[17] 张磊、刘丽敏：《物业运作：从国家中分离出来的新公共空间——国家权力过度化和社会权力不足之间的张力》，《社会》2005 年第 1 期。

[18] 张农科:《关于中国垃圾分类模式的反思与再造》,《城市问题》2017 年第 5 期。
[19] 周冯琦、张文博:《垃圾分类领域人工智能应用的特征及其优化路径研究》,《新疆师范大学学报》(哲学社会科学版) 2020 年第 4 期。

G.10 生态文明导向下的农林高质量发展

刘同山　陈晓萱*

摘　要： 农林作为与生态环境直接紧密相关的产业，在生态文明建设中发挥着独特作用，因此以生态文明理念引领农林高质量发展是当前实现经济转型和促进生态文明建设的重要一环。十八大以来，根据生态文明建设的整体布局，我国对农林的发展进行了强化部署，完善了促进农林高质量发展的政策体系。在一系列制度安排下，我国农林在实现绿色发展方面取得了一定成效，但同时也面临着诸多挑战。为此，下一步仍需在健全农林转型发展支持政策、推动农业绿色化高质量发展以及促进林业减排固碳作用发挥等方面作出努力。

关键词： 生态文明　农业　林业　高质量发展

一　农林在生态文明建设中的重要性

随着中国经济由高速增长阶段向高质量发展阶段转变，生态文明建设的战略地位日益突出。生态文明建设不仅能满足当下人民日益增长的美好生活需要，更关乎民族未来的发展，因此生态文明建设与经济、政治、文化、社会建设的高度融合是必然趋势。

---

* 刘同山，博士，南京林业大学城乡高质量发展研究中心主任，南京林业大学经济管理学院教授、博士生导师，主要研究方向为农村土地制度、城乡绿色发展；陈晓萱，南京林业大学经济管理学院在读博士研究生，主要研究方向为农村土地制度、农业转型发展。

农林作为关系国计民生的基础产业，具有生产、生态、经济、文化等多种功能，是生态文明建设的重要载体，直接关系到“绿水青山就是金山银山”理念的落实。一方面，农林不仅可以为人类提供必需的物质产品和生态产品，还直接影响生态文明的发展传承。农林最主要的功能是向全社会提供食物以及其他行业生产所需的物质，但随着物质条件的改善，人们逐渐开始重视身心的健康发展，因而对生态产品产生了极大的需求，而农林又是整个生态系统中提供和维系生态产品的主阵地。农业生态系统是一个与人类直接相关的生态系统，其生产过程会对水源和土壤等自然资源产生较大的影响。森林生态系统推动着整个生态系统的能量转换和物质循环，具有调节气候、涵养水源、保持水土、防风固沙等重要功能。因此，农林的发展对维系生态安全、保障良好人居环境具有重要作用。与此同时，伴随农林的发展所产生的诸多农林生产技术、农田生态景观以及森林生态景观，既深刻反映了人与自然的和谐进化，又为生态文化教育和生态文明传承搭建了良好的平台，鼓励后人把“绿水青山”建得更美，把“金山银山”做得更大。联合国粮食及农业组织于2002年设立了全球重要农业文化遗产（GIAHS），旨在建立全球农业文化遗产及其相关的可持续生产系统及生物多样性、景观、技术、知识和文化体系，这在全球范围内得到了认可与保护，为全球各个国家和地区间的生态文明传播架起了桥梁。目前，中国已有15个传统农业生态系统被列入GIAHS名录，占全球的24.2%①，这在一定程度上折射出中国农林的发展成果及生态文明传承魅力。

另一方面，以生态文明理念引领农林高质量发展是中国转型发展的现实需要，有助于生态文明建设目标的达成。以生态文明理念引领农林高质量发展要求农林发展始终贯彻“生态优先”原则，将发展思路从“有没有”转变为“好不好”，以实现“绿色发展”目标。换言之，农林高质量发展不仅要体现出对生态环境的可持续性利用，而且要实现经济效益与生

① 根据联合国粮食及农业组织（FAO）数据计算得到，网址：https://www.fao.org/giahs/giahsaroundtheworld/en/。

态效益相统一的可持续发展。放眼历史，农林的发展由早期掠夺式的资源获取模式转变为目前注重生态保护的资源开发利用模式，生态文明理念在农林发展中经历了从无到有再到占据引领地位的过程。我国农林业的发展也经历了这种转变。长期以来，我国农林经济增长模式呈现出明显的“要素驱动”特征，导致大量土壤质量下降、河湖水质破坏、森林资源消耗、生物多样性锐减，甚至使整个生态系统都遭受严峻挑战。自党的十八大提出“五位一体”整体布局，将生态文明建设放在突出位置以后，整个经济发展方式出现重大转变，农林也紧跟发展趋势，大力推进绿色发展并取得了一定的成效。农业方面，全国大力推进农业农村节能减碳。农业农村部相关数据表明①，截至 2020 年底，全国秸秆利用量为 6.33 亿吨，秸秆综合利用率超过 87%，同时生物质发电替代约 7000 万吨标准煤，相当于减排二氧化碳 1.5 亿吨、二氧化硫 570 万吨、氮氧化物 300 万吨。林业方面，全国大力进行人造林建设及森林资源保护。《2020 年中国国土绿化状况公报》显示，2020 年，全国完成造林 677 万公顷、森林抚育 837 万公顷。

并且，由于农林天然就与生态环境联系密切，其在未来我国生态文明建设中发挥的作用更是值得期待。《2021 年中国与全球食物政策报告》模拟的中国农业生产活动温室气体减排方案表明，在保证长期粮食安全的情况下，如果运用综合方案，到 2060 年农业食物系统温室气体排放量将比 2020 年减少 47%。还有研究指出②，随着中国人工林面积的不断增加和质量的不断提升，未来中国人工林的固碳作用将日益增大，从 2020 年到 2050 年，中国森林植被将吸收 22.14% 的因化石燃料燃烧产生的二氧化碳。因此，农林将在未来我国的生态文明建设中扮演重要角色。

---

① https://www.ndrc.gov.cn/xwdt/ztzl/2021qgjnxcz/bmjncx/202108/t20210827_129 4913_ext.html。

② Qiu Z., Feng Z., Song Y., et al., “Carbon sequestration potential of forest vegetation in China from 2003 to 2050: Predicting forest vegetation growth based on climate and the environment”, *Journal of Cleaner Production* 252, 2020.

二　生态文明导向下的农林发展政策安排

为确保农林发展与生态文明建设并行不悖，实现生态文明导向下的农林高质量发展，我国出台了一系列政策法规，特别是党的十八大以来，中共中央、国务院以及相关部门就以生态文明建设引领农林高质量发展做了大量政策安排，主要体现在防止农林粗放发展破坏生态环境和提高农林在生态文明建设中的独特作用两个方面。

一方面，防止农林粗放发展破坏生态环境，避免农业面源污染和森林资源浪费。十八大以来，最早涉及农林生态环境保护和修复的中央文件，是2012年12月中共中央、国务院印发的《关于加快发展现代农业进一步增强农村发展活力的若干意见》，该意见指出既要加大林业的生态修复工程实施力度，又要搞好农村污染防治和环境保护。2014年1月，中共中央、国务院印发《关于全面深化农村改革加快推进农业现代化的若干意见》，提出通过农业面源污染防治、划定生态保护红线和进行停止天然林商业性采伐试点等具体措施建立农业可持续发展长效机制，推进农业现代化建设。2015年12月，中共中央、国务院印发《关于落实发展新理念加快农业现代化实现全面小康目标的若干意见》，再次强调加大农业面源污染防治力度，并将停止天然林商业采伐试点在全国推广实施，表明国家高度重视农林环境污染防治与资源保护。2017年9月，中共中央办公厅、国务院办公厅印发《关于建立资源环境承载能力监测预警长效机制的若干意见》，对农林相应方面提出严格的环境管控和生态管控措施。2018年9月中共中央、国务院印发了《乡村振兴战略规划（2018－2022年）》，对实现农业投入品减量化、农业生产清洁化作出部署。2021年颁布的《乡村振兴促进法》，更是将这一内容赋予了法律内涵。此外，2017年修订的《森林法》和2018年修正的《农村土地承包法》也分别对森林保护和土地经营权流转过程中的农业生态保护作出了规定。

为了贯彻落实中共中央、国务院关于防止农林发展破坏生态环境的要求，相关部门也制定了一系列政策。例如，2015 年农业部制定了《到 2020 年化肥使用量零增长行动方案》《到 2020 年农药使用量零增长行动方案》《关于打好农业面源污染防治攻坚战的实施意见》，对化肥、农药使用制定了“一控、两减”的基本方针。2017 年到 2020 年，农业农村部（农业部）等部委针对农膜、农药包装废弃物等一系列容易造成农业面源污染的问题也进行了战略部署。同时，国家林业和草原局在 2019 年印发了《关于深入推进林木采伐“放管服”改革工作的通知》，对木材限额采伐进行管控，依法打击乱砍滥伐、毁林开垦、乱占林地等破坏森林资源的行为，确保森林生态安全。

另一方面，提高农林在生态文明建设中的独特作用，加速建设中国特色生态文明。2015 年 3 月，中共中央、国务院印发的《国有林场改革方案》和《国有林区改革指导意见》，将国有林场主要功能明确定位为保护培育森林资源、维护国家生态安全。2016 年 10 月，国务院印发的《全国农业现代化规划（2016—2020 年）》，提出实施耕地质量保护与提升行动，力争到“十三五”末全国耕地质量提升 0.5 个等级（别）以上，同时深入推进林业重点生态工程建设，确保“十三五”末森林覆盖率达到 23.04%、森林蓄积量达到 165 亿立方米，对农林生态建设制定了明确目标。同年 10 月和 12 月，中共中央、国务院先后印发了《“十三五”控制温室气体排放工作方案》和《关于深入推进农业供给侧结构性改革加快培育农业农村发展新动能的若干意见》，提出要发展低碳农业，实施并推动建设森林质量精准提升工程。这表明“十三五”以来，农林在生态文明建设中的作用得到了进一步提升。2017 年 9 月，中共中央办公厅、国务院办公厅印发《关于创新体制机制推进农业绿色发展的意见》，明确指出把农业绿色发展摆在生态文明建设全局的突出位置，全面建立以绿色生态为导向的制度体系，基本形成与资源环境承载力相匹配、与生产生活生态相协调的农业发展格局。2018 年 1 月，中共中央、国务院在《关于实施乡村振兴战略的意见》中指出将乡村生态优势转化为发展生态经济的优势，提供更多更好的绿色生态产品和服务，促进生态和经济良性循环。2021 年 9 月，中共中央、国务院印发的《关于完整准确全面贯彻新发展理念做好碳达峰碳中和工作的意见》，提出要加快推进农业绿色发展，促进农业固碳增效以及多措并举提升生态系统碳汇增量，对农林在未来生态文明建设中发挥的作用提出了更高的要求。

为了深入落实中共中央、国务院关于更好发挥农林在生态文明建设中的作用的决策部署，农业农村部、国家林业和草原局等部委进一步提出了具体的执行方案。例如，2018 年 7 月，农业农村部印发的《农业绿色发展技术导则（2018—2030 年）》指出，要全面构建以绿色为导向的农业技术体系，引领我国农业走上一条产出高效、产品安全、资源节约、环境友好的农业现代化道路。2021 年 7 月，国家林业和草原局、国家发展改革委员会印发的《“十四五”林业草原保护发展规划纲要》，提出到 2035 年实现全国森林、草原、湿地、荒漠生态系统质量和稳定性全面提升，林草对碳达峰碳中和贡献显著增强，优质生态产品供给能力极大提升等目标。总的来看，我国农林正朝着与生态文明建设深度融合的方向发展，在今后的生态文明建设中被寄予厚望。

表 1　国家有关农林业发展政策中的生态文明建设相关规定

时间	发文机构	文件名	生态文明建设相关规定
2012 年 12 月	中共中央、国务院	《关于加快发展现代农业进一步增强农村发展活力的若干意见》	加大三北防护林、天然林保护等重大生态修复工程实施力度；搞好农村垃圾、污水处理和土壤环境治理，实施乡村清洁工程，加快农村河道、水环境综合整治
2014 年 1 月	中共中央、国务院	《关于全面深化农村改革加快推进农业现代化的若干意见》	加大农业面源污染防治力度；抓紧划定生态保护红线，在东北、内蒙古重点国有林区，进行停止天然林商业性采伐试点
2015 年 3 月	中共中央、国务院	《国有林场改革方案》和《国有林区改革指导意见》	将国有林场主要功能明确定位于保护培育森林资源、维护国家生态安全

续表

时间	发文机构	文件名	生态文明建设相关规定
2015 年 12 月	中共中央、国务院	《关于落实发展新理念加快农业现代化实现全面小康目标的若干意见》	加大农业面源污染防治力度，实施化肥农药零增长行动，实施种养业废弃物资源化利用、无害化处理区域示范工程；完善天然林保护制度，全面停止天然林商业性采伐
2016 年 10 月	国务院	《全国农业现代化规划（2016—2020 年）》	实施耕地质量保护与提升行动，力争到"十三五"末全国耕地质量提升 0.5 个等级（别）以上；深入推进林业重点生态工程建设，搞好天然林保护，确保"十三五"末森林覆盖率达到 23.04%、森林蓄积量达到 165 亿立方米
2016 年 10 月	国务院	《"十三五"控制温室气体排放工作方案》	大力发展低碳农业；全面加强森林经营，实施森林质量精准提升工程，着力增加森林碳汇
2016 年 12 月	中共中央、国务院	《关于深入推进农业供给侧结构性改革加快培育农业农村发展新动能的若干意见》	推行绿色生产方式，增强农业可持续发展能力；加强重大生态工程建设，继续实施林业重点生态工程，推动森林质量精准提升工程建设
2017 年 3 月	国务院	《森林法》	禁止毁林开垦、毁林采种和违反操作技术规程采脂、挖笋、掘根、剥树皮及过度修枝的毁林行为
2017 年 9 月	中共中央办公厅、国务院办公厅	《关于创新体制机制推进农业绿色发展的意见》	把农业绿色发展摆在生态文明建设全局的突出位置，全面建立以绿色生态为导向的制度体系，基本形成与资源环境承载力相匹配、与生产生活生态相协调的农业发展格局
2017 年 9 月	中共中央办公厅、国务院办公厅	《关于建立资源环境承载能力监测预警长效机制的若干意见》	大幅降低耕地施药施肥强度和畜禽粪污排放强度；加密监测生态功能退化风险区域，科学实施山水林田湖系统修复治理
2018 年 1 月	中共中央、国务院	《关于实施乡村振兴战略的意见》	将乡村生态优势转化为发展生态经济的优势，提供更多更好的绿色生态产品和服务，促进生态和经济良性循环

续表

时间	发文机构	文件名	生态文明建设相关规定
2018 年 9 月	中共中央、国务院	《乡村振兴战略规划(2018—2022 年)》	以生态环境友好和资源永续利用为导向,推动形成农业绿色生产方式,实现投入品减量化、生产清洁化、废弃物资源化、产业模式生态化,提高农业可持续发展能力
2018 年 12 月	全国人大常委会	《农村土地承包法》	土地经营权流转不得破坏农业综合生产能力和农业生态环境;土地经营权人对土地和土地生态环境造成的损害应当予以赔偿
2021 年 5 月	全国人大常委会	《乡村振兴促进法》	国家对农业投入品实行严格管理,对剧毒、高毒、高残留的农药、兽药采取禁用限用措施
2021 年 9 月	中共中央、国务院	《关于完整准确全面贯彻新发展理念做好碳达峰碳中和工作的意见》	深入推进大规模国土绿化行动,巩固退耕还林还草成果,实施森林质量精准提升工程,持续增加森林面积和蓄积量;开展耕地质量提升行动,实施国家黑土地保护工程,提升生态农业碳汇

资料来源：笔者整理。

三　农林高质量发展现状及其特点

近年来，在“绿水青山就是金山银山”理念的指导下，我国在农业绿色生产和森林资源保护方面已经取得初步成效，农林正逐步转向高质量发展，农业碳排放强度明显降低，森林发展质量也得到显著提升。

（一）农林高质量发展初见成效

农业方面，农业生产逐渐向“绿色增效”转变。一方面，2014 年以来，单位播种面积的农业投入品使用量降低趋势不断加强。2004 年至 2019 年，包括农用化肥、农药、农用柴油和农用塑料薄膜在内的四类主要农业投入品都呈现出先上升后下降的特征（见图 1），尤其是在 2014 年之后，四类主要农业投入品的单位播种面积使用量都持续减少。其中，农药使用强度从2012年开始就明显下降且降幅较大，2019年单位播种面积农药使用量为0.56千克/亩，相较2012年的最大使用强度0.74千克/亩，下降了24%。

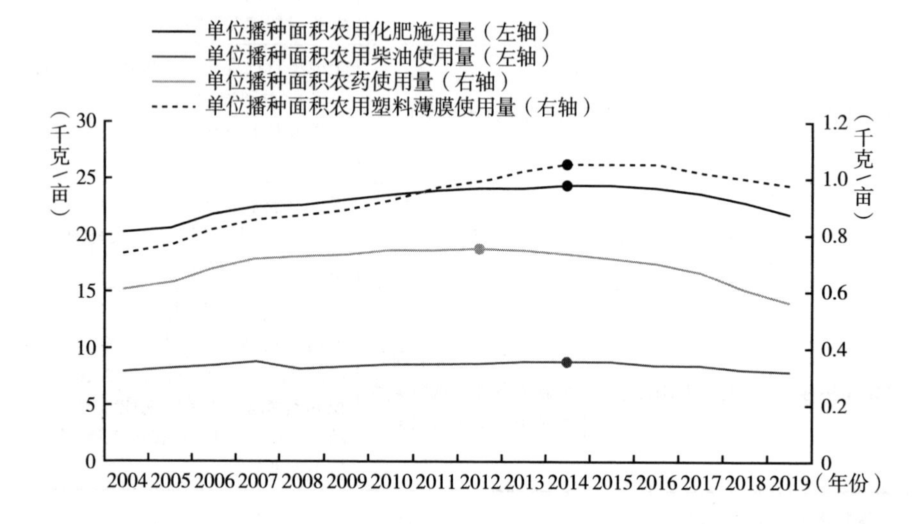

图1　单位播种面积的农业投入品使用量

资料来源：《中国统计年鉴（2020）》。

另一方面，单位粮食产量化肥农药消耗量持续降低[①]，逐渐实现农业生产的高效化。2004年至2019年，除个别年份相较于前一年略有增加，总体上单位粮食产量消耗的化肥和农药都呈现下降的趋势。2019年，每生产1吨粮食消耗的化肥、农药分别为81.41千克和2.10千克，比15年前分别下降了17.57%和28.81%，这在一定程度上表明我国农业逐渐由“高消耗”向“高效率”转变。

林业方面，我国森林覆盖率和森林蓄积量持续增加[②]，土地荒漠化和沙

① 由于我国粮食播种面积占农作物播种总面积的比例基本维持在70%左右，因此用化肥农药总量除以粮食总量能够大致反映出单位粮食产量农药化肥消耗的情况。

② 根据联合国粮食及农业组织（FAO）数据计算得到，网址：https：//fra - data. fao. org/CHN/fra2020/home/，后文的森林生物量和森林碳储量也从该网站数据计算得来。

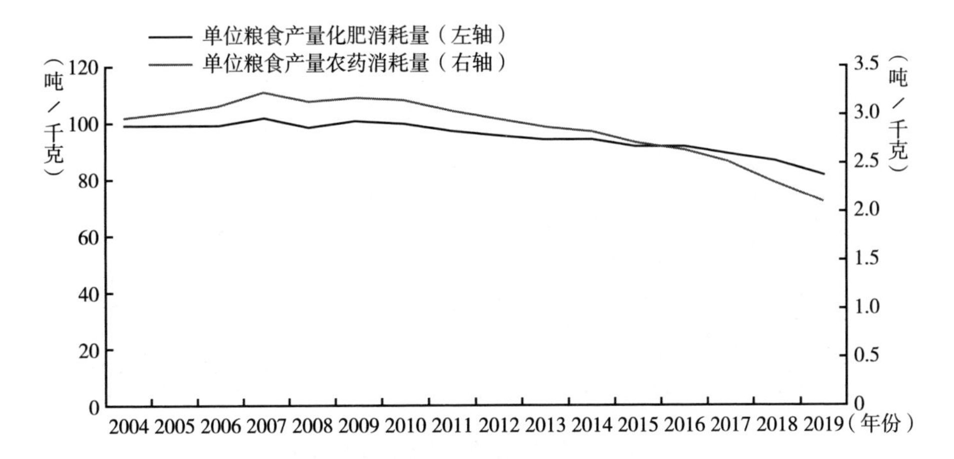

图2　单位粮食产量化肥农药消耗量

资料来源：《中国统计年鉴（2020）》。

化面积不断减少。从1986年到2020年，随着森林面积的增加，我国森林覆盖率呈稳步上升趋势，截至2020年，我国森林面积已达219978.18公顷，占据全球森林面积总量的5%，森林覆盖率也达到23.34%。森林蓄积量则从1990年的104.83亿立方米增长到2020年的191.91亿立方米，增长了近1倍，年平均增长2.90亿立方米。根据联合国粮食及农业组织和联合国环境规划署2020年公布的《世界森林状况报告》[①]，全球森林蓄积量从1990年的5600亿立方米减少到2020年的5570亿立方米，年平均减少1亿立方米。在全球森林蓄积量降低的大环境下，我国森林蓄积量仍能保持稳步增长的态势，这足以证明我国已将生态绿色发展理念融入森林资源开发利用中。

与此同时，我国土地荒漠化和沙化情况也明显得到改善。2015年发布的《中国荒漠化和沙化状况公报》显示，截至2014年，我国荒漠化土地面积261.16万平方公里，沙化土地面积172.12万平方公里。与2009年相比，荒漠化土地面积净减少12120平方公里，沙化土地面积净减少9902平方公

① FAO and UNEP, *The State of the World's Forests* 2020.，2020.

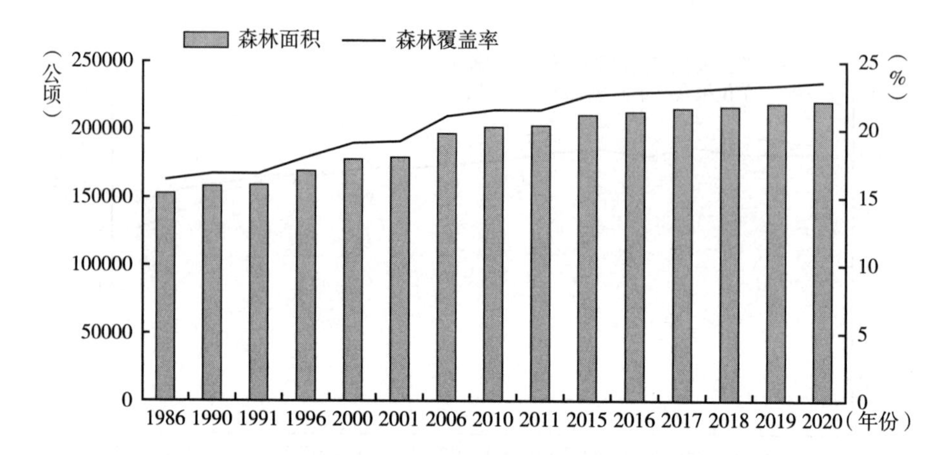

图3　1986～2020 年我国森林面积及森林覆盖率

资料来源：联合国粮食及农业组织（FAO）。

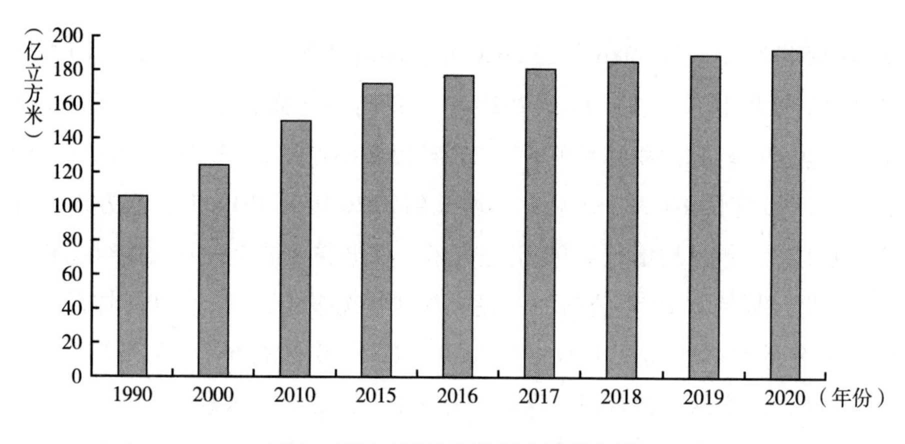

图4　1990～2020 年我国森林蓄积量

资料来源：联合国粮食及农业组织（FAO）。

里，荒漠化、沙化、石漠化土地面积分别以年均 2424 平方公里、1980 平方公里、3860 平方公里的速度持续缩减。并且，自然资源部的相关数据表明[①]，“十三五”期间，我国累计完成防沙治沙任务 1097. 8 万公顷，完成石

① http：//www. mnr. gov. cn/dt/td/202106/t20210619_ 2658510. html.

漠化治理面积160万公顷，建成46个沙化土地封禁保护区，新增50万公顷封禁面积和50个国家沙漠（石漠）公园等。

（二）农业碳排放持续减少

我们参照已有研究，将化肥、农药、农用塑料薄膜的碳排放作为农业投入排放，将农用柴油、农用电力和翻耕碳排放作为能源消耗排放①，并把二者纳入农业碳排放总量计算中，从碳排放总量、结构等三方面进行分析，发现近年来我国农业生产碳排放总体上呈不断减少的趋势。

具体地，从排放总量上看，2004年到2019年，我国农业碳排放总量呈现先升高后降低的趋势，2015年农业碳排放总量达到最大值10715.6万吨，此后便持续减少，平均每年减少碳排放232.4万吨。总量构成和趋势变化主要受到农业投入碳排放的影响。十几年间我国的农业碳排放总量由上升变为下降，且后期下降速度基本一直在增加。2004年到2013年，农业碳排放增速从波动下降转为平稳下降，从2014年开始，下降速度明显加快。

从排放结构上看，农业碳源以农业投入品为主，且农业碳排放的减少主要是由于农业投入碳排放降低。农业投入碳排放约占农业碳排放总量的70%，而能源消耗碳排放只占到30%，因此，2015年以前，农业投入碳排放的不断增加使得农业碳排放总量持续上升；2015年之后，随着农业投入碳排放的下降，农业碳排放总量也逐年降低，并且农业碳排放总量增速与农业投入碳排放增速基本保持一致。尽管农业投入碳排放增速与能源消耗碳排放增速的变化趋势相同，都是在下降，但两者变化幅度从2014年开始就呈现出明显的不同。农业投入碳排放增速快速下降，而能源消耗碳排放增速则是波动下降。此外，在农业投入碳排放中，化肥施用是最主要的碳源。2019年，化肥碳排放占农业碳排放总量的49.45%。因此，未来

① 由于在农业生产中，农用电力主要用于灌溉，因此使用有效灌溉面积折算农用电力消耗；翻耕碳排放使用粮食播种面积折算；各碳源数据来自《中国农村统计年鉴》；各碳源的碳排放系数见附录。

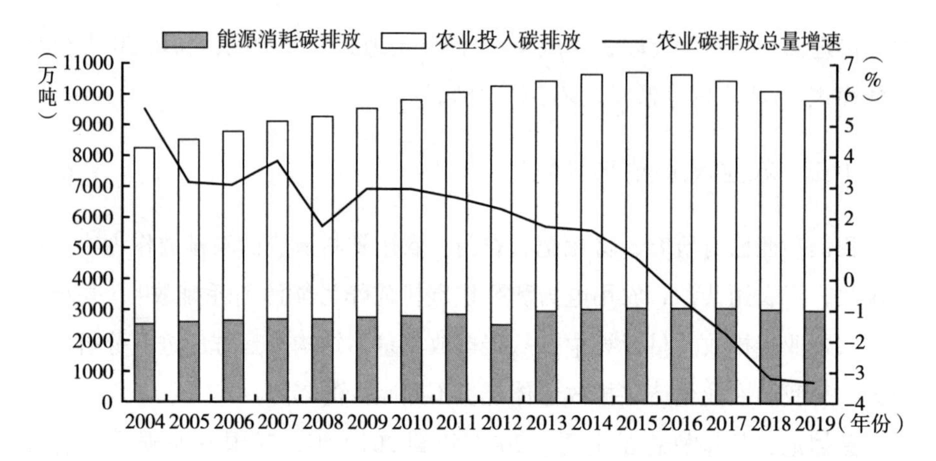

图5　2004～2019年我国农业碳排放总量及增速

资料来源：《中国农村统计年鉴（2020）》。

我国想要持续降低农业碳排放总量，就需要加大对农业投入品特别是化肥的管控力度。

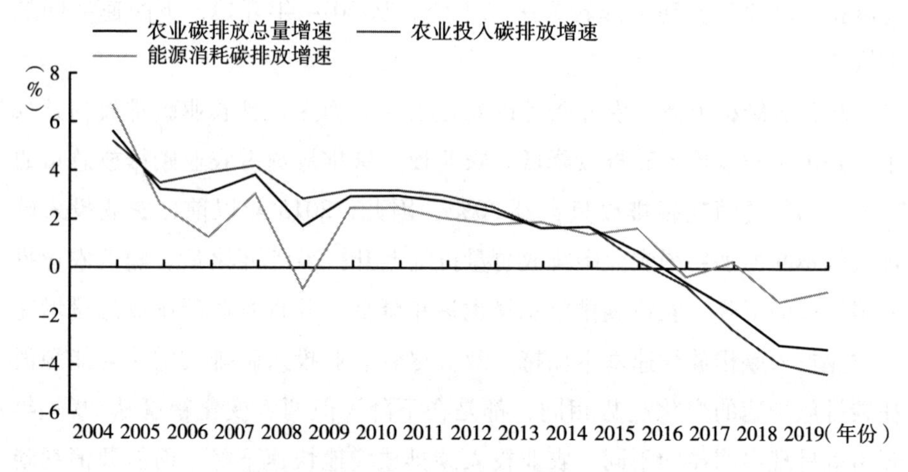

图6　2004～2019年我国农业碳排放结构

资料来源：《中国农村统计年鉴（2020）》。

近几年来，我国单位播种面积农业碳排放量明显降低。2004年到2019年，我国单位播种面积农业碳排放量呈现先上升后下降的趋势，2014年单位播种面积农业碳排放量达到最大值644.38千克/公顷，此后逐年减少，到

2019年已下降至589.77千克/公顷，平均每年减少10.9千克/公顷。这在一定程度上说明近年来我国越发注重农业生产的生态效率。考虑到粮食主产省和非粮食主产省可能在单位播种面积农业碳排放量上存在一定的差别，这里我们也对其进行了分析。可以看出，粮食主产省的单位播种面积农业碳排放量基本低于全国平均水平，而非粮食主产省则明显高于全国平均水平，表明我国粮食主产省在农业生产上的生态效率较高。下一步，为了进一步降低我国的单位播种面积农业碳排放量，需要补齐短板，提高非粮食主产省在农业生产上的生态效率。

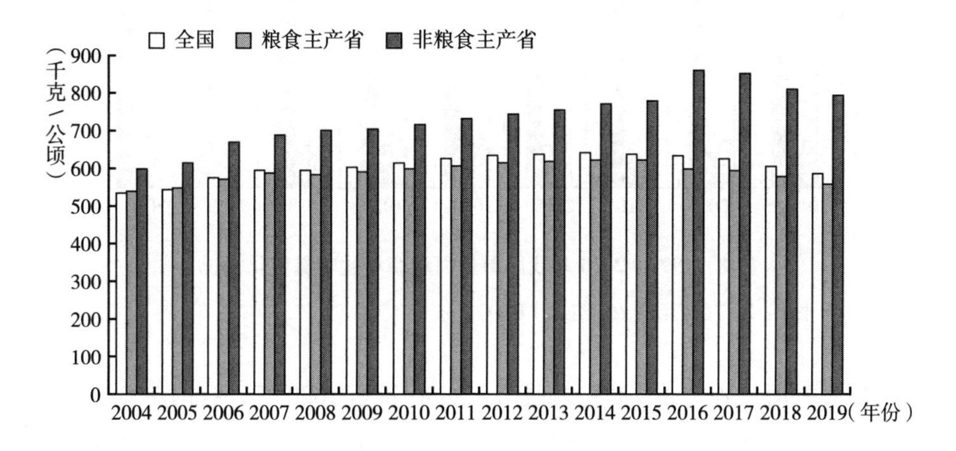

图7　单位播种面积农业碳排放量

资料来源：《中国农村统计年鉴（2020）》。

（三）森林发展质量明显改善

随着我国的森林资源保护力度不断加大，我国不仅实现了森林资源数量的增加，森林发展质量也得到了一定提升。一方面，我国森林生物量不断上涨。从总量上看，1990年至2020年，随着我国森林地上生物量、地下生物量以及枯木三量齐增，我国单位面积森林生物量也随之不断上升，到2020年，我国单位面积森林生物量达93.22吨/公顷，比30年前增加了17.99吨/公顷。从2015年至2020年，我国单位面积森林生物量平均每年增加0.94

吨/公顷。从结构上看，地上生物量基本占到森林生物量的69%左右，表明森林生物量主要由地上生物量构成。并且近五年来，我国森林地上生物量平均每年增加0.79吨/公顷，说明单位面积森林生物量的增长主要来源于地上生物量的增加，因而地上生物量的变化将会对整个森林生物量产生重大的影响。

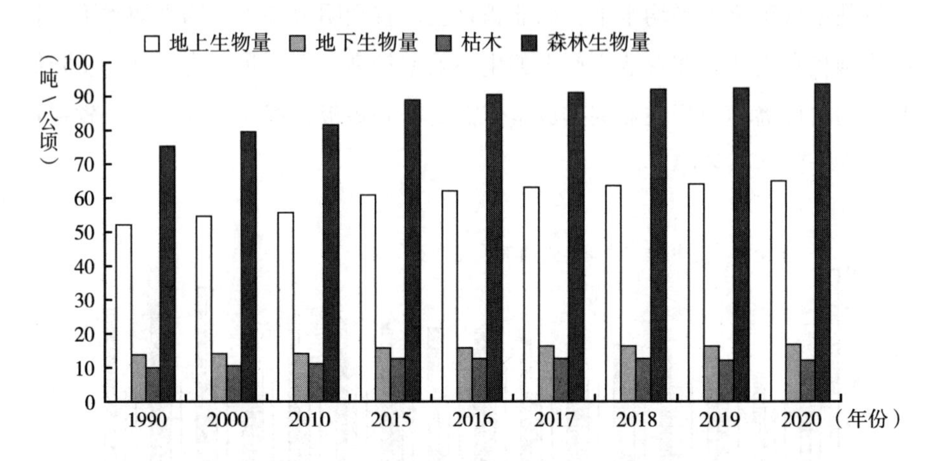

图8 1990~2020年我国单位面积森林生物量变化情况

资料来源：联合国粮食及农业组织（FAO）。

另一方面，森林碳储量稳步提升。1990年至2020年，我国单位面积森林碳储量在不断增加，到2020年，我国单位面积森林碳储量已达45.33吨/公顷，总计增加8.75吨/公顷，年均增长量达0.29吨/公顷，而全球单位面积森林碳储量在这30年间只增加了4吨/公顷，说明我国近年来的森林资源保护开发措施取得了一定的成效。与此同时，单位面积地上生物碳储量、地下生物碳储量和枯木碳储量也都总体呈上升趋势，这在一定程度上说明我国在提升森林固碳能力方面作出了比较全方位的努力。与森林生物量一样，我国森林碳储量绝大部分也来源于地上生物碳储量，所以，未来我国森林质量持续提升和森林生态可持续发展尤其要加大对地上植被的保护力度。

近年来，在"绿水青山就是金山银山"理念的指导下，我国在农业绿色生产和森林资源保护方面已经初见成效，农林业逐步转向高质量发展，农业碳排放量明显降低，森林发展质量也得到显著提升。

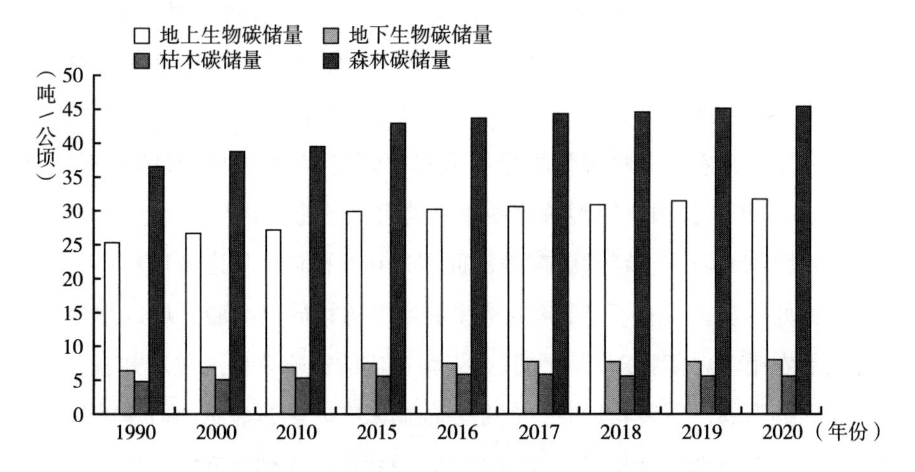

图 9　1990～2020 年我国单位面积森林碳储量变化情况

资料来源：联合国粮食及农业组织（FAO）。

四　农林高质量发展存在的问题

（一）农业高质量发展面临多方面挑战

1. 农业面源污染压力

一方面，化肥、农药的利用效率仍与世界平均水平存在较大差距，农药、化肥使用所引发的环境污染问题更是不容小觑。2019 年，我国的耕地面积仅占全球的 8.64%，但我国却使用了全球 25.22% 的化肥和 42.32% 的农药，单位面积的化肥、农药使用量分别是世界平均水平的 2.87 倍和 4.86 倍[①]。而化肥、农药的长期过量使用会导致严重的农业面源污染，不仅会对土壤产生各种危害，还会污染水体，加速水体富营养化，在给农业生态环境带来负向影响的同时，也会危害人体健康。据生态环境部 2020 年发布的

① 根据联合国粮食及农业组织（FAO）数据计算得到，网址：http：//www.fao.org/faostat/zh/#data。

《第二次全国污染源普查公报》，全国农业源水污染物排放量中总氮为141.79万吨，总磷为21.20万吨，氮磷输出对环境污染的贡献率达46.5%和67.2%，可见农业对环境保护所带来的巨大压力。

另一方面，农用塑料薄膜质量低下和农药包装物回收处置体系不健全。尽管到2020年，我国农用塑料薄膜回收利用率已超过80%，但是考虑到我国每年未回收的农用塑料薄膜覆盖的面积近0.6亿亩，加之农用塑料薄膜质量总体偏低，全国仅有不足5%的地膜能通过国标质量检验，可以想象未回收利用的农用塑料薄膜对环境尤其是土壤造成的影响有多严重。并且，虽然我国大力提倡农药包装物回收，但是目前尚未有农药包装物回收率的官方统计数据，仅部分地方有相关统计数据，说明我国尚未建立起完备的农药包装物回收处置体系，这不仅会降低各地的农药包装物回收积极性，还会提升回收监管的难度，进而给环境带来污染。

此外，在当前保障粮食安全战略和实施农药化肥减量化行动的背景下，既要增加粮食产量，又要实现农药化肥减量，如何协调二者之间的矛盾也是一个亟待思考的问题。

2. 土地荒漠化沙化和土壤污染问题

一是土地荒漠化沙化仍面临一些挑战。首先，我国仍然是世界上荒漠化面积最大、受风沙危害严重的国家之一。2015年的全国荒漠化和沙化监测数据表明[①]，全国荒漠化土地占国土面积的27.2%；沙化土地占国土面积的17.9%；沙化耕地4.85万平方公里，占耕地面积的3.6%；全国仍有920个沙化县。所以，总体而言，我国仍然是一个缺林少绿、生态脆弱的国家，尽管前期已经在荒漠化治理上取得一定成就，但是越到治理后期，难度就越大、所需时间也越长，治理的效果也越不能快速显现。其次，保护与发展的矛盾依然突出。部分沙区还存在滥垦滥牧等现象，严重制约着荒漠化治理进程。同时，由于沙区气候干旱、生态脆弱、稳定性差，已经得到初步治理的区域，容易出现反复，不但威胁生态安全，还带来了严重的经济损失。最

---

① http：//www.forestry.gov.cn/main/58/20151229/832363.htm。

后，缺乏治理的投资主体。土地荒漠化沙化治理仅靠财政支持显然不够。土地荒漠化沙化地区多是经济较为落后的地区，缺乏愿意投资且能够投资的市场主体，加上投资体制单一，政府对投资主体的信贷、税收等优惠力度不够，制约了公众参与的积极性。

二是土壤污染情况有待改善。中国地质调查局2015年调查数据显示①，在调查的13.86亿亩耕地中，重金属中-重度污染或超标的点位比例为2.5%，覆盖面积3488万亩，轻微-轻度污染或超标的点位比例为5.7%，覆盖面积7899万亩。重金属污染的耕地面积合计达1.14亿亩，占全国耕地总面积的5%。而土壤污染又会影响耕地质量，进而影响粮食生产。《2020中国生态环境状况公报》显示，截至2019年底，全国耕地质量平均等级为4.76等，一等至三等、四等至六等、七等至十等耕地面积分别占耕地总面积的31.24%、46.81%和21.95%，近70%的耕地质量较差。

3. 农业高效发展难题

一方面，灌溉技术落后问题突出，导致农业灌溉用水量过高。根据国际灌溉和排水委员会（ICID）发布的报告，2015年，我国喷灌和微灌面积占总灌溉面积的比例仅为13.7%，远低于发达国家的53.1%，甚至低于ICID统计的23个发展中国家和地区的平均水平（15.3%）。我国的农田灌溉水有效利用系数仅为0.559，高效节水灌溉率仅25%左右，远低于国际先进水平。同时，根据联合国粮食及农业组织的相关数据，2017年，我国人均水资源量不足美国的1/5，而单位耕地面积农业用水却是美国的2.89倍，达214.9立方米②。

另一方面，农田灌溉比例低、耕地水土流失，阻碍农业精细化发展。《第三次全国国土调查主要数据公报》显示，2019年，我国水田和水浇地面积分别为4.71亿亩和4.82亿亩，合计占耕地总面积的49.7%，另外50.3%的耕地是无法灌溉的旱地，而由于旱地耕作技术的不配套，旱地增产

---

① https：//www. cgs. gov. cn/ddztt/jqthd/tdzl/ldjh/201603/t20160309_ 290681. html。

② 根据FAO的数据计算得到，网址：http：//www. fao. org/aquastat/statistics/query/index. html。

效果远不及可灌溉的耕地。该公报数据还显示，在19.18亿亩耕地中，坡度在6度以上可发生中度水土流失的耕地面积多达4.36亿亩，占比22.7%，其中坡度在15度以上水土流失严重和坡度在25度以上不宜种植农作物、需要逐步退耕还林还草的耕地面积分别为1.16亿亩（占比6.0%）和0.63亿亩（占比3.3%），这部分水土流失严重的耕地更加需要开展水土保持工程而不宜大规模建设农业生产设施，这也就在一定程度上限制了农业的精细化发展。

（二）森林减排固碳的作用亟待重视发挥

1. 森林固碳能力仍有待提升

在全球气候变化引发诸多环境问题的大背景下，森林在应对全球气候变化中的作用日益凸显，各国不断重视和发挥其减排固碳的功能。尽管在国家的高度重视下，总体上我国森林减排固碳能力在一定程度上有所提升，但是与一些发达国家相比仍存在较大差距。以同处亚太森林观测系统东亚区的日本和韩国为例，根据联合国粮食及农业组织公布的数据，2020年中国单位面积森林碳储量为45.33吨/公顷，韩国为86.78吨/公顷，是中国的将近两倍。韩国单位面积森林碳储量平均每年增长2.21吨/公顷，日本平均每年增长0.96吨/公顷，中国平均每年仅增长0.29吨/公顷。而1990年，韩国的碳储强度还远低于中国，经过短短三十年韩国就已远超中国，可见其在增强森林固碳能力上所作出的努力，同时也说明我国在提升森林固碳能力方面还有很大的空间。此外，我国的森林碳储量尚未纳入官方统计，说明我国对森林固碳的作用仍然缺乏重视，不利于改善森林固碳能力相关工作的开展。

2. 林业碳汇发展存在诸多问题

随着林业活动逐渐成为缓解全球气候变化的重要手段，林业碳汇在全球气候治理中逐渐兴起和得到发展。我国“3060”目标的提出，更是赋予了林业碳汇发展强大的动力，但由于时间相对紧迫，我国林业碳汇的发展暴露出了一系列问题。首先，全国性的林业碳汇计量监测体系不完善。由于各地区间存在树种、产区、经济等方面的差异，我国尚未形成统一的林业碳汇计量标准。加之碳汇的计算往往又是取估计值，存在人为干扰和技术原因导致的估算偏差①，这就加大了全国性统一监测的难度，导致目前各地方都只在本区域内探索计量监测体系，地区间体系尚未建立。其次，林业碳汇的交易市场不成熟。从供需来看，碳汇林的营造必须严格遵守国家林业和草原局制定的“碳汇造林系列标准”，碳汇林的计量监测认证也有严格的程序，使得林业碳汇卖方的市场准入条件极为苛刻，林业碳汇交易的供给不足；目前，我国实行林业碳汇自愿交易原则，在没有制度强制约束的情况下，林业碳汇交易的需求不足②。从交易成本来看，林业碳汇交易的流程过于复杂，包括设计、审定、注册等 7 项流程，导致进行林业碳汇交易项目的交易成本过高，抑制了市场活力。最后，林业碳汇交易缺乏相应的制度设计。一方面，目前的林业碳汇交易并未与林权归属建立起衔接和耦合机制③，而林业碳汇交易过程中经常会涉及林权流转，产权归属的不清将会阻碍市场交易行为。另一方面，缺乏林业碳汇交易前的激励机制、交易过程中的金融支持体系和交易后的利益纠纷解决方案，整体而言，暂未对构建有效的林业碳汇交易体系提供有力的政策支撑。

3. 木结构建筑在减排固碳中的作用未被充分重视

当前我国建筑过程中的碳排放量非常高。《中国建筑能耗研究报告(2020)》显示，2018 年全国建筑全过程碳排放总量占全国碳排放的比重为 51.3%。降低建筑过程中的碳排放显得尤为重要，而木结构建筑能在减排固碳中发挥重要作用。然而，在我国，木结构建筑的这种生态功能并没能充分地得到体现。目前，我国木结构建筑的应用十分有限，每年木结构新建面积还不到新建总面积的千分之一。但是在国外，木结构建筑应用广泛。2019 年，日本全部建筑物的木结构率为 43.9%④；在欧洲北部的芬兰和瑞典，有 90% 的房屋是木结构建筑。这种情况的出现除了存在技术等方面的客观原因之外，

---

① 印桁熠：《中国林业碳汇交易现状与提升路径研究》，《价格月刊》2017 年第 9 期。

② 黄可权，蓝永琳：《林业碳汇交易机制与政策体系》，《中国金融》2019 第 1 期。

③ 杨博文：《“资源诅咒”抑或“制度失灵”？——基于中国林业碳汇交易制度的分析》，《中国农村观察》2021 年第 5 期。

④ http：//www.cwp.org.cn/vip_ doc/20697576.html。

最主要的就是当前我国对木结构建筑的应用仍存在误区。在强调生态文明建设的背景之下，我国对待森林资源的态度主要是保护和增绿，大力限制和管控木材采伐。人们普遍认为，一旦木结构建筑得以广泛应用，便势必会造成森林资源破坏，进而威胁生态安全。但人们忽视了木结构建筑在节能减排方面的重要作用。有相关研究表明，平均以 1 立方米的木材代替同体积水泥结构，在减少 1.1 吨二氧化碳排放的同时，还能长期存储 0.9 吨二氧化碳，二者合计可减少约 2 吨的二氧化碳。联合国政府间气候变化专门委员会（IPCC）研究也表明，通过使用木材等可再生建材替代水泥，20 年后全球建筑业温室气体排放可比预估值减少 30%。从另一个角度来看，森林资源的适度开发还能提高林区植树造林和森林资源养护的积极性，更大程度地实现绿色效益。

五　推动农林高质量发展的政策建议

自十八大以来，在生态文明建设理念的引领下，我国在实现农林高质量发展上初步探索出了一条中国道路，成效显著，但同时还面临着诸多挑战。为了更好地推动农林高质量发展，未来我国在发展思路上可以着重关注以下几个方面的工作。

（一）健全农林转型发展支持政策

一方面，建立以绿色生态为导向的农林补贴政策。不仅要出台相应的指导性文件，明确将农林补贴的目标从注重农林生产转向农林生产与农林可持续发展并重，从宏观层面提升对农林补贴的认知，引导农民进行绿色生产；还要制定有关实施农林绿色补贴的规范性政策文件，既要明确补贴的对象，也要规范补贴的形式。在补贴对象上，首先要对农林绿色生产行为进行统一界定，其次对采取绿色生产行为的农户进行补贴，同时对采取更多绿色生产行为的农户，适当扩大补贴力度。在补贴形式上，采取直接补贴和间接补贴相结合的方式，这样既可以对符合标准的农户进行直接的资金补贴，也可以对其在生产资料的购买方面给予相应的优惠。此外，仍要继续大力推进草原、森林、湿地等领域生态补偿政策的实施。

另一方面，完善农林转型发展配套建设支撑政策。首先，加大对农林转型发展的科技支撑，进一步完善农林科技创新体系。国家应大力实施农林科技创新工程，加大资金投入，探索精准化的科技培育机制，在不同地区建立一批具有自主研发能力且适应当地农林发展的本土化科技创新中心和园区，以降低成果应用和推广的难度，扩大对农林发展的有效技术供给。其次，优化农林从业者和管理者的结构。通过建立相应的人才激励机制，对到农村进行农林生产的新型人才提供一定的资金和资源，在金融、社会保障和培训机会等方面给予倾斜；对从事农林管理工作的人才，提升其工资水平和福利待遇，并为其提供相应的晋职通道。最后，在稳定农林生产的同时，发挥好农林产业的支撑作用。不仅要延长产业链，将农林产业的业态从生产拓展到生态和生活，实现经济的多元发展，还要优化产业布局，依托当地的科技和人才，建立并壮大一批富有当地特色的农林产业，将分散的农林生产整合起来，实现资源的优化配置。

（二）推动农业绿色化高质量发展

一方面，多措并举推动农业绿色化发展。首先，继续减少化肥农药的施用。在农业投入品的前端研发上，国家仍要加大对农业科研院校的资金支持力度，推进研发如绿色农药、可降解地膜等既环保又高效的绿色农业投入品，并促进成果转化。在生产环节，各地区的农技推广站要深入开展技术指导，积极开展测土配方施肥工作，指导农民精准施肥，提高肥料利用率。同时推广如激素防虫、物理防虫等绿色防控技术，鼓励农民用绿色防控技术替代化学农药防治。其次，完善农业废弃物回收利用模式。回收方面，在农村人居环境整治专项资金中划拨出用于农业废弃物回收的款项，在每个村设置农业废弃物收储点，并由专人负责收集、登记和清运。试点探索地膜“以旧换新”，提高农民自主回收的积极性。利用方面，政府投资建立农业废弃物循环利用项目，为项目承接方提供资金、技术支持。最后，健全农业生态环境保护监测网络。在农村地区广泛建立农业环境监测站，运用网络信息技术，由各地方建立自己的农业环境数据库并及时更新上报，通过设置预警阈值，严格把控当地的农业生态环境。

另一方面，加快促进农业向高质量高效益方向发展。一要提高耕地质量。不仅要继续拓宽秸秆还田、轮作和休耕的应用范围，还要选择一批农业发展有潜力地区的中等地、低等地，因地制宜采取工程改造、实施集水补灌工程、推广旱作农业技术等方式，推动中低产田改造升级。二要完善农田水利设施建设。同时进行小型农田水利设施新建和旧有农田水利设施改造工程，并加强对水利设施的管护。加大财政对节水灌溉工程建设的投入，大力推广喷灌和滴灌等节水技术，将节水设备购买也纳入相应的农业补贴政策中，对自愿采用节水技术生产的农户提供补贴。三要加快土地流转、促进规模经营。通过适当延长土地流转合同期限、鼓励经营权承包权向同一经营主体转移、支持有条件的地方成立土地股份合作社、积极开展土地互换并块工作等，丰富土地流转形式，加快土地集中连片经营，并且综合土地入股、土地承包经营权转让和土地自愿有偿退出等其他形式，培育和发展新型农业经营主体，实现规模效益。

（三）促进林业减排固碳作用发挥

一要构建较为完备的林业碳汇交易体系。首先，建立林业碳汇购买激励机制，以扩大林业碳汇交易的需求。不但可以对主动参与林业碳汇交易的企业登记备案，将其纳入企业信用评价体系，对其之后参与政府主导项目的招投标给予一定的优待，而且，对于部分控排企业，也可以使其通过购买林业碳汇的方式抵消其碳排放。其次，降低林业碳汇的交易成本。尽快出台对应的林业碳汇交易规范条例，简化和标准化林业碳汇的交易程序，同时适当降低审批、监测、核证阶段的手续费，减少交易的固定成本。再次，深化林权制度改革。在林权制度改革中明确界定林业碳汇权，包括所有权、使用权和收益权，另外还需要考虑林业承包期限和林业碳汇交易的周期问题，切实保障林业碳汇供给主体的利益。最后，加强对林业碳汇交易的金融支持。一方面，加大政策性金融机构对林业碳汇产业的扶持力度。在政策性金融机构对农村的开发性贷款项目中，单独设立针对林业碳汇的贷款和补贴项目，定向扶持项目开发。另一方面，引导商业性金融机构为林业碳汇交易提供金融服务。对为林业碳汇产业提供信贷、融资等服务的金融机构予以税收优惠以及债券发行支持。

二要合理推广和应用木结构建筑。首先，出台有关木结构建筑推广应用的导向性政策。将发展木结构建筑纳入国家建筑行业中长期发展规划，引导各地区因地制宜制定木结构建筑发展规划。尤其在适宜采用木结构建筑的农村、景区、自然保护区等地，优先应用木结构建筑，将全部或者部分采用木结构建筑的开发项目优先纳入土地利用规划。其次，规范木结构建筑市场的运行。既要对从事木结构标准件生产加工的企业进行资格认证，对其木材来源登记备案，谨防不正当的木材交易，又要推进木结构建筑配件标准化生产和装配技术，提高木结构的使用效率。最后，加大对木结构建筑应用的政策鼓励。将木结构建筑纳入国家与地方政府设立的发展装配式建筑的财政激励机制框架，对从事木结构生产加工的企业给予一定的税收优惠。同时促进木结构建筑与绿色金融的创新结合，加大金融机构对木结构行业的支持力度。

参考文献

[1] Qiu Z. , Feng Z. , Song Y. , et al. , "Carbon sequestration potential of forest vegetation in China from 2003 to 2050: Predicting forest vegetation growth based on climate and the environment", *Journal of Cleaner Production* 252, 2020.

[2] FAO and UNEPT, *The State of the World's Forests 2020*, 2020.

[3] 印桁熠：《中国林业碳汇交易现状与提升路径研究》，《价格月刊》2017年第9期。

[4] 黄可权，蓝永琳：《林业碳汇交易机制与政策体系》，《中国金融》2019第1期。

[5] 杨博文：《"资源诅咒"抑或"制度失灵"？——基于中国林业碳汇交易制度的分析》，《中国农村观察》2021年第5期。

[6] 段华平等：《中国农田生态系统的碳足迹分析》，《水土保持学报》2011第5期。

附录

附表 1　农业生产碳排放系数

碳源	碳排放系数	计量单位	参考来源
化肥	0.8956	kg C/kg	ORNL①
农药	4.9341	kg C/kg	ORNL①
农膜	5.18	kg C/kg	IREEA②
农用柴油	0.5927	kg C/kg	IPCC③
翻耕	3.126	kg C/hm^2	IABCAU ④
灌溉	266.48	kg C/hm^2	段华平等(2011)⑤

注：①美国橡树岭国家实验室；②南京农业大学农业资源与生态环境研究所；③联合国政府间气候变化专门委员会；④中国农业大学农学与生物技术学院；⑤段华平等：《中国农田生态系统的碳足迹分析》，《水土保持学报》2011 第 5 期。

附表 2　农业相关政策中的生态文明建设有关规定

时间	发文机构	文件名	生态文明建设有关规定
2013 年 2 月	农业部办公厅	《关于开展"美丽乡村"创建活动的意见》	要认识到"美丽乡村"对于生态文明建设的重要意义，并且将创建"美丽乡村"试点、推动农村可再生能源发展等作为重要任务加以贯彻实施
2015 年 2 月	农业部	《到 2020 年化肥使用量零增长行动方案》《到 2020 年农药使用量零增长行动方案》	分析了化肥农药使用不合理的现状，提出从技术路径、组织领导、扶持政策等方面推进化肥农药减量增效，更好地保护耕地资源
2015 年 4 月	农业部	《关于打好农业面源污染防治攻坚战的实施意见》	实施化肥农药零增长行动，把对养殖污染、农膜污染、耕地重金属污染的防治作为重点任务，促进秸秆资源化利用
2015 年 5 月	农业部、国家发展改革委等八部委	《全国农业可持续发展规划(2015—2030 年)》	以优化发展布局，稳定提升农业产能，保护耕地资源、促进农田永续利用，节约农业用水、保障农业用水安全，治理环境污染、改善农业农村环境，修复农业生态、提升生态功能为重点任务

续表

时间	发文机构	文件名	生态文明建设有关规定
2016 年 2 月	国家发展改革委、农业部、国家林业局	《关于加快发展农业循环经济的指导意见》	从制度、科技、服务等方面为资源利用、生产过程清洁、产业链接循环、农林废弃物处理提供保障
2017 年 4 月	农业部办公厅	《关于实施农业绿色发展五大行动的通知》	深入实施畜禽粪污资源化利用行动、果菜茶有机肥替代化肥行动、东北地区秸秆处理行动、农膜回收行动、以长江为重点的水生生物保护行动等农业绿色发展行动
2017 年 5 月	农业部	《农膜回收行动方案》	在西北、东北等重点区域推进地膜覆盖减量化、地膜产品标准化等工作，建设回收利用示范县，加强科技创新
2018 年 7 月	农业农村部	《农业绿色发展技术导则（2018—2030 年）》	全面构建以绿色为导向的农业技术体系，引领我国农业走上一条产出高效、产品安全、资源节约、环境友好的农业现代化道路，打造促进农业绿色发展的强大引擎
2018 年 11 月	生态环境部、农业农村部	《农业农村污染治理攻坚战行动计划》	推进完成农村饮用水水源保护等五项任务，加快解决农业农村突出环境问题，到 2020 年，实现“一保两治三减四提升”的目标
2019 年 4 月	农业农村部办公厅	《2019 年农业农村绿色发展工作要点》	2019 年农业农村绿色发展要从农业绿色生产、农业污染防治、农业资源利用、农村人居环境改善等方面入手
2020 年 3 月	农业农村部办公厅	《2020 年农业农村绿色发展工作要点》	从农业绿色生产、农业突出环境问题治理、农业资源保护、整治农村人居环境、强化统筹和试验试点等方面开展工作
2020 年 7 月	农业农村部等四部委	《农用薄膜管理办法》	为防治农用薄膜污染，对农用薄膜生产、销售、使用回收、再利用作出规定，加大监督力度
2020 年 8 月	农业农村部、生态环境部	《农药包装废弃物回收处理管理办法》	对农药包装废弃物的范围，相关部门的工作内容进行界定，对其回收、利用过程作出规定，明确相关法律责任，旨在促进公众健康和生态安全

附表 3　林业相关政策中的生态文明建设有关规定

时间	发文机构	文件名	生态文明建设有关规定
2013 年 9 月	国家林业局	《推进生态文明建设规划纲要（2013—2020 年）》	介绍了林业在生态建设中的作用，指明了生态文明建设的总体思路、战略任务和重大行动，要求有相应的政策为林业生态建设提供支持
2013 年 10 月	国家发展改革委等 12 部委	《全国生态保护与建设规划（2013—2020 年）》	将东北森林带、北方防沙带作为生态保护与建设的重点，将保护和培育森林生态系统作为主要任务之一
2014 年 2 月	国家林业局	《2013 年林业应对气候变化政策与行动白皮书》	从减少林业排放、推进全国林业碳汇计量监测体系建设以及林业应对气候变化的技术、政策、科技等方面总结了 2013 年林业为保护生态环境、应对气候变化作出的贡献
2014 年 4 月	国家林业局	《关于推进林业碳汇交易工作的指导意见》	推进林业碳汇自愿交易、探索碳排放权交易下的林业碳汇交易
2014 年 12 月	国家林业局	《关于做好退化防护林改造工作的指导意见》	充分认识到退化防护林改造的必要性，要求合理确定退化防护林改造的对象、模式及技术要求并加强政策保障
2015 年 12 月	国家林业局	《全国城郊森林公园发展规划（2016—2025 年）》	论述了城郊森林公园对于可持续发展的重要意义，将长三角等地区作为优先发展区域，依托城市群、城市带进行发展布局，加强森林休闲健身建设、生态科普教育建设等
2016 年 7 月	国家林业局	《林业适应气候变化行动方案（2016—2020 年）》	强化林业适应气候变化科学研究、深化林业适应气候变化国际合作等九项重点行动，力争到 2020 年，林业适应气候变化工作全面展开
2016 年 9 月	国家林业局	《关于加快实施创新驱动发展战略支撑林业现代化建设的意见》	要求增强科技创新有效供给，为生态保护、产业绿色发展提供保障
2016 年 12 月	国家林业局	《中国落实 2030 年可持续发展议程国别方案——林业行动计划》	将与林业可持续发展有关的内容分成三十四个方面，明确各领域的目标，提出具体的实施方案，并指定负责落实方案的领头单位和参与单位

续表

时间	发文机构	文件名	生态文明建设有关规定
2017 年 5 月	国家林业局等 11 部委	《林业产业发展“十三五”规划》	林业产业除了具有多样性、循环性、基础性特点，更具有碳汇性特点，要大力培育林业碳汇等新兴产业
2017 年 7 月	国家林业局办公室	《省级林业应对气候变化 2017—2018 年工作计划》	要求各省着力实现增汇减排，完善碳汇监测体系，全力推进碳汇交易
2019 年 11 月	国家林业和草原局	《关于深入推进林木采伐“放管服”改革工作的通知》	加强对辖区内采伐限额执行情况的监督检查，依法打击乱砍滥伐、毁林开垦、乱占林地等破坏森林资源行为，确保森林资源和森林生态安全
2021 年 7 月	国家林业和草原局、国家发展改革委员会	《“十四五”林业草原保护发展规划纲要》	全国森林、草原、湿地、荒漠生态系统质量和稳定性全面提升，生态系统碳汇增量明显增加，林草对碳达峰碳中和贡献显著增强等

G.11
生态文明建设背景下生态补偿机制的理论逻辑与制度体系

张红霄　汪海燕*

摘　要： 在强调人与自然和谐共生的生态文明时代，需要分析人类破坏和保护自然生态行为的共同理论逻辑，为建立健全以不同生态环境要素为实施对象的分类补偿制度提供指导性规则体系。研究显示，生态补偿机制的目标是使外溢的成本收益内化。对于生态公共品，政府是主要补偿主体。对于生态准公共品，可以通过初始产权的界定明确补偿与受偿主体，引入市场机制达成补偿协议，补偿标准应在生态建设成本和生态产品价值之间确定。

关键词： 外部性内化　生态公共品　生态准公共品　生态补偿

一　问题的提出

经过隶属自然、走出自然、改造自然的阶段，人类创造了农业文明与工业文明，并在享受丰富的物质文明的同时，打破了人与自然的均衡关系。

* 张红霄，南京林业大学经济管理学院教授、博士生导师，南京林业大学生态文明与乡村振兴研究中心主任，兼任国家林业与草原局咨询专家，中国林业经济学会常务理事，中国林业经济学会林业政策与法规专业委员会主任委员，主要研究方向为自然资源产权制度、农林经济政策与法规、制度经济学；汪海燕，南京林业大学马克思主义学院讲师，南京林业大学生态文明与乡村振兴研究中心成员，兼任中国林业经济学会林业政策与法规专业委员会副秘书长，主要研究方向为自然资源产权、乡村治理。

1972 年联合国召开首次人类环境大会，通过《人类环境会议宣言》，正式拉开人类保护自然环境的帷幕。发达国家与发展中国家的生态保护基本经历了由“先污染后治理”向“可持续发展”的转变，近半个世纪的舆论宣传、技术改进和制度实施减缓了人与自然关系的恶化进程，但并未解除人类面临的生态危机。2007 年党的十七大提出建设生态文明，首次将生态保护上升到人类文明的高度，宣告人类应当进入与自然和谐共生的文明形态。人与自然能否和谐共生，关键是能否处理好人类在利用与保护自然生态过程中的相关利益关系，其中生态补偿机制是主要的制度抓手。

生态补偿原是生态学术语，指自然资源、环境和生态在遇到外界干扰时的一种自我修复能力。无论是农业文明还是工业文明都是通过对自然资源与环境的索取实现社会经济的发展，当这种索取超过自然资源、环境和生态的自我恢复能力时，人类便开始使用修复技术来补偿由人类活动导致的自然生态系统功能和质量的下降。但事实与数据均显示，自然修复和人为修复的补偿尚不能抵消人类行为造成的生态损失，需要有规则引导人类活动以有利于自然生态系统的稳定。而规则影响人类行为的本质在于其具有激励与制约的功能，将规则应用到生态补偿领域，即对保护生态环境行为所产生的生态效益进行奖励，对破坏生态环境行为所造成的损失予以赔偿，前者为增益补偿，后者为抑损补偿。

1973 年国务院制定《关于保护与改善环境的若干规定（试行草案）》，之后随着改革开放的深入发展，市场经济对资源开发、污染物排放的需求逐渐增大，我国制定了针对环境污染与资源破坏的抑损补偿制度，而集中体现增益补偿制度的《生态保护补偿条例》2010 年 4 月 26 日启动起草工作，2020 年 11 月 27 日向社会公开征求意见，历经 10 年仍未定稿。梳理与分析我国已有的针对大气、水、土地、森林、草原、海洋、湿地等主要生态环境要素的抑损补偿和增益补偿制度后发现，不同的生态环境要素补偿制度之间、同一生态环境要素的抑损补偿和增益补偿制度之间缺乏系统性与协调性。在强调人与自然和谐共生的生态文明时代，需要系统分析人类破坏和保护自然生态行为的共同理论逻辑，以此为理论依据构建包括生态保护补偿和生态环境损害赔偿的制度体系，为建立健全以生态环境要素为实施对象的分类补偿制度提供指导性规则体系。

二　生态补偿机制的理论逻辑

综合国内外相关理论研究发现，外部性理论、公共品理论、环境权理论以及生态产品价值理论等为生态补偿机制的建立提供了丰富的智力支持，但大多数研究仅就某一个或某几个理论进行分析，对构建生态补偿机制的理论逻辑研究不足，本文拟在此方面做些努力。

（一）外部性理论：抑损补偿与增益补偿的理论依据

环境资源问题产生的根源，经济方面在于其外部性，即一个人或组织的行为成本由其他人或组织承担，行为收益由其他人或组织享有，前者为外部经济性，后者为外部不经济性。而解决外部性的根本方法就是使成本或收益内化：对于外部经济性行为，通过制度使外溢的收益由行为人享有；对于外部不经济性行为，通过制度使外溢的成本由行为人承担。这一理论揭示了人类破坏与保护生态行为的同一机理，为由抑损补偿和增益补偿构成的生态补偿机制提供了理论依据，明确了生态补偿机制的目标在于将外溢的成本和收益内化，在生态环境破坏者与受损者之间、生态环境保护者与受益者之间形成补偿与受偿平衡的利益关系，制约破坏生态的行为，激励保护生态的行为，为人与自然和谐共生制定人类行为机制。

（二）环境权理论：补偿主体和受偿主体的理论依据

由于环境污染，人类生存环境日益恶劣，人们提出了环境权，因此，最早的环境权属于公民基本权利之一。1987 年，由布伦特兰夫人领导的世界环境与发展委员会在其代表作《我们的共同未来》中提出“可持续发展”理论，强调人类发展需要在当代人与后代人、国家或地区之间的经济发展与环境保护之间寻找均衡，基于此，环境权指的是一个国家在某一时期赋予公民、企业、政府在经济发展与环境保护过程中的权利边界。具体来说，公民享有适宜健康的和良好的生活环境的权利，但公民环境权范围过宽、保护措施过严，企业不能合理地利用自然资源环境，会阻碍经济发展；企业拥有合理利用自然资源环境的权利，但企业环境权范围过宽、环境保护措施不严，企业会过度利用自然资源环境，造成自然生态危机。而经济发展与良好环境都是人类追求的福利，因此，政府需要根据经济发展与自然环境状况，确定公民与企业环境权的范围，建立环境权交易市场，并监测交易价格的波动状况，据此调整管理措施。环境权理论为在抑损补偿与增益补偿制度中厘清补偿主体与受偿主体提供了理论依据。

（三）公共品理论：政府补偿与市场补偿的理论依据

根据公共品理论，私人物品与公共品具有截然不同的特征：私人物品可以分属不同的个人或组织，这些个人或组织可以排除其他人对产品的享用，所有个人或组织在享用某种私人物品时具有竞争性，而公共品只能作为整体供社会成员同时享用，任何成员在享用公共品时并不影响其他成员享用，也无法排除其他成员享用。私人物品由于具有强烈的排他性和竞争性，一般由市场提供，而公共品由政府提供。现实中，同时具有效用的不可分割性、受益的非排他性和消费的非竞争性特性的公共品较少，更多产品不具有排他性但有竞争性，或不具有竞争性但有排他性，前者如教育、文化、医院等领域的产品不具有排他性但有一定的竞争性，后者如城市公共交通、市政建设等领域的产品没有竞争性但有一定的排他性，这些产品被称为准公共品。对于准公共品的提供，可以采取由政府和市场共同分担的方式。根据公共品的特性，同一个生态环境要素可以按其功能分为公共品和准公共品，如从固碳功能看森林属于公共品，而从涵养水源的功能看森林则因存在消费上的竞争性而属于准公共品①。因此，生态补偿分为政府补偿和市场补偿两种路径，公共品由政府提供，准公共品由政府和市场共同提供。

① 王毅、汪海燕：《自然资源保护生态补偿法律机制研究》，《鄱阳湖学刊》2018 年第 6 期。

（四）生态产品价值理论：生态补偿标准的理论依据

生态补偿标准是生态补偿机制的核心与难点，也是学界的争论焦点之一。关于生态补偿标准学界的争论在于标准按照生态产品价值确定还是按照生态建设成本确定。主张按照生态产品价值确定生态补偿标准的学者试图通过生态功能价值估算为生态补偿标准提供量化依据，但因采取的估算方法不同，估算的结果大相径庭，总体估算结果过大，难以被社会接受，且缺乏可操作性，因此遭到其他学者的反对。部分学者提出以生态建设成本确定生态补偿标准，生态建设成本包括直接成本、机会成本和发展成本。直接成本指的是生态建设的直接投入和直接损失，机会成本是将自然资源用于生态环境保护而放弃经济性利用导致的经济损失，发展成本主要是生态保护区为保护生态环境、放弃部分发展权而导致的损失。从理论机理分析，按照生态产品价值确定补偿标准，才能体现外部性的内化，以生态建设成本为补偿标准不能反映生态环境要素生态效益的价值。因此，生态产品价值为生态补偿提供了上限标准，生态建设成本为生态补偿提供了下限标准。

综上分析，建立健全生态补偿机制具有严谨的理论逻辑：人类破坏和保护生态环境行为存在外部性，生态补偿机制的目标是使外溢的成本收益内化。因此，生态补偿机制包括抑损补偿和增益补偿，适用于个人之间、组织之间、组织与个人之间、地区之间乃至国家之间，补偿标准应在生态建设成本和生态产品价值之间确定，而对于生态公共品，政府是主要补偿主体，对于生态准公共品，可通过初始产权的界定明确补偿与受偿主体，引入市场机制达成补偿协议。

三　生态补偿机制的制度体系

理论的价值在于其解释力，制度设计能否实现制度目标取决于制度背后的理论解释力的强弱。如前分析，生态补偿机制具有较强的理论逻辑，那么，建立健全生态补偿机制，需要按照理论逻辑，构建适用于大气、水、土地、森林、草原、海洋、湿地等各种生态环境要素的生态补偿机制制度体系。

（一）政府补偿机制

政府补偿机制适用于生态公共品，即受损者或受益者无法界定或者界定成本过高的生态环境要素。

首先，对受益者无法界定或界定成本过高的生态环境要素进行增益补偿。一方面，由政府直接开展投资建设补偿经济发展对自然资源、环境与生态的破坏，如中国政府投资建设的三北防护林体系建设工程、防沙治沙工程及自然保护区建设工程等。另一方面，鼓励公民、社会组织参与生态建设与保护，由此产生的生态效益受益者是社会公众，因此由政府进行生态效益补偿，弥补建设和保护者的损失。

以森林生态效益为例。森林是陆地生态系统的主体，与海洋、湿地并称为支撑地球生命的三大自然生态系统。森林生态效益是以森林资源要素的整体性为基础，通过生态系统内部的物质运动和能量转换形成，并在一定空间范围内具有流动性，因此，森林产生的固碳释氧、防风固沙、涵养水源、消除噪声污染等生态效益具有巨大的外部性，森林资源产权人、投资者与经营者无法通过市场途径将森林生态产品价值收回，森林生态效益受益者是社会大众。随着人类生存与发展，自然生态环境不断恶化，人类对森林生态效益的需求量显著加大，限制采伐成为增加森林生态效益的必然选择，这同时也扩大了森林生态效益外溢的强度，增加了森林资源产权人、投资人和经营者将经营收益内化的难度。因此，森林生态效益补偿机制的制定势在必行。

1995 年，我国在《森林法》五大林种划分的基础上，把用材林、经济林、薪炭林划归商品林，防护林和特种用途林划归公益林，2001 年开始在全国部分省（区）实施森林分类经营改革试点[①]。经过近 20 年的试点，2019 年 12 月 28 日第十三届全国人民代表大会常务委员会第十五次会议修

① 马志波：《我国公益林生态效益补偿研究与实践综述》，《世界林业研究》2011 年第 5 期。

订的《森林法》将森林分类经营改革成果上升为法律规定，并在第四十八条明确了公益林的范围："重要江河源头汇水区域；重要江河干流及支流两岸、饮用水水源地保护区；重要湿地和重要水库周围；森林和陆生野生动物类型的自然保护区；荒漠化和水土流失严重地区的防风固沙林基干林带；沿海防护林基干林带；未开发利用的原始林地区等。"《森林法》还明确公益林由国务院和省、自治区、直辖市人民政府划定并公布，即公益林分为国家公益林和省级公益林，分别由中央和地方财政安排资金，用于公益林的营造、抚育、保护、管理和非国有公益林权利人的经济补偿。其中，公益林的营造、抚育、保护、管理属于政府直接投资。用于非国有公益林权利人经济补偿的规定明确了森林生态补偿的受偿主体为非国有公益林权利人。也就是说，森林生态效益补偿主体为中央政府和省级政府，受偿主体为非国有公益林权利人。

早在 1998 年，修正的《森林法》就规定"国家设立森林生态效益补偿基金"，2001 年中央财政启动森林生态效益补偿基金的试点工作，2004 年国家林业局、财政部颁布《重点公益林区划界定办法》，该办法于 2009 年被修订为《国家级公益林区划界定办法》。2004 年财政部和国家林业局出台《中央森林生态效益补偿基金管理办法》，2007 年该办法被修订为《中央财政森林生态效益补偿基金管理办法》，2009 年经进一步修改后明确森林生态效益补偿基金重点用于补偿根据《国家级公益林区划界定办法》界定的国家级公益林，即生态区位极为重要或生态状况极为脆弱的森林。之后，各省份先后出台了省级公益林区划和省级财政森林生态效益补偿基金管理办法。

之所以将森林生态效益受偿主体限定为非国有公益林权利人，是因为国有公益林的建设和保护成本由同级财政支出，属于政府以直接投资的方式提供森林生态公共品的范畴。2003 年《关于加快林业发展的决定》明确指出"深化国有林场改革，逐步将其分别界定为生态公益型和商品经营型林场"，"生态公益型林场要以保护和培育森林资源为主要任务，按从事公益事业单位管理，所需基金按行政隶属关系由同级财政承担"。因此，国有公益林不在森林生态补偿机制的适用范围中。

迄今为止，中国森林生态效益补偿基金制度已实施20多年，为土地、草原、海洋、湿地等其他生态环境要素政府补偿机制提供了示范。但按照生态补偿机制的理论逻辑，中国森林生态保护补偿机制还存在诸多问题，主要表现在以下几方面。

第一，虽然《森林法》规定受偿主体为非国有公益林权利人，但从《中央财政森林生态效益补偿基金管理办法》及其执行情况看，国有的国家级公益林仍然可以获得公益林补偿基金，而且，公益林补偿基金主要用于管护支出，其性质仍属于国家森林生态建设投资，而不是对森林生态建设与保护者的补偿。

第二，对于非国有公益林权利人的补偿限于经济补偿，属于生态补偿的下限标准。而即便按照生态补偿的下限标准，也应能抵消直接成本、机会成本和发展成本，但从制度设计与实施情况来看，只有广东省等部分地区的公益林补偿金达到150元/亩左右，福建、江西、浙江等地均在10~60元/亩。按照南方集体林区森林经营收益的平均收益水平，150元/亩的补偿水平可以抵消直接成本和部分机会成本，10~60元/亩的补偿水平尚不能抵消直接成本。

第三，森林生态保护补偿机制尚没有考虑跨区域的补偿主体和受偿主体。按照现行的森林生态效益地方政府补偿机制，由公益林集中分布区域的地方政府承担建设与保护成本，从各区域享受的森林生态效益而言，公益林集中分布区域的邻近区域受益最大。2021年9月12日，中共中央办公厅、国务院办公厅印发的《关于深化生态保护补偿制度改革的意见》提出要健全横向补偿机制，在推动建立省际和省内流域横向补偿机制的基础上，鼓励地方探索大气等其他生态环境要素横向生态保护方式，通过对口协作、产业转移、人才培训、共建园区、购买生态产品和服务等方式，促进受益地区与生态保护地区的良性互动。

综上，除由政府直接投资进行生态公共品的建设与保护外，其他生态公共品增益补偿制度的受偿主体是提供非国有生态公共品的地区、社会组织与个人，补偿主体包括中央政府和省级政府以及生态公共品受益地区，单一的

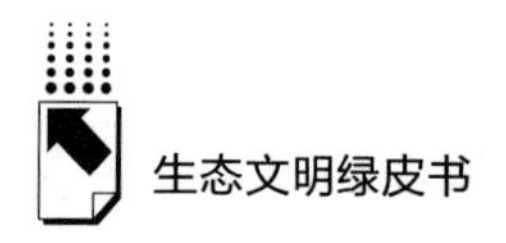

资金补偿方式很难将生态公共品的外部性内化，可以辅之以智力补偿、技术补偿、政策补偿、项目补偿等方式，以持续性经济利益的获得，调动生态公共品提供者的积极性，逐步实现生态公共品价值内化。

其次，对受损者无法界定或界定成本过高的生态环境要素进行抑损补偿。破坏生态环境的行为，如向大气、河流、土地等公共区域排放污染物，受损者往往是一定规模地区范围内不特定的多数人，并且行为人的破坏行为并没有直接作用于受损者，而是通过自然资源、环境或生态这些载体，经过多种因素长时间的复合累积后才逐渐形成损害。对于此类行为，一般采取禁止措施和要求相关人员承担法律责任的方法进行抑损补偿，如《森林法》规定："禁止毁林开垦、采石、采砂、采土以及其他毁坏林木和林地的行为，禁止向林地排放重金属或者其他有毒有害物质含量超标的污水、污泥，以及可能造成林地污染的清淤底泥、尾矿、矿渣等，禁止在幼林地砍柴、毁苗、放牧，禁止破坏古树名木和珍贵树木及其生存的自然环境"（第三十九、四十条），"如果违反森林法规定，侵害森林、林木、林地的所有者或者使用者的合法权益的，依法承担侵权责任"（第七十一条）；"进行开垦、采石、采砂、采土或者其他活动，造成林木毁坏的，由县级以上人民政府林业主管部门责令停止违法行为，限期在原地或者异地补种毁坏株数一倍以上三倍以下的树木，可以处毁坏林木价值五倍以下的罚款；造成林地毁坏的，由县级以上人民政府林业主管部门责令停止违法行为，限期恢复植被和林业生产条件，可以处恢复植被和林业生产条件所需费用三倍以下的罚款；在幼林地砍柴、毁苗、放牧造成林木毁坏的，由县级以上人民政府林业主管部门责令停止违法行为，限期在原地或者异地补种毁坏株数一倍以上三倍以下的树木；向林地排放重金属或者其他有毒有害物质含量超标的污水、污泥，以及可能造成林地污染的清淤底泥、尾矿、矿渣等的，依照《土壤污染防治法》的有关规定处罚"（第七十四条），"盗伐林木的，由县级以上人民政府林业主管部门责令限期在原地或者异地补种盗伐株数一倍以上五倍以下的树木，并处盗伐林木价值五倍以上十倍以下的罚款。滥伐林木的，由县级以上人民政府林业主管部门责令限期在原地或者异地补种滥伐株数一倍以上三倍以下的树木，可处滥伐林木价值三倍以上五倍以下的罚款”（第七十六条）。

（二）市场补偿机制

市场补偿机制适用于生态准公共品，即不具有排他性但有竞争性，或没有竞争性但有一定的排他性的生态环境要素或功能。

根据“受益者”的不同特点，可将市场补偿机制分为两种情况。

第一种是一对一交易，适用于受益对象明确且单一的情况下对单项生态功能的补偿，如：森林具有涵养水源、保持水土的生态功能，有助于防止泥沙淤积，延长水库、电站及堤、坝工程的使用寿命，增加发电量，该项生态功能的受益者明确指向水电水利部门，根据“谁受益谁付费”的原则，按发电量每千瓦时计价征收补偿费，由水利水电部门补偿给相应的私有林主[①]。

第二种是市场贸易，典型形式即森林碳汇交易，将森林生态效益推向市场，由市场确定生态效益的价值大小，通过碳汇交易进行生态补偿。

森林碳汇市场包括“京都规则”碳汇市场和“非京都规则”碳汇市场。“京都规则”碳汇市场是指按照《京都议定书》的要求，由发展中国家和41个发达国家依据国际规则严格实施的项目级合作。目前我国虽然并不承担“京都规则”下的强制减排义务，但已经超越美国成为全球温室气体排放量最大的国家[②]，迫于发达国家和生态环境恶化的现实压力，2009年我国正式提出自愿减排的目标，为我国碳汇交易市场的构建奠定了政策基础[③]。2004年11月，沈阳市康平县与日本政府达成中国首次碳汇交易，康平县将1999年以来中日防沙治沙试验林所造林分吸收的碳素作为排放权卖给日本企业，并用所得的收益继续营造防护林。2005年中国启动首个与国际社会

---

① 汪海燕、李卓垚：《生态服务市场补偿的理论蕴含与制度构建》，《华北水利水电大学学报》（社会科学版）2014年第1期。

② 颜士鹏：《应对气候变化森林碳汇国际法律机制的演进及其发展趋势》，《法学评论》2011年第4期。

③ 刘先辉：《论气候变化背景下森林碳汇法律制度的构建》，《郑州大学学报》（哲学社会科学版）2016年第1期。

合作的碳汇项目——中国东北部敖汉旗防治荒漠化青年造林项目[①]。之后各地相继启动“非京都规则”下的碳汇交易：广西利用世界银行生物碳基金实施造林再造林碳汇试点；云南、四川与美国大自然保护协会等非政府组织合作，结合植被恢复和生物多样性保护实施了林业碳汇示范项目。

市场补偿机制的形成应满足以下条件：第一，产权归属明确；第二，公众对森林生态服务认可；第三，清晰的森林生态服务价格形成机制；第四，可操作的交易规则；第五，完备的配套措施。从实践来看，流域补偿既有上中下游区域调水的补偿，又有上中下游生态环境效益补偿；既有下游滞洪区退田还湖的补偿，又有流域水电开发生态补偿等。但目前这些有益的尝试多限于省内，利用省级政府部门的协调机制开展的跨省的流域补偿还不多见。可见，市场化补偿机制的构建应当遵循从点到面、先易后难、逐步推进的原则，首先选择责权利比较明确、相关责任主体意愿强烈、技术基础比较好的领域开展试点，从而建立起常规化的生态补偿法规和技术支撑体系。流域生态补偿从各地方政府的实践看，普遍缺乏统一的法律依据，大多数是不同利益主体间协商的结果，缺乏统一的谈判机制、运行机制、监督机制和管理机制[②]。各利益相关者的利益难以协调，交易成本过高，使得补偿机制的成功运行带有一定的偶然性。

因此，生态准公共品市场补偿机制应包括以下几个方面。

首先，确定交易主体。森林碳汇的交易主体即森林生态准公共品的买卖双方。生态公益林经营者构成森林碳汇市场的卖方，森林碳汇服务的购买者包括由于气候变化政策而被要求进行温室气体减排的公司、企业以及基于企业形象考虑而主动采取减排措施的公司、企业，还包括地方政府、环境保护组织和一般公众[③]。市场上森林碳汇的卖方普遍存在，但森林碳汇购买方的

① 刘峰：《构建宁夏南部碳汇交易市场机制的前景》，《农业科学研究》2012 年第 4 期。

② 汪海燕、李卓垚：《生态服务市场补偿的理论蕴含与制度构建》，《华北水利水电大学学报》（社会科学版）2014 年第 1 期。

③ 王静、沈月琴：《森林碳汇及其市场的研究综述》，《北京林业大学学报》（社会科学版）2010 年第 2 期。

形成还存在认知与制度方面的障碍，因为人们对碳汇的需求并非基于这种商品的效用和消费者对这种商品的偏好所产生，而是制度和规则约束的结果或者是基于人们的环保意识的觉醒。据此，可将森林碳汇的需求方分为两类，一类是自愿购买主体，企业从非营利目标（如企业社会责任、品牌建设、社会效益等）出发自愿购买森林碳汇进行碳减排交易[①]；另外一类是法定购买主体，在国家规定碳排放总量并进行碳排放限额分配后，企业为履行法定减排义务，只能在配额限度内进行碳排放，在其生产经营中对于超过碳排放配额的部分通过购买森林碳汇或者其他企业碳排放权的方式履行法定减排义务。

其次，确定交易客体。交易客体就是市场主体交易的对象，即森林碳汇。所谓森林碳汇是指森林植物吸收大气中的二氧化碳并将其固定在植被或土壤中，从而减少大气中二氧化碳的浓度。交易客体的确定包括两方面内容：第一是实现森林碳汇功能的特定化。森林碳汇实质上是一种抽象的概念，必须通过特定的计量工具将其明确化和具体化，确定可进入市场进行交易的森林碳汇，并通过交易工具的创新，创造出具有可操作性的交易工具，才能使森林碳汇市场顺利实现运转。第二是明确森林碳汇是合法的减排方式，允许企业通过购买森林碳汇产生的碳信用额度实现减排并进行市场交易[②]。确定森林碳汇是合法的减排方式的前提在于确定企业碳排放的权利属性及企业的减排义务。首先需要设置特定区域内允许排放的总量，根据总量在各个企业、各个地方之间分配碳排放量，实现排放额度在相关主体间的初始分配。企业通过向政府缴纳一定的交易费用，取得碳排放这一占用环境容量的权利，即排放权的初始分配。初始分配应当以企业的历史排放量以及是否承担过自愿减排作为参照条件，并可预留一定比例进行拍卖。企业只能在配额内进行碳排放，超过碳排放配额的排放量可通过碳排放权交易或者森林

---

① 漆雁斌、张艳、贾阳：《我国试点森林碳汇交易运行机制研究》，《农业经济问题》2014 年第 4 期。

② 颜士鹏：《气候变化视角下森林碳汇法律保障的制度选择》，《中国地质大学学报》（社会科学版）2011 年第 3 期。

碳汇交易等方式进行抵消。

再次，确定森林碳汇市场供求机制。市场供求机制的运行需要两个前提条件：一是消费者必须愿意而且能够为某物品或服务付费；二是生产者必须愿意而且能够提供该物品或服务。国家森林碳汇政策直接决定国内市场上森林碳汇需求量的情况。首先通过立法确定碳排放量高的企业、行业成为减排的义务主体，建立碳排放总量控制与排放配额制度，明确森林碳汇是一种合法的减排方式，从而形成森林碳汇市场的巨大需求。通过政府干预将公众隐含的生态环境服务需求转变为清楚的环境服务支付意愿，具体的干预措施包括：开展森林环境宣传运动，提高公众的环保意识；建立受益者参与的森林生态服务价格决策机制；引入支付系统遏制受益者搭便车，依靠内部力量保证所有受益者都支付环境服务费用。其次通过政府干预促进环境服务的供给，具体干预措施包括：利用财政投入或者引入社会资金进行森林生态环境建设；建立中介服务组织为分散的林权主体提供市场交易信息，提高林权主体在森林碳汇谈判中的议价能力；建立价格决策机制确保林权主体能够参与确定森林生态服务价格；降低森林生态服务的经营成本，提高林权主体的供给意愿和供给能力。

最后，确定价格形成机制。在全球气候变暖的背景下，人们环保意识的觉醒使得森林碳汇服务具有了相应的市场价值。森林碳汇服务价格以市场价值为基础，结合资源禀赋、造林成本、木材价格和采伐成本、土地价格以及相关的政府政策等因素来确定。由于市场上缺乏“足够多”的需求者，并且森林碳汇计价存在技术上的障碍，森林碳汇的交易价格一般是通过供求双方谈判自愿达成协议而确定的，而并非由市场上供求双方的众多参与者通过价格博弈确定。目前，我国尚未针对企业的碳排放权作出明确规定，也没有从立法上确定森林碳汇交易是一种合法的减排方式，因此无法形成法定的森林碳汇需求方，森林碳汇交易只能通过自愿碳交易市场进行，即由企业基于“自愿”动机降低排放量或者到碳交易市场购买森林碳汇。实践中，森林碳汇的经营者大多处于分散状态，并且由于林区地理位置偏远，其信息不足，在与森林碳汇购买方的交易过程中明显处于弱势地位。企业出于对经济利益的考虑，难以形成对森林碳汇的有效需求，从而导致森林碳汇市场需求不足，形成买方垄断市场，森林碳汇市场价格主要受买方的影响。

综上，我国生态补偿机制应以政府为主，充分发挥政府在生态补偿政策调控及生态交易市场建立和监督管理方面的职能。一方面政府应投资生态公共品建设，对生态公共品的提供者给予补偿；另一方面应引导生态市场补偿机制构建，制定生态准公共品的市场交易规则，规范交易行为。政府主导的生态补偿机制应针对补偿主体、受益或受损主体以及补偿标准进行进一步厘清与完善，市场补偿机制顺利运行的核心在于确保生态市场的有效需求。2021 年 4 月和 9 月，中共中央办公厅、国务院办公厅分别印发了《关于建立健全生态产品价值实现机制的意见》《关于深化生态保护补偿制度改革的意见》，为完善我国重要生态环境要素补偿机制提供了指导意见，在未来重要生态环境要素补偿机制制定与实施过程中，生态补偿机制的理论逻辑与制度体系将起到提供理论依据与示范的作用。

参考文献

［1］王毅、汪海燕：《自然资源保护生态补偿法律机制研究》，《鄱阳湖学刊》2018 年第 6 期。

［2］马志波：《我国公益林生态效益补偿研究与实践综述》，《世界林业研究》2011 年第 5 期。

［3］汪海燕、李卓垚：《生态服务市场补偿的理论蕴含与制度构建》，《华北水利水电大学学报》（社会科学版）2014 年第 1 期。

［4］颜士鹏：《应对气候变化森林碳汇国际法律机制的演进及其发展趋势》，《法学评论》2011 年第 4 期。

［5］刘先辉：《论气候变化背景下森林碳汇法律制度的构建》，《郑州大学学报》（哲学社会科学版）2016 年第 1 期。

［6］刘峰：《构建宁夏南部碳汇交易市场机制的前景》，《农业科学研究》2012 年第 4 期。

［7］王静、沈月琴：《森林碳汇及其市场的研究综述》，《北京林业大学学报》（社

会科学版）2010 年第 2 期。

［8］漆雁斌、张艳、贾阳：《我国试点森林碳汇交易运行机制研究》，《农业经济问题》2014 年第 4 期。

［9］颜士鹏：《气候变化视角下森林碳汇法律保障的制度选择》，《中国地质大学学报》（社会科学版）2011 年第 3 期。

G.12

中国生物多样性保护概况、问题与对策

毛岭峰　张 敏*

摘　要： 生物多样性是人类赖以生存和发展的重要基础，保护生物多样性事关国家和民族的未来。中国作为生物多样性大国始终致力于加强全国范围内生物多样性的保护，并取得了举世瞩目的成就。特别是十八大以来，在习近平生态文明建设思想的引领下，中国政府带领广大人民群众积极探索生物多样性保护的中国路径，走出了一条具有中国特色的生物多样性保护之路。但是我国在生物多样性管理能力、人才队伍建设、机制保障以及全民行动等方面仍有不足。在未来应该进一步开展县域范围的调查，建立并规范生物多样性数据库，完善生物多样性监测网络；协调好生物多样性保护与其他生态战略的关系；推动生物多样性保护主流化，提高生物多样性保护全民参与度，构建起生物多样性保护的可持续机制。

关键词： 生物多样性　主流化　自然保护地　生态红线　生物多样性保护优先区域

一　中国生物多样性概况

生物多样性是指动物、植物、微生物等生物及其环境形成的生态复合体

* 毛岭峰，生态学博士，南京林业大学教授、博士生导师，南京林业大学生物与环境学院副院长；张敏，植物学博士，南京林业大学生物与环境学院讲师。

以及与此相关的各种生态过程的总和，包括物种、基因和生态系统三个层次①。生物多样性是人类赖以生存和发展的重要基础，事关人类福祉，同时也是一个国家综合国力和生态文明建设程度的重要体现。我国幅员辽阔，生态系统类型多样，由此孕育了复杂多样的生命形式，是世界上生物多样性最为丰富的国家之一。2021 年 5 月 21 日，《中国生物物种名录》2021 版发布，共收录生物物种 115064 种，其中动物界 56000 种，包括鸟类 1445 种、哺乳类 564 种、两栖类 481 种、爬行类 463 种、鱼类 4949 种；植物界 38394 种，包括被子植物 31961 种、裸子植物 289 种、蕨类植物 2178 种；真菌界 15095 种②。中国生物多样性在全球生物多样性中占据着极为重要的地位，其中高等植物和陆生脊椎动物总数分别占全世界总数的 10% 和 22%，且具有明显的特有性和代表性③④⑤，是全球生物多样性的重要组成部分。

二　中国生物多样性保护概况与保护成效

我国历来重视生物多样性的保护，"天人合一""道法自然"等朴素的自然保护思想始终是中国传统文化的重要组成部分。1992 年，中国率先签订了联合国《生物多样性公约》，在此后的近 30 年中，中国政府带领广大人民群众积极履行公约，扎实推进生物多样性保护行动计划，促进相关公约协同增效，在生物多样性保护方面取得了显著成效。特别是十八大以来，在习近平生态文明思想的指引下，中国坚持生态优先、绿色发展，不断加强生物多样性保护的体制和能力建设。通过优化自然保护地体系、划定生态保护

---

① 蒋志刚、马克平、韩兴国：《保护生物学》，浙江科学技术出版社，1997。

② The Biodiversity Committee of Chinese Academy of Sciences, Catalogue of Life China: 2021 Annual Checklist, Beijing, China, 2021.

③ Ren, H., Qin, H., Ouyang, Z., Wen, X., Jin, X., Liu, H., Lu, H., Liu, H., Zhou, J., Zeng, Y., Smith, P., Jackson, P. W., Gratzfeld, J., Sharrock, S., Xu, H., Zhang, Z., Guo, Q., Sun, W., Ma, J., Hu, Y., Zhang, Q., Zhao, L., "Progress of Implementation on the Global Strategy for Plant Conservation in (2011 -2020) China", *Biological Conservation* 230, 2019, pp169 -178.

④ 薛达元、张渊媛：《中国生物多样性保护成效与展望》，《环境保护》2019 年第 17 期。

⑤ 蒋志刚：《中国哺乳动物多样性及地理分布》，科学出版社，2015。

红线和生物多样性保护优先区域、完善迁地保护体系、实施重大生态修复工程等一系列重要措施，有效缓减了生物多样性丧失的速度，为维护国家生态安全和生物多样性提供了有力保障。目前全国90%的陆地生态系统和71%的国家重点保护野生动植物物种得到了有效保护，野生动植物种群得到了迅速恢复和发展①。

中国生物多样性保护实践为全球生物多样性保护贡献了中国智慧，提供了中国方案。其主要成就可以概括为以下几个方面。

（一）自然保护地体系不断优化

在就地保护方面，我国已有60余年的自然保护地建设和发展历史，在此期间我国先后建立各级各类自然保护地超过1.18万个，分别覆盖了国土陆域面积的18%和领海面积的4.6%，保护范围涉及全国20%的天然林、50%的天然湿地和30%的典型荒漠区②③。

在自然保护地体系建设方面，我国积极探索构建以国家公园为主体、自然保护区为基础、各类自然公园为补充的自然保护地体系。截至2018年底，全国范围内共设立国家级自然保护区474个，省级自然保护区864个，国家级风景名胜区244处、国家级森林公园897处、国家级地质公园270处、国家级海洋公园48处以及国家级湿地公园898处④。目前，我国已启动三江源、东北虎豹、大熊猫、祁连山、湖北神农架、武夷山、浙江钱江源、湖南南山、海南热带雨林和云南普达措等10处国家公园体制试点。2021年10月12日，习近平总书记在《生物多样性公约》第十五次缔约方大会（COP15）领导人峰会上宣布，中国正式设立三江源、大熊猫、东北虎豹、

① 中华人民共和国国务院新闻办公室：《中国的生物多样性保护》白皮书，2021年10月8日，http：//www. scio . gov. cn/ztk/dtzt/44689/47139/index. htm。

② 任海、郭兆晖：《中国生物多样性保护的进展及展望》，《生态科学》2021年第3期。

③ 外交部、生态环境部：《共建地球生命共同体：中国在行动》，2021年9月21日，https：//www. mee. gov. cn/ywdt/hjywnews/202009/t20200921_ 799500. shtml。

④ 绿文：《加强国际交流与合作，携手努力保护全球生态系统——首届中国自然保护国际论坛在深圳召开》，《国土绿化》，2019年第11期。

海南热带雨林以及武夷山五个国家公园，由此标志着我国正式步入了以国家公园为主体的自然保护地建设时期。以国家公园为主体的自然保护地体系，体现了我国60多年自然保护地建设和发展的实践经验，是我国生物多样性管理能力以及综合国力的集中体现，标志着我国的生物多样性管理和生态保护迈进了新的重要阶段。

（二）生态保护红线与生物多样性保护优先区域陆续划定

2011年10月，国务院印发的《关于加强环境保护重点工作的意见》创新性地提出了生态保护红线的概念。2017起，全国范围内生态保护红线划定工作陆续展开。到2020年底，约占全国总面积25%的生态保护红线初步划定。生态保护红线实现了对重点生态功能区、生态环境敏感区和脆弱区的全面覆盖，对关键物种及其栖息地进行了更为精准的识别并将它们纳入保护范围，有效填补了自然保护地在生物多样性保护方面的空缺，使自然保护地在空间格局上更加完整，在管理上更具刚性，为生物多样性保护提供了更加有效的方式和方法①。此外，在自然保护地和生态保护红线的基础上，我国于2015年底确立了35个生物多样性保护优先区域，其中包括32个陆地及水域生物多样性保护优先区域以及3个海洋与海岸保护优先区域。生物多样性保护优先区域突破了传统的行政区划界限，充分尊重和考虑了生物地理单元和生态系统类型的完整性，在生物多样性保护方面更具科学性。生态保护红线与生物多样性保护优先区域有效保护了我国最重要的生态系统、物种及其栖息地，是我国在生物多样性保护领域的模式和制度创新，也是我国对全球生物多样性保护的另一重要贡献。

（三）生物多样性保护能力建设逐步加强

在能力建设方面，我国积极开展生物多样性本底调查工作，在此基础上，先后出版了《中国植物志》、《中国动物志》以及《中国真菌志》等关键志书。

---

① 邹长新：《划定生态保护红线，助力生物多样性保护》，《中国环境报》2021年10月22日。

从2008年起，中国科学院生物多样性委员会组织相关专家学者对我国已知物种进行编目，并在 species 2000 中国节点网站（http：//www. sp2000. org. cn/）免费为全球提供中国的动物、植物和菌物等类群最新的分类和分布信息。组织专家学者对全国范围内动、植物及大型真菌的受威胁状况进行评估，并先后出版了《中国植物红皮书》、《中国濒危动物红皮书》、《中国物种红色名录》、《中国生物多样性红色名录》、《中国生物多样性红色名录—高等植物卷》、《中国生物多样性红色名录—脊椎动物卷》与《中国生物多样性红色名录—大型真菌卷》等一系列重要图书，为全国生物多样性的保护提供了重要参考。加强了对珍稀濒危物种的保护，以建设植物园、动物园、野生动物救护繁育基地、种植资源库等多种迁地保护形式，推动珍稀濒危动植物的保护，促进濒危物种种群的恢复。据统计，我国目前共建立植物园（树木园）近200个，动物园240多个，野生动物救护繁育基地250余处①②。在作物种质资源收集保存方面，我国建立了长期库、中期库、种质圃、原生境保护点和基因库相结合的国家作物种质资源保护体系；在畜牧家禽遗传资源保护方面，我国完善了与保种场、保护区和基因库相配套的国家畜禽遗传资源保护体系，目前共保存作物资源52万余份、畜禽遗传资源近96万份。不断地推进生物多样性基础研究和人才队伍建设。在生物多样性分布格局，生物多样性起源、演化、形成和维持机制，群落构建，物种濒危机制，外来种入侵和防治机制，生物多样性的生态系统服务功能等多个研究领域取得了诸多原创性的重要科研成果，进一步丰富了生物多样性保护的基本理论，为生物多样性保护提供了重要的理论依据。

（四）国土空间生态修复工程有序推进

在过去几十年，我国陆续实施了一系列重大的生态修复工程，全国范围

① 中华人民共和国国务院新闻办公室：《中国的生物多样性保护》白皮书，2021年10月日，http：//www. scio. gov. cn/ ztk/dtzt/44689/47139/index. htm。

② 外交部、生态环境部：《共建地球生命共同体：中国在行动》，2021年9月21日，https：//www. mee. gov. cn/ywdt/hjywnews/202009/t20200921_ 799500. shtml。

内的生态环境治理明显加快，森林、草原、荒漠、河湖、湿地、海洋等自然生态系统状况实现了根本好转，野生动植物资源的生存状况得到了明显改善。党的十八大以来，在“山水林田湖草是生命共同体”“绿水青山就是金山银山”等理念的引领下，国土空间生态修复逐步上升为国家战略。2020年，中央全面深化改革委员会通过了《全国重要生态系统保护和修复重大工程总体规划（2021～2035年）》，分别在长江流域布局了横断山区水源涵养与生物多样性保护和武陵山区生物多样性保护等8个重点工程，在黄河流域布局了秦岭生态保护和修复、贺兰山生态保护和修复、黄河下游生态保护和修复等5个重点工程。一系列举措对生态系统自我修复能力的提升、生物多样性的恢复和保持起到了极为关键的推动作用。

（五）生物多样性主流化工作不断深入

生物多样性主流化是指将生物多样性纳入国家或地方政府的政治、经济、社会、军事、文化及环境保护等经济社会发展建设主流的过程，也包括纳入企业、社区和公众生产与生活的过程。多年来，我国一直致力于推动生物多样性主流化进程。2011年，中国生物多样性保护国家委员会成立，并开始统筹推进生物多样性保护相关工作。在此基础上逐步将生物多样性主流化纳入党的代表大会报告、国家五年发展规划纲要、相关法律法规和政策体系以及机构建设管理等方方面面[①]，生物多样性主流化工作在全国范围实现了有序推进。

三　中国生物多样性保护存在的问题概述

虽然我国生物多样性保护工作取得了举世瞩目的成就，但是仍存在诸多问题亟待解决。这些问题总体可以概括为以下几个方面。

① 张风春、刘文慧、李俊生：《中国生物多样性主流化现状与对策》，《环境与可持续发展》2015年第2期。

（一）生物多样性管理能力有待提升

在过去的数十年中，我国投入了大量的人力、物力和财力开展生物多样性本底调查。但是生物多样性调查多由地方主导完成，缺乏统一的领导，调查数据亦缺乏统一的规范和标准，因此至今尚未形成完善的生物多样性数据库，重复调查屡见不鲜。在生物多样性监测方面，虽然建立了中国生态系统研究网络（CERN）、国家陆地生态系统定位观测研究网络（CTERN）、中国生物多样性监测与研究网络（Sino BON）以及中国生物多样性观测网络（China BON）等多个监测平台，但不同的监测网络数据融合度低，难以形成有效的数据共享机制，监测的时效性不足。

（二）生物多样性保护的科学性有待增强

近年来，国内外生态学和保护生物学基础研究取得了飞速发展，出现了一系列重要的理论成果。但是这些重要的理论成果尚未被及时吸收进入生物多样性保护的实践中，生物多样性保护的理念和方法论体系得不到及时的更新，制约着生物多样性保护的科学性。

（三）生物多样性保护人才体系有待优化

在现行的学科体系中，以传统分类学为代表的基础学科被逐渐边缘化，分类人才严重缺乏，人才队伍建设存在大面积的断层现象。现行的评价体系导致越来越多的青年科研工作者涌向分子生物学等优势前沿学科，忽视了分类学等传统学科。在全国各大高校的快速发展中，农林类高校传统的学科优势被逐渐弱化，其在生物多样性保护领域的主导作用有待加强。

（四）生物多样性保护长效机制有待形成

我国在生物多样性就地和迁地保护方面取得了丰硕的成果，但是很多自然保护地管理水平有待提升，权属不明、交叉管理等现象依然存在，严重制约着我国以国家公园为主体的自然保护地建设。同时，生物多样性保护的长效资金保障制度尚未形成，社会资金的流入较少。此外，生物多样性保护的法律体系仍不够健全，保护行动的法律基础有待进一步夯实。

（五）生物多样性保护的全民参与度有待提高

虽然生物多样性保护的思想已在社会得到广泛宣传，但是我国生物多样性保护的全民参与度仍比较低，生物多样性违法事件时有发生。公众缺乏参与生物多样性保护的积极性，保护生物多样性与提升人民生活质量之间的冲突依然存在，尚未形成有效的惠益共享机制。

四　中国加强生物多样性保护的主要建议

（一）做好生物多样性系统调查和动态监测

进一步推动县域单位的生物多样性调查和评估，将县域生物多样性调查和评估工作逐步向全国范围拓展，不断更新物种档案，建立起统一、规范、完善的县域生物多样性数据库，摸清生物多样性家底，明确重点保护对象及其资源现状、受威胁程度等。加强生物多样性保护观测网络平台建设，规范台站和数据管理，建立起有效的数据共享机制，提高监测的准确性和时效性。

（二）协调好生物多样性保护与其他国家生态战略的关系

明确生物多样性保护与生态文明建设的关系，协同推进生物多样性保护和生态文明建设，加强对山水林田湖草沙冰生态系统的保护和修复。应充分认识到生物多样性在固碳增汇、缓解气候变化等方面的巨大潜能，统筹国家生物多样性保护目标与“双碳”目标，将提升生物多样性保护的质量，改善生态系统功能纳入国家“双碳”行动中，使其成为实现国家“双碳”目标的一个重要途径。应配合生态产品价值化等试点工程，建立生态补偿、转移支付及利益分享的政策机制，拓宽生物多样性保护的资金渠道，激发企业和公众的保护热情，建立可持续的生物多样性保护机制。

（三）进一步提升生物多样性保护的科学化

应更加注重生物多样性保护的科学化，在生物多样性保护的实施环节吸收最新的生态学、保护生物学理论成果，例如在保护物种、生态系统的同时应当适当地考虑对生物进化历史的保护。加强生物多样性起源、演化与维持机制研究，物种濒危过程与机制研究，以及外来物种入侵和防治机制研究，系统阐明当前和未来我国生物多样性保护面临的主要威胁，不断地提升生物多样性保护的科学性。同时科学有序开展种质资源收集、遗传资源保护等各项工作。

（四）加强生物多样性保护人才队伍建设

应优化学科体系建设，针对目前分类学等基础学科受重视程度低、不断弱化的现状，在政策方面予以适当的照顾和倾斜，切实解决基础学科建设和科研经费不足、发展受限的难题。应创新学科和人才评价体系，鼓励青年学者积极投身基础学科研究。应进一步加强生物多样性保护人才队伍建设，优化人才结构，有序补充中青年科技人才力量，做好基础学科研究的衔接和传承工作。同时应当进一步提升基础学科教学的质量，为社会输出更多基础扎实的生物多样性保护从业人员，并加强对现有从业人员的专业培训。对涉林高校给予足够的政策和经费支持，充分发挥林业高校在植物学、动物学、生态学、林学、农林经济管理等学科方面的集群优势，鼓励涉林高校积极服务区域内的生物多样性保护和生态文明建设。

（五）进一步推动生物多样性保护主流化

切实将生物多样性保护纳入社会经济建设和发展的各个环节，突出生物多样性保护在政治、经济、社会、文化及生态环境保护、自然资源管理等方面的重要地位。应当积极探索生物多样性主流化的形式和路径，做好引领和示范，在重点区域和重点领域优先开展工作，不断总结经验和方法，进而在全国范围内因地制宜地有序铺展相关工作。各地应制定相应的生物多样性主流化的路径和时间表，逐步将生物多样性主流化纳入政府现有的考核评价体系中。同时应完善相应的法律体系，为生物多样性主流化提供法律和制度保障。

（六）积极推动生物多样性保护全民行动

应积极推动生物多样性保护全民行动，开展生物多样性保护进课堂等多种形式的自然保护教育，同时支持开展多种形式的科普教育，将生物多样性保护思想升级到便于公众理解的层面并开展广泛传播。开展法制教育，使公众认识到盗采、盗伐、盗猎的严重性，从而杜绝食用野生生物以及野生生物违法贸易等案件的发生。注重挖掘生物多样性保护方面的传统知识，建立生物多样性科学研究和技术开发的惠益共享机制，激发广大人民群众参与生物多样性保护的积极性，从而实现广大人民群众由被动接受到主动参与的实质性转变。

参考文献

[1] 蒋志刚、马克平、韩兴国：《保护生物学》，浙江科学技术出版社，1997。

[2] The Biodiversity Committee of Chinese Academy of Sciences, Catalogue of Life China: 2021 Annual Checklist, Beijing, China. 2021.

[3] Ren, H., Qin, H., Ouyang, Z., Wen, X., Jin, X., Liu, H., Lu, H., Liu, H., Zhou, J., Zeng, Y., Smith, P., Jackson, P. W., Gratzfeld, J., Sharrock, S., Xu, H., Zhang, Z., Guo, Q., Sun, W., Ma, J., Hu, Y., Zhang, Q., Zhao, L., "Progress of Implementation on the Global Strategy for Plant Conservation in (2011 –2020) China", *Biological Conservation* 230, 2019.

[4] 薛达元、张渊媛：《中国生物多样性保护成效与展望》，《环境保护》2019 年第 17 期。

[5] 蒋志刚：《中国哺乳动物多样性及地理分布》，科学出版社，2015。

[6] 中华人民共和国国务院新闻办公室：《中国的生物多样性保护》白皮书，2021 年 10 月 8 日，http://www.scio.gov.cn/ztk/dtzt/44689/47139/index.htm。

[7] 任海、郭兆晖：《中国生物多样性保护的进展及展望》，《生态科学》2021 年第

3 期。
[8] 外交部、生态环境部：《共建地球生命共同体：中国在行动》，2021 年 9 月 21 日，https：//www. mee. gov. cn/ywdt/hjywnews/202009/t20200921_ 799500. shtml。
[9] 绿文：《加强国际交流与合作，携手努力保护全球生态系统——首届中国自然保护国际论坛在深圳召开》，《国土绿化》2019 年第 11 期。
[10] 邹长新：《划定生态保护红线，助力生物多样性保护》，《中国环境报》2021 年 10 月 22 日。
[11] 张风春、刘文慧、李俊生：《中国生物多样性主流化现状与对策》，《环境与可持续发展》2015 年第 2 期。

Abstract

Ecological civilization is of vital importance to the future of China, the well-being of the people and the sustainable development of the whole country. Since the 18th CPC National Congress, the Central Committee of the Communist Party of China with Comrade Xi Jinping at its core has stood at the strategic height of upholding and developing socialism with Chinese characteristics and realizing the great rejuvenation of the Chinese nation, has incorporated ecological civilization into the overall plan of socialism with Chinese characteristics. Meanwhile, *Ecological civilization*, *Green Development* and *Beautiful China* have been included in the Constitution of the Communist Party of China and the Constitution of the People's Republic of China as common will and action of the entire party and the whole nation. In October 2021, the Central Committee of the Communist Party and the State Council of the People's Republic of China released the "Working Guidance in Full and Faithful Implementation of the New Development Philosophy for Peak Carbon Dioxide Emissions and Carbon Neutralization", setting out systematic and overall planning for controlling peak carbon dioxide emissions and achieving carbon neutrality, pointing out a new path for ecological civilization construction in China in the new era. The report is consisted of four parts, namely, the General Report, Evaluation Report, Peak Carbon Dioxide Emissions and Carbon Neutrality Reports, Policy Reports. Through researches of ecological civilization construction with Chinese characteristics from multiple perspectives, the report is hoped to provide the oretical and policy references for the work on promoting ecological civilization from both national level and local levels.

In part one, *General Report*, it provides an overview on the background and significance, overall planning, crucial tasks, problems and challenges, strategic priorities and realization pathways, and proposed general ideas and recommendations for promoting ecological civilization with Chinese characteristics. Focusing on the "multiple pillars", "five major systems", "ecological response, ecological economy and ecological society" and "integrate carbon emission control and carbon neutrality as one part in ecological civilization", it analyzes the overall plan of ecological civilization with Chinese characteristics, clarifies the major tasks of ecological civilization construction with Chinese characteristics. It also summarizes the current difficulties and challenges. Based on these, the General Report summarizes the strategic priorities and realization pathways of promoting ecological civilization with Chinese characteristics, and provides relevant policy recommendations accordingly.

In part two, Evaluation Report, the report establishes an evaluation index system for ecological civilization with Chinese characteristics from two result levels of green development and high-quality natural ecology, and 4 pathway dimensions including green production, green life, environmental governance and ecological protection. CRITIC and linear weighting are adopted to evaluate the time and space dynamics of the national and provincial ecological civilization from 2011 to 2019. Through research, it is found that the comprehensive index of national ecological civilization is on the rise on the whole; however, as a result of regional economic and ecological environment limitations, the ecological civilization in provincial terms is varied. From dimensions of development, the two result-related indexes have been increasing steadily, while the four pathway-related indexes have shown great fluctuations. The provincial ecological civilization has shown a certain degree of differentiation.

In part three, Peak Carbon Dioxide Emissions and Carbon Neutrality Reports, the report mainly analyzes the international and domestic development trends on carbon emission policies in recent years and summarizes the specific pathway for China to achieve carbon peak control and carbon neutrality, including upholding the strategy of energy conservation and emission reduction, developing green and low-carbon economy, enhancing carbon sequestration, and accelerating technology development on carbon capture and storage. The report analyzes the current measures related to peak carbon dioxide emissions and carbon neutrality and focuses on biomass's role in peak carbon dioxide emissions and carbon neutrality

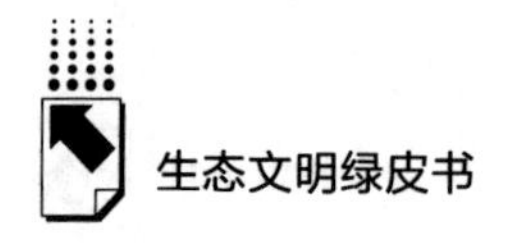

strategies. In conclusion, it set forth policy recommendations on peak carbon dioxide emissions, carbon neutrality, synergic emission reduction with total control.

In part four, Policy Reports, focuses have been laid on a number of policy topics. From the developing history of the functional zoning strategy and China's geographical space, it analyzes the current status of the legal system for ecological civilization with Chinese characteristics, and discusses the green transformation of the way of production and life in China. In the meantime, analyses as well as relevant policy recommendations have been made concerning issues such as the structural dilemma and outlet of household waste classification in urban areas, high-quality development pathway for agriculture and forestry under the guidance of ecological civilization, ecological compensation mechanism under the background of ecological civilization, and the current situation of biodiversity conservation in China.

In general, *Report on the Development of Ecological Civilization with Chinese Characteristics* focuses on the theme of the construction of ecological civilization with Chinese characteristics, has an in-depth exploration on the current development status, challenges, strategic directions, key tasks and policy layout, and makes valuable research conclusions in an effort to provide policy references for promoting the construction of ecological civilization in the new era.

Keywords: Ecological Civilization Construction; Ecological Civilization Index; Carbon Peak; Carbon Neutrality

Contents

I General Report

Abstract: A sound ecosystem is essential for the prosperity of civilization. The construction of ecological civilization with Chinese characteristics is an important content, key direction and major strategy in China's socialist construction in the new period. The concept, lucid waters and lush mountains are invaluable assets, is an important element of Xi Jinping's thought on ecological civilization. In the process of integrating into all aspects of ecological civilization construction, this concept has guided the construction of ecological civilization in China to make remarkable achievements continuously. The key task of the construction of ecological civilization with Chinese characteristics is to comprehensively promote the green transformation of economic and social development, strictly abide by the ecological red line, build a legal system for ecological civilization with Chinese characteristics, actively participate in the global environmental governance process such as climate change and conservation of biodiversity, and strengthen international environmental cooperation . The strategic focus of the construction of ecological civilization with Chinese characteristics should be optimizing the development and protection of national land space and improving the quality of the ecosystem, implementing comprehensive management of the drainage basin environment and off-shore area, and comprehensively advancing the key tasks to reduce pollution and carbon and the strategy of "carbon peaking and carbon neutrality", and establishing a market-oriented and diversified ecological compensation mechanism with biodiversity conservation as the gripper, so as to realize the systematization, institutionalization and scientization of ecological civilization construction.

Keywords: Ecological Civilization; Ecological Red Line; Conservation of Biodiversity; Carbon Peak; Carbon Neutrality

Ⅱ Evaluation Report

Abstract: The construction of ecological civilization is a fundamental plan related to the sustainable development of the Chinese nation. Scientific evaluation of the level of China's ecological civilization construction is an important foundation and necessary prerequisite for the construction of ecological civilization. Based on the historical view, values and other academic theories of ecological civilization with Chinese characteristics, this paper proposes the goal of "modernization of harmonious coexistence between man and nature" for the construction of ecological civilization with Chinese characteristics. Based on this goal, this paper constructed the evaluation index system of ecological civilization construction from the two outcome dimensions of green development and high-quality natural ecology and the four path dimensions of green production, green life, environmental governance and ecological protection, with a total of 30 evaluation indexes in 6 categories. The CRITIC method and linear weighting method were used to conduct the evaluation study on the spatial and temporal distribution of national and provincial ecological civilization construction from 2011 to 2019. The results showed that: (1) From the perspective of construction trends, the national comprehensive index of ecological civilization was generally on the rise, and there was obvious heterogeneity in construction levels among provinces and regions due to regional economic, ecological and environmental conditions. (2) From the perspective of the development dimension, the indices of two result dimensions grew steadily and the indices of four path dimensions fluctuated widely, showing the phenomenon of differentiation between regional and provincial ecological civilization construction level.

Keywords: Ecological Civilization Construction; Green Development; High-quality Natural Ecology

Ⅲ Peak Carbon Dioxide Emissions and Carbon Neutrality Reports

Abstract: Climate change has become one of the most important environmental issues in the world. As the largest developing country in the world, China is working hard to achieve the dual carbon goal of emission peak and carbon neutrality by promoting a low-carbon economy and participating in the response to climate change in the context of global warming. This article analyzes the international trends and domestic development of carbon emission policies in recent years and summarizes the path for China to achieve emission peak and carbon neutrality (e.g., adhering to energy conservation and emission reduction strategies, developing a green and low-carbon economy, increasing carbon sequestration, and carbon sinks, accelerate the development of carbon capture and storage technologies), enumerating the existing measures to achieve emission peak and carbon neutrality in China (e. g., energy structure adjustment, industrial optimization and upgrading, low-carbon city pilots, circular economy and low-carbon technology, carbon emissions trading markets, afforestation and carbon sinks), and focused on examples of the role of biomass in achieving emission peak and carbon neutral development strategies (e. g., biomass energy instead of fossil energy, and biomass materials instead of chemical products). Based on the above discussion and analysis, combined with the country's dual-carbon strategy at this stage, this article puts forward policy recommendations for emission peak, carbon neutrality, and total control to reduce emissions.

Keywords: Emission Peak; Carbon Neutrality; Low-Carbon Economy; Green Development

Abstract: To approach targets of the net zero emissions with the challenge of the climate environment changing, the traditional methods of afforestation pattern, the stagnation of the monitoring and control technology has been unable to meet the current situation of our country for carbon peak, carbon neutral for the construction of the target request. The most important is how to explore from the old form can break through the constraint on situation of new forestry carbon sequestration management pattern of the construction of carbon sink in our country.

At present, a series of problems related to the carbon sink function of forest ecosystems have been exposed in the process of China's efforts to promote "carbon peak and carbon neutrality". For example, the lack of forest carbon sink value channels hinders the process of carbon sink afforestation; traditional afforestation methods seriously interfere with soil so that forests turn into carbon sources;

ignoring the function of forest operational carbon sinks restricts the function of new forestation to perform carbon sinks; and the lack of clear baseline scenario standards for carbon sink measurement makes it difficult to quantify the carbon sink capacity of forest ecosystems.

Facing all the situation, we need to strengthen the measurement and monitoring of forest carbon sink and establish a scientific evaluation system, establish a regional carbon sink market access mechanism for forest carbon sink, improve the value conversion of forest ecological products, establish regular training for local forestry departments and establish the awareness of carbon sequestration in a safe ecosystem. In establishing a carbon market trading system and set up product value in the process of the implementation platform, we will update managing subject concept, expanding carbon sink forestry financing channels, and strengthen the government's policy guidance and the process of supervision and utility, establish and improve the carbon market as soon as possible, to perfect the system for management initiative in the international market.

Keywords: Forest Carbon Sink; Soil Carbon Pool; Forest Management; Carbon Sink Measurement; Value Realization of Ecological Products

Abstract: Carbon neutralization means that enterprises, groups or individuals offset their own carbon dioxide emissions through afforestation, energy conservation and emission reduction, so as to achieve "zero emission" and "zero pollution". China will increase its national independent contribution, adopt more effective policies and measures, strive to reach the peak of carbon dioxide emissions by 2030 and strive to achieve carbon neutrality by 2060. The forestry industry can play a great role in the process of carbon neutralization, and the wood structure construction industry is the top priority. This paper provides the advantages of wood structure building in the process of carbon neutralization, provides a large number of data and cases, expounds the conditions for the realization of wood structure building in China, and gives corresponding suggestions according to the current situation of wood structure building industry in China.

Keywords: Carbon Neutralization; Forestry Industry; Wood Structure Building

Ⅳ Policy Reports

G.6 Research on Main Function Zone Strategy and Optimization of Land Space Development Pattern

Li Hongju / 166

Abstract: The main function zone strategy is an important part of the construction of ecological civilization and an inevitable choice for the construction of ecological civilization. It is of great significance to the sustainable development of the Chinese nation. Establishing a balanced and appropriate urban and rural construction space system and formulating a "multi-plan integration" national land and space plan are the core measures to promote the implementation of the main function zone strategy. This paper summarizes the current achievements of China ecological civilization construction, focus on policy development context of the main function zone strategy and the development pattern of the land space. Then it starts from the China requirements for the main function zone strategy, clarifying the main function zone, optimizing the territorial space planning, and overall planning the "Three-zone, Three-line". At last, this paper proposes the safeguard measures.

Keywords: The Main Function Zone; Land and Space Development; "Three-Zone, Three-Line"

G.7 Research on the Legal Construction of Ecological Civilization with Chinese Characteristics

Abstract: The legal system of ecological civilization is to realize environmental fairness and justice, protect citizens' environmental rights and interests, prevent the destruction of the environment on which human beings depend, and maintain the order value of ecological environmental protection by legal means. The construction of ecological civilization with Chinese characteristics needs to rely on a sound legal system. Under the guidance of the ecological civilization concept of "green water and green mountains are golden mountains and silver mountains", in order to achieve the goal of green, low-carbon, circular and sustainable development, China should speed up the construction process of ecological civilization and rule of law and constantly improve the design of ecological civilization and rule of law system. China has written ecological civilization into the Constitution and initially formed an ecological and environmental protection legal system under the guidance of the Constitution and supported by the laws of various departments. However, in order to continuously improve the quality of legislation, law enforcement efficiency and judicial effect, we should constantly improve and perfect China's ecological damage compensation system and environmental property right system from the perspective of legislation. In terms of law enforcement, we should strengthen the punishment of environmental violations and require punitive compensation for the subjects of environmental violations. In terms of judicature, we should innovate and improve the judicial means to remedy the damaged ecological environment.

Keywords: Ecological Civilization Legal System; Environmental Property Rights; Ecological Damage Compensation; Environmental Justice

Abstract: The green transformation of production and lifestyle is an important starting point for the construction of ecological civilization and an important way to realize a beautiful China. It is related to the sustainable development of the Chinese nation and the realization of the "two centenary" goals. This paper clarifies the difficulties and key points of green transformation and development through the background analysis and identification of the difficulties, and explores opportunities for green transformation. It not only conforms to the development trend of dual-carbon goals, but also seizes dual-cycle consumption. Relying on the support of green technology innovation, we propose 6 key measures for the green transformation of production and lifestyle, formulate a scientific program that leads the green transformation of production and lifestyle, promote the green transformation of industry, agriculture, energy structure and lifestyle, and realize the mechanism innovation of green transformation to help the construction of ecological civilization.

Keywords: Green Transformation; Mode of Production; Lifestyle

Abstract: Classification of solid waste is an important practice to practice urban social civilization, which is of great significance to resource reuse and social sustainable development. However, in practice, although China's classification of municipal solid waste has gone through three stages: free exploration stage, national policy level and mandatory classification era, it still faces structural difficulties, such as no promotion at the end, lack of effective restrictive measures, single community strength and low participation of community residents. Therefore, it is proposed to improve the end disposal technology and promote the source classification in stages, innovate waste classification management means and apply intelligent technology to strengthen supervision, orderly guide the property to participate in waste classification and explore the purchase of waste classification social services, give full play to the leading role of social civilization and improve the residents' awareness of waste classification responsibility.

Keywords: Classification of Municipal Solid Waste; End Disposal; Participation of Community Residents

Abstract: As an industry directly related to the ecological environment, agriculture and forestry play a unique role in the construction of ecological civilization. Therefore, leading the high-quality development of agriculture and forestry with the concept of ecological civilization is an important part of achieving economic transformation and promoting the construction of ecological civilization. Since the 18th National Congress of the Communist Party of China, according to the overall layout of ecological civilization construction, the development of agriculture and forestry has been strengthened and the policy system for the high-quality development of agriculture and forestry has been improved. Under a series of institutional arrangements, China's agriculture and forestry have achieved certain results in realizing green development, but at the same time they are also faced with many challenges. To this end, the next step is to make efforts to improve the supporting policies for the transformation and development of agriculture and forestry, promote the green and high-quality development of agriculture, and give full play to the role of forestry in reducing carbon emissions and sequestering carbon.

Keywords: Ecological Civilization; Agriculture; Forestry; High-Quality Development

Abstract: In the era of ecological civilization emphasizing the harmonious coexistence of human and nature, it is necessary to analyze the common theoretical logic of human behavior in destroying and protecting natural ecology, and provide a guiding rule system for the improvement of a classified compensation system with different ecological environment elements as the implementation objects. Research shows that the goal of ecological compensation mechanisms is to internalize the cost benefits of spillovers. For ecological public goods, the government is the main compensation body. For quasi-ecological public goods, compensation and compensated subjects can be clearly defined through the definition of initial property rights, market mechanisms can be introduced to reach compensation agreements, and compensation standards should be determined between the cost of ecological construction and the value of ecological products.

Keywords: Internalization of Externalities; Ecological Public Goods; Ecological Quasi-public Goods; Ecological Compensation

Abstract: Biodiversity is an important basis for the survival and development of mankind, and its protection is closely related to the future of a country and a nation. As a major biodiversity country, China has given top priority to the protection of biodiversity across the country and has made many remarkable achievements. In particular, since the 18th CPC National Congress, under the guidance of Xi Jinping's thought on ecological protection for the new era, the Chinese government has done a lot of work in exploring the Chinese way for biodiversity conservation and embarked on a path of biodiversity conservation with Chinese characteristics. However, China still has many deficiencies in biodiversity management capacity, talent building, institutional support and national action. In the future, biodiversity survey should be further carried out with county as unit to establish a standardized biodiversity database. Anther initiatives, including biodiversity monitoring network improving, coordinating the relationship between biodiversity conservation and other strategic projects, the mainstreaming of biodiversity and the participation of the whole people, should be enhanced to build a sustainable mechanism for biodiversity conservation.

Keywords: Biodiversity, Mainstreaming; Protected Area; Ecological Red Line; Priority Areas for Biodiversity Conservation

皮 书

智库成果出版与传播平台

❖ 皮书定义 ❖

皮书是对中国与世界发展状况和热点问题进行年度监测，以专业的角度、专家的视野和实证研究方法，针对某一领域或区域现状与发展态势展开分析和预测，具备前沿性、原创性、实证性、连续性、时效性等特点的公开出版物，由一系列权威研究报告组成。

❖ 皮书作者 ❖

皮书系列报告作者以国内外一流研究机构、知名高校等重点智库的研究人员为主，多为相关领域一流专家学者，他们的观点代表了当下学界对中国与世界的现实和未来最高水平的解读与分析。截至 2021 年底，皮书研创机构逾千家，报告作者累计超过 10 万人。

❖ 皮书荣誉 ❖

皮书作为中国社会科学院基础理论研究与应用对策研究融合发展的代表性成果，不仅是哲学社会科学工作者服务中国特色社会主义现代化建设的重要成果，更是助力中国特色新型智库建设、构建中国特色哲学社会科学“三大体系”的重要平台。皮书系列先后被列入“十二五”“十三五”“十四五”国家重点出版规划项目；2013~2022 年，重点皮书列入中国社会科学院国家哲学社会科学创新工程项目。

权威报告·连续出版·独家资源

皮书数据库

ANNUAL REPORT(YEARBOOK) DATABASE

分析解读当下中国发展变迁的高端智库平台

所获荣誉

- 2020年，入选全国新闻出版深度融合发展创新案例
- 2019年，入选国家新闻出版署数字出版精品遴选推荐计划
- 2016年，入选“十三五”国家重点电子出版物出版规划骨干工程
- 2013年，荣获“中国出版政府奖·网络出版物奖”提名奖
- 连续多年荣获中国数字出版博览会“数字出版·优秀品牌”奖

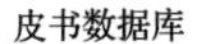

皮书数据库

“社科数托邦”
微信公众号

成为会员

登录网址www.pishu.com.cn访问皮书数据库网站或下载皮书数据库APP，通过手机号码验证或邮箱验证即可成为皮书数据库会员。

会员福利

- 已注册用户购书后可免费获赠100元皮书数据库充值卡。刮开充值卡涂层获取充值密码，登录并进入“会员中心”—“在线充值”—“充值卡充值”，充值成功即可购买和查看数据库内容。
- 会员福利最终解释权归社会科学文献出版社所有。

数据库服务热线：400-008-6695
数据库服务QQ：2475522410
数据库服务邮箱：database@ssap.cn
图书销售热线：010-59367070/7028
图书服务QQ：1265056568
图书服务邮箱：duzhe@ssap.cn

社会科学文献出版社 皮书系列
SOCIAL SCIENCES ACADEMIC PRESS (CHINA)
卡号：124178356798
密码：

S 基本子库 UB DATABASE

中国社会发展数据库（下设 12 个专题子库）

紧扣人口、政治、外交、法律、教育、医疗卫生、资源环境等 12 个社会发展领域的前沿和热点，全面整合专业著作、智库报告、学术资讯、调研数据等类型资源，帮助用户追踪中国社会发展动态、研究社会发展战略与政策、了解社会热点问题、分析社会发展趋势。

中国经济发展数据库（下设 12 专题子库）

内容涵盖宏观经济、产业经济、工业经济、农业经济、财政金融、房地产经济、城市经济、商业贸易等12个重点经济领域，为把握经济运行态势、洞察经济发展规律、研判经济发展趋势、进行经济调控决策提供参考和依据。

中国行业发展数据库（下设 17 个专题子库）

以中国国民经济行业分类为依据，覆盖金融业、旅游业、交通运输业、能源矿产业、制造业等 100 多个行业，跟踪分析国民经济相关行业市场运行状况和政策导向，汇集行业发展前沿资讯，为投资、从业及各种经济决策提供理论支撑和实践指导。

中国区域发展数据库（下设 4 个专题子库）

对中国特定区域内的经济、社会、文化等领域现状与发展情况进行深度分析和预测，涉及省级行政区、城市群、城市、农村等不同维度，研究层级至县及县以下行政区，为学者研究地方经济社会宏观态势、经验模式、发展案例提供支撑，为地方政府决策提供参考。

中国文化传媒数据库（下设 18 个专题子库）

内容覆盖文化产业、新闻传播、电影娱乐、文学艺术、群众文化、图书情报等 18 个重点研究领域，聚焦文化传媒领域发展前沿、热点话题、行业实践，服务用户的教学科研、文化投资、企业规划等需要。

世界经济与国际关系数据库（下设 6 个专题子库）

整合世界经济、国际政治、世界文化与科技、全球性问题、国际组织与国际法、区域研究 6 大领域研究成果，对世界经济形势、国际形势进行连续性深度分析，对年度热点问题进行专题解读，为研判全球发展趋势提供事实和数据支持。

法律声明

“皮书系列”（含蓝皮书、绿皮书、黄皮书）之品牌由社会科学文献出版社最早使用并持续至今，现已被中国图书行业所熟知。“皮书系列”的相关商标已在国家商标管理部门商标局注册，包括但不限于LOGO（ ）、皮书、Pishu、经济蓝皮书、社会蓝皮书等。“皮书系列”图书的注册商标专用权及封面设计、版式设计的著作权均为社会科学文献出版社所有。未经社会科学文献出版社书面授权许可，任何使用与“皮书系列”图书注册商标、封面设计、版式设计相同或者近似的文字、图形或其组合的行为均系侵权行为。

经作者授权，本书的专有出版权及信息网络传播权等为社会科学文献出版社享有。未经社会科学文献出版社书面授权许可，任何就本书内容的复制、发行或以数字形式进行网络传播的行为均系侵权行为。

社会科学文献出版社将通过法律途径追究上述侵权行为的法律责任，维护自身合法权益。

欢迎社会各界人士对侵犯社会科学文献出版社上述权利的侵权行为进行举报。电话：010-59367121，电子邮箱：fawubu@ssap.cn。

社会科学文献出版社